普通高校整体化教学楼群优化设计策略研究

王 琰 著

同济大学出版社
TONGJI UNIVERSITY PRESS

内 容 简 介

本书系统总结了整体化教学楼群的出现背景及特征,深入剖析其概念内涵,总结其发展十年历程的设计得失,结合所出现的现状问题,提出优化设计策略。具体包括整体化教学楼群的布局优化策略,尺度控制优化策略及其适宜的量化范围,K 值优化策略及其适宜的量化范围以及基于使用者行为需求的空间优化设计策略。

本书具有创新性,实用性。读者对象适合建筑师、规划师、建筑规划相关专业师生以及高校基建部门管理者,还可供本专业及相关专业工程技术人员阅读和参考。

图书在版编目(CIP)数据

普通高校整体化教学楼群优化设计策略研究 / 王琰
著. --上海:同济大学出版社,2012.11
ISBN 978-7-5608-5022-1

Ⅰ.①普… Ⅱ.①王… Ⅲ.①高等学校—教学楼—
建筑设计—研究 Ⅳ.①TU244.3

中国版本图书馆 CIP 数据核字(2012)第 265117 号

普通高校整体化教学楼群优化设计策略研究

王 琰 著

责任编辑 马继兰　　**责任校对** 徐春莲　　**封面设计** 陈益平

出版发行　同济大学出版社　www.tongjipress.com.cn
(地址:上海市四平路 1239 号　邮编:200092　电话:021-65985622)
经　　销　全国各地新华书店
印　　刷　同济大学印刷厂
开　　本　787 mm×1 092 mm　1/16
印　　张　15
字　　数　380 000
版　　次　2012 年 11 月第 1 版　　2012 年 11 月第 1 次印刷
书　　号　ISBN 978-7-5608-5022-1

定　　价　39.00 元

序

大学是人类社会精神文化荟萃与传播的场所,是人类文明和社会发展水平的综合标志。现代大学教育起源于欧洲中世纪,其模式是在神学院的基础上发展而来的,大学校园规划设计也受其影响。早期的校园通常是围合的四方院,总体布局一般为中轴对称式,强调神圣、庄严。各个学院彼此封闭相对独立,学校与社会接触较少,以一种保守的态度对待社会发展。

我国的大学是中国近代历史发展的产物,20世纪20—30年代,是中国大学的第一个建设高潮时期。该时期的校园规划深受西方校园规划新思想与新方法的影响,校园在总体布局上功能分区明确,教学区多围合成三合院或四合院,各学院自成体系。

20世纪50年代初,是新中国成立后大学建设的一个高潮时期,经过全国院系大调整后,由于受苏联高校体系的影响,我国形成了"苏联模式"的大学,这影响了此后近30年的中国大学校园布局模式。由于专业划分过细以及过分强调人才需求的计划性等,校园形成了固定模式,彼此大同小异,缺乏个性。该时期的校园追求布局严谨对称,建筑造型庄严雄伟,中轴线、主楼、大广场、周边式建筑等都成为常用的设计手法。

20世纪80年代初,随着改革开放,全国各地相继成立了许多大学。进入90年代以后,在市场经济的条件下和教育产业化的要求下,大学教育从精英型向大众型转化,形成了高教事业发展的又一个高潮。1999年大学开始大规模扩招,与此同时大学的实力不断加强,大学合并、新校区建设、老校区改扩建、兴建大学城等浪潮席卷全国。

伴随着大学发展的新趋势,大学教学用房也逐渐发生了变化。我国很多大学的教学楼都是20世纪60—80年代的建筑,许多高校的教学楼都采用了以系为单位的单体建筑组合方式。传统的教学楼往往功能单一、空间组织形式单调、过分强调空间满足教学的需求,而忽略了师生交往对空间的要求。旧有的教学楼已不能适应大学发展的新要求,随着科学发展呈现出整体化、密集化趋势,2000年前后一种可容纳更多专业,使各专业之间可以方便联系的,具有综合功能的教学空间——整体化教学楼群的设计理念应运而生。

整体化教学楼群从产生至今,经过10年的使用,已取得了一些成绩,但同时也出现了一些问题,主要包括:有些整体化教学楼群尺度过大、多样性不足、地域性较差、使用面积系数较低等。近年来随着大学建设热潮的减退,有必要对其概念本质进行梳理,对其设计手法进行总结,以进一步提高建设质量,走上追求质量的内涵型发展道路。

2002年,本书作者王琰作为我的硕士研究生,敏锐地捕捉到大学教学楼建筑的这一变化趋势,在其硕士论文中提出了"整体化教学楼群"的概念及其设计模式,较为深入地剖析了整体化教学楼群的特点及设计手法,完成硕士学位论文《现代大学整体式综合教学楼群设计研究》。之后的十多年间,她一直专注于研究大学校园规划与整体化教学楼建筑设计,参与指导有关大学校园方面的硕士学位论文近 10 篇,发表相关论文十多篇,完成大学校园规划与建筑设计若干项。经过多年的积累与探索,带着对整体化教学楼群发展十年的回顾总结与问题反思。2010 年,完成了博士学位论文《普通高校整体化教学楼群优化设计策略研究》。本书就是在其博士论文的基础上,结合其近两年的研究成果,进而修改、补充、完善而成的。

在书中,她重新对整体化教学楼群的概念内涵进行梳理,对应整体化教学楼群在规划与设计的不同阶段所出现的不同问题,从 4 个方面进行研究,形成优化设计策略。具体包括布局优化策略、尺度控制优化策略及适宜的量化范围、K 值优化策略及 K 值适宜的量化范围、基于使用者行为需求的空间优化设计策略。书中提出的优化设计策略是为充分发挥整体化教学楼群的优越性,创造适应现代大学教育理念的教学楼,而采用的相应设计方法和设计原则。优化设计策略来源于现状所产生的实际问题,其研究的目的是要使其研究成果指导设计实践,应用设计于实践,提高设计质量。

考察历史上大学发展演变的进程,可以看出校园建筑经历了由集中到分散,再由分散到集中的螺旋式发展历程。这是与科学发展由综合到分化,再由分化到高度综合的历史进程相吻合的。整体化教学楼群并非简单的整体,而是有其深层内涵。传统教学楼虽已不能适应新形势,但也有一定的优点,整体化教学楼群虽然更能满足大学教育发展的要求,但也存在一定的问题。两者可以相互借鉴,优势互补,针对存在的问题,形成整体化教学楼群的优化设计策略。各大学教学楼建设应结合其自身特点,从深层次理解整体化教学楼群的本质,建构符合"校情"的整体化教学楼群,才能进一步提高其设计质量。

相信该书的出版将有助于我国大学校园建设走向内涵型的发展道路,对提高教育建筑设计质量不无裨益。谨以此文祝贺本书的出版,是为序。

李志民

2012 年 10 月 30 日　于西安

目录

1 绪 论

1.1 课题研究的背景及其意义

1.1.1 背景

1. 我国高等教育事业的快速发展

21世纪是知识经济时代,是我国实行科教兴国战略的重要时期,也是我国高教事业高速发展的新时期。高等教育规模不断地扩大,教育理念也发生了变化,人才培养模式由单纯传授专业知识向培养具有广博基础知识的复合型人才转变,教学方式日趋多样化。这些变化都会对高校校园建设产生深远的影响。

自1977年,我国恢复高考制度以来,根据中华人民共和国国家统计局数据,1980—2000年全国高等院校从675所增加到1041所,平均每年增加18.3所。高校在校生人数从1983年的120.7万人增加到2000年的556万人,增长4.6倍。2000年后,国家进一步加快对教育事业的改革与调整,随着学校间的整合,招生规模再次扩大,2006年猛增到1739万人,达到1983年的14.4倍。我国高

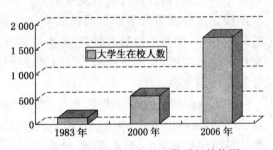

图 1-1 中国大学生在校人数增长趋势图

等教育的改革与发展正处于历史上从未有过的快速发展的阶段(图1-1)。

1996年,第八届全国人大四次会议将"科教兴国"确定为基本国策,该战略的确定,推动了我国高等教育的改革与发展。1998年,随着"211工程"和"985工程"的启动,标志着一流大学建设的全面推进,同时为加速我国高层次创新人才培养和科技进步、引领整个高等教育事业发展、推动经济社会发展发挥着重要的作用。

1999年初,党中央国务院按照"科教兴国"战略的部署,作出了高等教育扩招的重大决策。我国高等学校在校生总规模从1998年的643万人,增加到2001年的1214万人,4年间几乎翻了一番。1998年,我国高等教育毛入学率仅为9.8%,2002年则达到了15%,标志着我国已开始进入高等教育大众化发展阶段。2007年,我国高等教育毛入学率达到23%,成为世界高等教育规模最大的国家,高等教育发展实现了历史性跨越。

2. 我国高校校园建设快速发展

世纪之交,随着我国基本国策的引导、经济社会对高等教育的强烈要求以及招生规模不断地扩大,高校校园建设呈现出大规模快速扩张的趋势。这一趋势引发了高校校园建设的热潮。老校园改建、扩建,新校区建设,大学城建设等建设高潮全国蔓延。校园建设量也大规模增加,据统计,校园建筑面积从 1978 年的 3300 万 m^2 发展到 2001 年近 2.6 亿 m^2。高校建设在短时期内的快速发展,导致了粗放式发展弊端的出现,建设速度和质量成为矛盾的选择。

1.1.2 研究目的、意义

我国很多高校的教学楼都是 20 世纪 70—80 年代的建筑,有的年代甚至更为久远。这些建筑自身存在着设计理念陈旧、硬件设施不能满足现代化教学要求,同时,存在着教室舒适度低、灵活性差等问题,远达不到现代教学手段和教学模式的要求,与高等教育的发展形势存在很大差距。因此高等教育的迅速发展,对教学楼在"质"和"量"上都提出了更高的要求。

我国高校教学楼传统布局模式受到"按系设馆"、"各系独立"的"小而全"教学组织模式的制约,已暴露出很多弊端。当今世界的科学技术正向着整体化趋势发展,一种可容纳多个专业,并使其得以交流和紧密联系的新型教学楼——"整体化教学楼群"的概念应运而生。

世纪之交前后,很多高校打破传统的分散式布局,而采用相对集中的整体化、网络化建筑布局模式,结合现代高教发展趋势,以整体化概念进行校园规划,建成了一批整体化教学楼。这种新型教学楼布局模式利于学科间的横向交流、资源共享;有利于教学设施的高效利用,使其发挥最大经济效益并且节约大量室外管网;有利于不同专业学生间的交往和信息沟通;有利于提高校园土地的利用率和绿化率;有利于提高空间的适用性和智能化校园建设。

作为一种新型的教学建筑,整体化教学楼群在近十年的使用过程中,顺应了高等教育的发展趋势,发挥出了其独特优势,但是,在设计及使用过程中也出现了不少的问题。例如,有些建筑出现贪大求全、形式雷同、归属感不强、识别性差、交通面积过大、K 值较低、地域性不强、经济性较差等诸多问题,亟须解决。

纵观中外高校的发展史,可以发现有怎样的教育观念就有怎样的教育建筑。高教事业发展的这些新趋势以及其在数量和规模上的不断扩大,都会对占高校建筑比重最大的教学楼产生全方位、多方面的影响。传统教学楼虽已不能适应新形势,但也有其一定的优点。整体化教学楼群虽然更能满足高等教育发展的要求,但也存在一定的问题。二者可以相互借鉴,优势互补,针对存在的问题,形成整体化教学楼群的优化设计策略(图 1-2)。

面对新形势与新问题,总结与梳理高校整体化教学楼群十年的设计经验与得失,并在此基础上进一步研究其优化设计策略,对高校教学建筑的设计有重要的指导意义,同时,也对高等教育的发展和完善有重要推动作用。

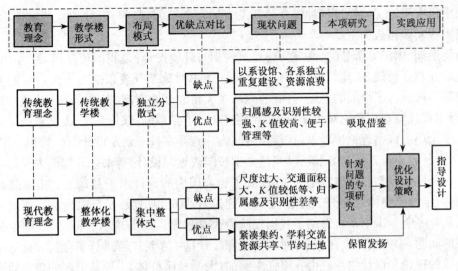

图 1-2　课题的缘起

1.2　国内外研究现状

1.2.1　国内研究现状

国内对大学建筑的研究主要始于 20 世纪 80 年代,从 1998 年高校大规模扩招至今,高速发展已十年,扩招导致高校建设量剧增,校园规划和校园建筑也相应成为一个热门研究领域,但由于受到旧有教育观念的影响以及僵化的设计思想的制约,对于新型教学楼的研究较少,研究水平较为滞后。现有相关研究资料多为工程报告,或是研究重点放在校园的规划层面,或在非教学空间如外部空间环境及校园景观等方面上,而对教学楼本体及教学空间以及与其相关环境模式缺少较系统的研究。

目前,很多高校尤其是高校新校区建成了一批整体化教学楼群,但在投入使用过程中也出现了不少问题。由于缺少理论总结和使用后的反馈信息,从而也影响整体化教学楼群设计理论的进一步发展。另外,到目前为止,国家还没有出台专门适用于大学建筑的相关设计规范。仅有 1992 年颁布的《普通高等学校建筑规划面积指标》可作为规划面积的参考依据,且该指标与目前高校的发展现状相脱节和滞后,有待于重新修订完善,指导校园规划与设计。

1. 学术期刊、著作方面

建筑领域关于大学校园建设方面的研究主要见于《建筑学报》、《建筑师》、《世界建筑》、《时代建筑》、《城市规划》、《华中建筑》、《建筑创作》、《城市建筑》和《理想空间》等刊物,以及《高等学校建筑·规划与环境设计》、《教育建筑》、《当代科教建筑》、《全国获奖教育建筑作品集》和《大学建筑》等书目中。

据作者不完全统计分析,从 1994—2006 年 5 月,公开发表的建筑类核心期刊上出现了300 余篇与大学校园规划设计相关的论文,各高等院校和研究院所完成了 150 余篇相关博士与硕士研究生论文。通过各种媒介公开发表的大学校园规划与设计的实例接近300项，主要以工程实践报告为主。

由周逸湖、宋泽方所著的《高等学校建筑规划与环境设计》是我国较早(1994年出版)全面系统地介绍高校规划、建筑设计的一本专著。该书对改革开放以来有较大发展的大学校园建设第一次进行了全面的总结与回顾，列举了大量较新的实例，提供了个体建筑设计的经验，并运用现代城规划理论对大学校园的功能分区、道路系统、绿化系统、人文景观等方面进行了系统论述。该书理论性较强，在较长时间内一直是高校规划及设计人员的参考用书。

《当代科教建筑》、《大学建筑》、《当代大学校园规划与设计》等书以介绍国内外近年来的工程实例及校园规划或单体方案为主，反映了当前国内的设计水平及动态。由涂慧君博士所著的《大学校园整体设计——规划·景观·建筑》(2007年出版)是反映当前高校规划最新理念的研究专著。本书系统总结了我国现阶段大学校园发展的现状、特点以及理论和实践中存在的问题，引入整体设计观念，对大学校园设计这一系统工程进行了分析并建立了一套行之有效的理论和设计体系。由齐康任主编的《大学校园群体》主要从宏观的角度研究了校园群体形态、构成要素、群体结构等内容，同时研究了图书馆、科研实验楼两类建筑的设计趋势。

何镜堂院士是目前国内在高校规划及建筑设计领域的代表人物，其校园规划理念及设计水平代表了我国目前的设计水平，由其主持设计的高校已达百余所，并在大量的设计实践中形成了较系统的理论。何镜堂院士编著的《华南理工大学建筑设计研究院校园规划设计作品集》(2002年)详尽展示了由其研究团队近年来所完成的一批国内高校规划、建筑设计的优秀工程实例。2007年，何镜堂院士主持开展国家自然科学基金研究项目——当代大学校园集约发展的适应性策略研究。

2. 学术会议

国内对大学规划和建设的学术研究交流工作正在逐步展开和发展。由教育部、建设部、建筑学会教育建筑分会等机构组织的与大学校园基本建设相关的各类研讨会，集中全国范围内的专家学者，对当前高校的建设情况及时做出分析与评价，并对未来的建设提出指导性意见。从2001年起，海峡两岸大学的校园学术研讨会开始举办。第一届于2001年10月在北京大学召开，主题是台湾大学校园规划之经验和策略。第二届于2002年5月在台北市台湾大学举行，主题是校园规划与大学发展：历史的与新设的大学校园规划与发展。第三届于2003年10月在武汉大学举行，主题是快速发展的大学校园—校园规划的挑战。第四届于2004年10月在上海同济大学举行，会议主题是变迁中的大学校园。并不像大陆设计者较多关注大学建筑形态，而台湾设计者更关注大学建筑的"生态性"、"育人性"，以及大学建筑建造前的论证、过程中的管理，建成后的维护等。无论是研究视角还是研究方法都呈现出跨学科的倾向，而且非常注重实践性和可操作性。

3. 硕博论文

近年来，由于高校的建设量较大，研究大学校园的学位论文数量颇为可观，它们的研究成果也是校园规划与设计理论的一个部分。这些学位论文的研究方向主要为：大学校园规划、大学城建设、校园改扩建、校园外部环境与景观、校园的生态化与智能化、校园建筑单体设计，包括教学楼、实验楼、图书馆、宿舍楼、体育馆及活动中心等。

专门研究高校相关问题的博士论文相对较少，目前，有华南理工大学何镜堂院士的博士生涂慧君所著论文《大学校园整体设计》，西安建筑科技大学刘临安教授的博士生陈洋所著论文《论中国高校生态可持续校园模式》、同济大学王伯伟教授的博士生陈晓恬所著论文《中国大学校园形态演变》等。

1.2.2　国外研究现状

近代大学的发源地在欧洲，欧美大学无论在规划思想上还是建筑单体设计上都有很多经验值得我们学习、借鉴。特别是美国，在长达 300 年的大学发展历史中，校园建设的众多理论和实践有着重要而持久的价值。

欧美、日本在二战后相继建成了一批整体化、网络化的教学楼建筑群。这种建筑群把教室、课堂、实验室、图书馆、计算机中心、办公等多种功能组织起来，在内部及外部形成有机的联系。1963 年，美国成立了"大学校园规划与建筑设计学会"，按期举行学术年会、发行期刊，使大学建筑的设计和规划研究成为一个专门的领域。美国学术界对于大学建筑的研究比较多元化，积累了丰富的研究成果。1992 年，日本提出了"智能型校园"概念，并指出建筑宜采用集中式布局，在整体上联络通畅，使得交往、交流达到最佳效果。

美国著名大学校园规划专家理查德·道贝尔（Richard P. Dober）著有一系列关于校园环境的著作：《校园规划》（*Campus Planning*，1963）、《校园建筑》（*Campus Architecture*，1996）、《校园景观》（*Campus Landscape*，2000）。他以二战后世界各国大学校园的建设经验为依据，从校园规划的过程，到校园的功能、意象、实体，到校园中的各种建筑类型，再到校园户外开放空间等一一进行了详细的论述。在 *Campus Design* 一书中，他指出场所的创造和场所的标识是校园设计的核心内容。这对于在从建筑组群角度研究校园的过程中，明确研究的重点，具有很大的启发。在 *Campus Architecture* 一书中，针对许多大学设施和场地利用不善的问题，及时说明了如何将最新的科技成果和教育趋势结合到校园设计中去。该书对新建项目和已存在的建筑遗产的复兴给予了同样的关注，以详实的案例研究了近年来美国东部地区的校园设计和再设计。这对于人们进行校园建筑及它们所处景观与场所的综合规划与设计，有很强的借鉴性。在 *Campus Landscape* 书中，指出对于校园景观而言，安全性、保养维护、生态性是日益重要的几个方面。Dober 及其事务所的同仁还在实践中对校园规划与设计提出了建筑的建造工艺、步行者的路线、光的运用、超越教室的学习环境、细节丰富的时间和地点、作为校园意象的空间序列，低层图书馆前设置大台阶等一系列要点，这些方面看似细微，但都是形成生动、宜人的校园所不能缺少的。

国外大学在建设投资、建设技术水平、教育方式等方面与我国有一定的区别，因此，我国现代大学教学楼设计还需结合自身的经济状况、学科设置特点以及高教事业发展动向等，探索出符合我国国情以及现代化教育要求的教育建筑设计的新思路。

1.3　相关概念的解释

1.3.1　高校教学楼的分类

当前，我国高校中的教学楼类型多样，形态不一，功能各有所不同。为方便研究，可将当前普遍存在的教学楼按照服务对象、使用功能、建筑形态三种方式进行分类（表1-1）。

表1-1 我国普通高校教学楼分类简表

分类方式	分类	特点	组成内容	适用对象	管理
按服务对象分	公共教学楼	多用于基础学科，公共学科的教学。建筑规模较大，使用频繁，无固定的使用主体	各类型教室及配套用房	校内各院系学生（以低年级为主）	学校统一管理
	专业教学楼	服务于各个院系学生的教学建筑，是专业性较强的特定的教学空间	专业教室、专业实验室、院系办公用房	高年级学生、研究生、教师	各院系管理
按使用功能分	教室教学楼	仅包括用于教学的教室及相关配套设施	各类型教室及配套用房	所有学生（以低年级为主）	学校统一管理
	综合教学楼	包括与教学活动相关的教室、科研用房、实验室、图书室、活动室、报告厅，以及服务于教学的行政办公用房等综合功能	教室、科研用房、实验室、图书室、活动室，报告厅，办公用房等	所有学生	学校管理或各院系管理
按建筑形态分	独立式教学楼	分散、独立设置	教室，其他部分根据功能确定	根据功能确定	学校或各院系管理
	整体式教学楼	相对集中、整体设置	教室，其他部分根据功能确定	所有学生	学校或各院系管理

　　本书所研究的整体化教学楼群是在新的教学模式和目标的条件下，由传统的专业教学楼和公共教学楼发展演化而来的一种新型的教学建筑，它不能简单地划归为以上分类的某一种，而是具有以上某些类型的多种特征。从表1-2可以看出，整体化教学楼群既有公共教学楼的部分，又有专业教学楼的部分，既可仅有教室，又可具有综合功能，其外在形态一般为整体式的。相对应的，传统教学楼就是指单一的专业教学楼，其外在布局形态一般为独立式的、分散的。

表1-2 两种模式教学楼所具备的特征与各类教学楼特征相关表

特征相关分析	按服务对象分		按使用功能分		按建筑形态分	
	公共教学楼	专业教学楼	教室教学楼	综合教学楼	独立式教学楼	整体式教学楼
整体化教学楼群	√		√	√		√
传统教学楼		√			√	

1.3.2　相关概念的解释

1. 普通高校

　　对教学楼研究的大环境是普通高等学校，即普通高校。普通高等学校是指按照国家规定的设置标准和审批程序批准举办的，通过全国普通高等学校统一招生考试，招收高中毕业生为主要培养对象，实施高等教育的全日制大学、独立设置的学院和高等专科学校、高等职业学校和其他机构。普通高等学校这个名称主要用来区别于艺术院校、农林院校、军事院校等特殊类型的院校。

2. 整体化教学楼群及其相关概念辨析

主要研究对象为"整体化教学楼群",与之相近的其他名称还有:整体式教学楼群、教学楼集群、教学楼组群等。这些称谓与"整体化教学楼群"既有相同点,也有不同点,本书将统一称为"整体化教学楼群",具体概念辨析见表1-3。文中所指的"传统教学楼"是与"整体化教学楼群"相对应的名称,与传统的专业教学楼本质一样。

表 1-3 整体化教学楼群的概念及相近名称辨析

名称	概念解释	其他相近名称	相同点	相异点
整体化教学楼群	是适应新的高等教育理念下产生的教学楼模式。一般由公共教学楼、学科群教学楼、特殊教学用房组成。各功能要素按照一定的组合方式形成布局集中、紧凑的有机整体	整体式教学楼群	均强调整体性,均表现为整体性强的建筑群	整体式:强调外在形式上的整体
				整体化:更强调内部组织的有机整体,是由"内"而"外"的整体
		教学楼集群	建筑均表现为集中和群体	更强调外在形式上的集中性、群体性
		教学楼组群		更强调外在形态上的组团形式和群体
传统教学楼	服务于各个院系学生的教学建筑,是专业性较强的特定的教学空间。一般为"按系设馆"独立的分散式布局	专业教学楼	本质相同	相对于"公共教学楼"而言
		传统教学楼		相对于新型的教学楼模式而言

1.4 研究的主要内容、方法

1.4.1 研究的主要内容

(1) 总结我国高等教育发展趋势,分析其对教学楼所提出的要求。总结我国高校教学楼发展概况及其影响因素,分析整体化教学楼群的出现背景及其特征,并总结其现状所出现的问题。

(2) 解析整体化教学楼群的概念内涵,研究其功能组成要素,结构构成特征及组合方式。研究整体化教学楼群建筑组群布局形态,建筑布局的影响因素、建构模式以及布局优化策略。

(3) 分析影响整体化教学楼群空间尺度的各种因素以及空间尺度控制要素,总结我国整体化教学楼群空间尺度现状。通过对部分高校广度调研和深度调研,研究整体化教学楼群的空间尺度控制优化策略。

(4) 总结我国整体化教学楼群的 K 值现状,并分析其影响因素。对部分高校教学楼的 K 值进行调研和量化分析,建立理论模型,并进行理论 K 值的计算与分析。在调研和理论模型的分析基础之上,研究整体化教学楼群的 K 值的优化策略。

(5) 分析使用者在教学楼中的行为特征,及其对教学楼所提出的相应要求。研究整体化教学楼多义空间中使用者的行为方式,并通过对部分高校教学楼多义空间的使用状况进行实地调研,研究其优化设计策略。分析学生对教学楼的精神层面需求,通过调研,研究满足学生精神需求的教学楼空间优化策略。

1.4.2 研究方法

(1)多学科综合研究法　结合建筑学、城市规划、环境心理学、建筑计划学、城市设计、经济学、教育学、统计学等多学科综合分析研究。

(2)文献资料法　大量查阅相关书籍、论文、杂志、文献等资料,通过广泛的阅读和整理,了解研究这一课题的相关背景,获取相关的成果和统计数据,为课题的深入研究奠定基础。

(3)实地调研法　选择具有代表性的调研对象,具体通过问卷调查、用后评估法、访问、观察、摄影等多种方法,了解现实使用状况及使用者的真实感受。走访教学管理机构,获取详实数据,发现现实存在的问题,提出解决的方案,从而总结出整体式综合教学楼群的设计方法。调研采用广度调研和深度调研相结合的方法,重点突出,主次有别(图1-3)。具体调研高校包括:西安电子科技大学长安校区、西北工业大学长安校区、浙江大学紫金港校区、沈阳建筑大学浑南校区、广州大学城部分高校、西安建筑科技大学等(表1-4)。

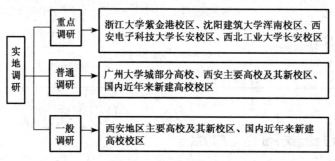

图 1-3　实地调研框架

表 1-4　　　　　　　　　　　　　　　　主要调研高校明细表

序号	学校	调研时间	调研深度	调研主要内容、方法	有效问卷数量
1	沈阳建筑大学浑南校区	2007.10			55 份
2	浙江大学紫金港校区	2008.9		教学楼使用状况、教学楼群构成、使用者行为、建筑尺度、问卷调查、访谈等	73 份
3	西安电子科技大学长安校区	2009.4-9	重点		48 份
4	西北工业大学长安校区	2009.4-10			83 份
5	西安建筑科技大学	2007.5-2008.9			150 份
6	广州大学城广东外语外贸大学			建筑尺度、教学楼使用状况、教学楼群构成、使用者行为、观察、访谈等	30 份
7	广州大学城广东药学院	2008.6	一般		28 份
8	广州大学城华南理工大学				38 份

(4)统计分析法　按照社会学和统计学的基本原理对采样数据进行样本分析等初步的数据整理。在此基础上,综合现有的相关数据进行比较研究,建立理性模型,对某些数值进行理论分析,并进行定性和定量分析,并将结果通过直观的图表表达出来。最终研究出适宜的量化范围。

(5)比较分析法　通过具体实例对比分析整体化教学建筑与传统教学建筑的优缺点,

研究教学建筑的优化设计策略。

（6）实例法　结合国内外建筑设计实例，进行理论应用研究。

1.5　研究框架

研究框架如图 1-4 所示。

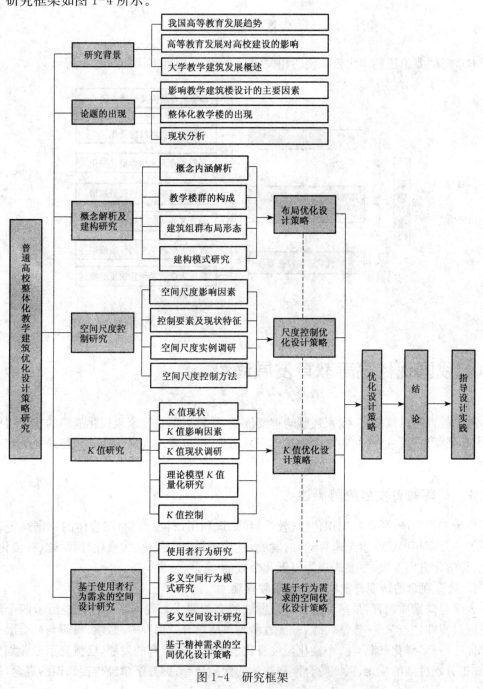

图 1-4　研究框架

2 我国高校教学建筑发展概述

本章将简要论述整体化教学楼的相关研究背景,其内容框架如图 2-1 所示。

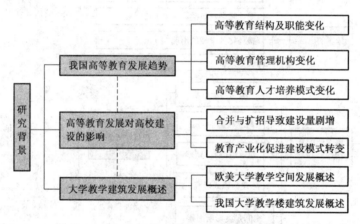

图 2-1   第 2 章内容框架简图

2.1   我国现代高等教育发展趋势

高等教育是民族复兴、国家强盛的重要依托,科教兴国是国家现代化战略的重要组成部分,大学无疑是这一战略的一支主力军。回顾历史,可以发现大学的变革始终是社会变革的产物。

2.1.1   高等教育发展趋势概述

作为知识生产(科研)、知识传播(教学)和知识利用(科技产业)综合体的中国高等教育经历了一百多年(从 19 世纪末算起)的发展,其趋势是向现代化、大众化、国际化、社会化、综合化、科学化方向发展,主要表现为以下几个方面:

1. 教育观念的转变与重构——素质教育观

大学走向素质教育,是高等教育自身发展的必然要求。我国高等教育经历了四个阶段的发展过程即:"点"——教学,"线"——教学与科研结合,"面"——教学、科研与社会服务结合,"体"——多样化、综合化、个性化与终身化。现代高等教育的发展,已摒弃了专业划分过窄、知识分割过细的观念,强调综合性和整体的素质教育;摒弃了单纯传授知识的观念,强调培养分析、解决问题的能力和创新精神;提倡充分发挥学生的积极性和主动性,使学生学会学习,学会生存,具有自我开拓和获取信息的能力等。

2. 教育内容的更新与变革——现代化、科学化、综合化

在教学内容中吸收世界科学技术的最新成就,把本学科、本专业的国际上最前沿的科学知识、科学技术传授给学生。教学内容应对现实具有指导性,对未来具有预测性。

加强学科之间的日益渗透,在课程改革中打破旧的学科界限,把相关课程内容融合一体,开设综合课程。这样有利于拓宽学生的知识面,有助于金字塔形的创造性知识结构的形成,有利于发散性思维能力的培养,它还有利于打破传统专业教育模式所造成的封闭状态,促进各学科专业之间的大融合。

开设有利于学生个性发展的多种选修课,改变课程结构,培养学生的综合能力,包括应变能力、处理信息的能力、开拓能力和创新能力等,以适应新世纪发展的需要。

3. 教育空间的拓展与开放——国际化

21世纪的中国高等教育应与国际接轨,具有全球性和国际性。具体包括教育目标的国际化,即培养面向世界的通用人才;教育内容的国际化,即专业设置和课程内容的国际化;教育合作的国际化,主要包括师生互换、学者互访、国际联合办学、合作研究和学术会议等。

4. 教育功能的拓宽与重塑——大众化、社会化

我国高等教育正经历由精英教育向大众教育的转变过程。美国著名教育社会学家马丁·特罗指出"当一个国家大学适龄青年接受高等教育者的比率在15%以下时,属于精英(Elite)高等教育阶段;15%～50%为大众(Mass)高等教育阶段;50%以上为普及化(Universal)高等教育阶段[①]"。到2010年我国高等教育将进入大众化阶段,高等教育将向着民主化、教育机会均等化方向发展。高等教育的目标不再是培养少数精英,而应最大限度满足全民受教育的权利,实现教育终身化和开放化。

2.1.2 高等教育结构及职能的变化

高等教育作为一个系统是由许多部分组成的,这些部分为达到某种目的而构成相互联系的某种形式,并按一定规律发展运动,从而组成了高等教育结构。结构决定功能,只有结构不断优化,系统才能发挥出最大功能。高等教育规模的扩大应与结构调整同步进行,以适应社会对高等教育多层次、多方面的需求。高等教育结构的调整主要包括以下几方面:

(1) 集中力量办好重点大学、重点学科。

(2) 重点提高本科以上高等教育的教学质量和办学效益。

(3) 大力发展高等职业技术教育和成人高等教育等短期高等教育。

(4) 积极发展民办高等教育。

(5) 发展远程教育、职业资格教育和继续教育,逐步建立健全终身教育体系。

高等教育有人才培养、科学研究、社会服务三大功能和知识积累、创新、应用的职能。高等教育与社会、经济的关系已不仅仅是适应和服务,而要以其所创造的高新科技和所培养的创新人才来引导社会,促进和拉动社会经济的发展。传统的"传道、授业、解惑"已不能涵盖

---

① 高书国. 从大众化到普及化:社会主义市场经济条件下高等教育改革与发展研究[M]. 北京:科学出版社,2001:596.

高等教育的职能，它更艰巨的任务是产生智力资本，这不仅包括知识和智慧，而且更重要的是创新思维能力和健全的品德（表 2-1）。

表 2-1　　　　　　　　　　　　　　大学的功能

大学功能		具体内容	阐释
物质层面	教学	基础教育与专业职能教育	大学的基本功能
	科研	基础研究、发明和创造	大学是传播知识、创造知识的场所，创新是大学的核心竞争力
	社会服务	科研的转化、社会化；为社会提供知识、技能、培训等	大学的扩展职能
精神层面	培育文化	人格教育、道德教育	大学的精神作用
	树立理想	为人类发展设定目标	大学的远见和预见性
	坚持价值	追求真理，为社会提供价值观的判断标准	大学的伦理作用

图表来源：作者根据向科，"当代大学校园建设的回顾与展望"修改绘制。

2.1.3　高等教育管理体制及人才培养模式的变化

自 1992 年以来，按照"共建、调整、合作、合并"的方针，我国高校管理体制改革不断地向纵深推进。到 2000 年，已有 556 所高校合并调整为 232 所，净减 324 所[①]。通过合并组建了一批文、理、工、农、医等各大学科门类比较齐全、规模较大的综合型大学。不少学校合并后实现了优势互补、资源共享、办学条件明显改善的目标，同时，办学质量、办学效益也显著提高。

合并后的高校在一定程度上克服了条块分割、办学分散、重复建设、规模小等缺陷，改变了单科院校过多，综合性、多科性院校和单科院校比例不合理的状况，优化了结构，调整了布局，整体实力得以提高。高校合并是高等教育管理体制改革的重要途径之一，它为我国高等教育面向 21 世纪更好地发展奠定了坚实的基础。

随着新时代的到来，高等学校的人才培养必须确立与市场经济体制和知识经济时代相适应的新观念，全面推行素质教育是人才培养目标的重要一步。在知识经济的时代背景之下，高校倡导"通才教育"，强调知识结构的"厚基础、宽口径"。高校培养的人才应具有较宽的基础知识面，具有独立自主地掌握新知识、新技能的能力，具有一定的专业技能，同时，还应有良好的道德品质。

总之，21 世纪的中国高等教育将是充满生机和活力的，是高质量、高水平、高效益且具有中国特色的新型教育模式。

---

① 高教管理体制改革大刀阔斧进展顺利[N]. 中国教育报，2000(11)：7.

2.2 高等教育发展对高校建设的影响

2.2.1 高校合并与扩招导致建设量剧增

1999 年是我国高等教育规模发展的突破点,高校扩招政策的出台,使高等教育的毛入学率以每年平均两个百分点的速度增加。2004 年高校毛入学率超过了 19%,在校生人数由 1998 年的 413.4 万人猛增至 1333.5 万人,翻了近 3 番。而普通高等院校数仅由 1999 年的 1071 所上升至 2006 年的 1867 所,一个学校的平均学生容纳量由 3860 人上升到 8148 人 (图 2-2)。学校在校生人数的急速扩大,直接导致全国各地各大高校的大规模改建、扩建、新建校园等建设活动的兴起。这股建设浪潮由 20 世纪 90 年代末延续到当前,依然有继续进行之势(图 2-3)。

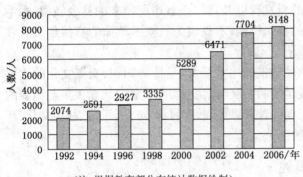

(注:根据教育部公布统计数据绘制)

图 2-2 我国普通高校校均规模统计

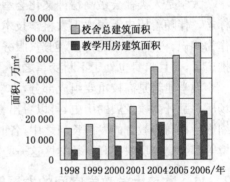

(注:根据教育部公布统计数据绘制)

图 2-3 近年我国普通高校校舍建筑面积统计图

2.2.2 教育产业化促进高校建设模式转变

随着教育产业化进程的加快,大学校园的建设呈现出前所未有的蓬勃发展,同时,其建设模式也发生着转变(表 2-2)。计划经济时期,受经济条件和高考招生政策所限,高校建设的资金完全由国家投资建设,大学校园的建设关系比较单纯,是简单的政府和学校之间的隶属关系,投资主体是政府。同时由于招生人数较少,因此,建设规模相对较小,建设周期较长。而在市场经济下,教育成为新的投资热点和经济增长点,随着教育产业化的发展和招生的扩大,高校建设规模空前,速度加快,周期缩短,资金来源多样,高校建设有了更多的自主权。大学校园的建设关系变得相对复杂,土地由学校自己在市场上购买,并支付土地价格。建设资金大多为自筹,不再申请教育财政拨款。办学方式多样化,公办、民办、合办的较多。管理方式社会化,引入后勤管理集团或教育集团来管理,因而建设规模和建设速度相对以往也大得多和快得多。

表 2-2　　　　　　　　计划经济与市场经济条件下我国大学校园建设的区别

时期	投资方式	教育观念	建设量	建设周期	管理方式	建设理念	面积定额依据
计划经济时期	大部分由国家拨款	精英型	3300 万 m² 左右(1978 年)	十几年至几十年	事业化管理	适用、经济、美观	《普通高等学校建筑规划面积指标》(1992)
市场经济时期	多样化:包括国家拨款、企业、银行、三产等	大众型	60000 万 m² 左右（2006 年）	1～5 年完成大部分至全部项目	市场化、社会化管理	整体化、可持续发展、以人为本、智能化等	根据实际需要确定

2.3　大学教学建筑发展概述

大学是人类社会最高精神文化荟萃与传播的场所,是人类文明和社会发展水平的综合标志。伴随着历史上每次重大科学技术的新发现以及其广泛运用所带来的社会转型,大学作为知识、科学、技术的传播、创造、服务的特殊机构,不仅成为新技术革命的直接创造者和推广者,而且自身也处于不断变革之中。

教学建筑是高校重要组成部分,占学校建筑的比重最大,是传播知识、交流文化的主要场所。翻开高校发展的历史,可以看出教学区的发展与演变,实际上就是大学发展与演变的缩影。在高等教育的发展长河之中,各时期的教育思想、教育目标、方法、手段、社会文化、环境等都会集中反映在高校教学区这一心脏部分。

2.3.1　欧美大学教学空间的发展概述

大学大约诞生于公元前 3 世纪、4 世纪或更早。迄今为止,叙利亚的埃伯拉大学是已被证实的世界上最早的大学。西方较为正式的大学教育,则始于公元前四百多年前的古希腊和古罗马。

西方大学教学建筑的发展经历了中世纪的"封闭式";18 世纪、19 世纪的"开敞分散"式;现代的"整体式"三个阶段(表 2-3)。这与科学技术的发展从综合到分化,再由分化到高度综合的历史进程相吻合。

表 2-3　　　　　　　　　　　欧美大学校园发展概况

空间形态	时间	地点	学校性质	学校概况	典型代表
封闭集中式	公元前 3—4 世纪	叙利亚埃伯拉大学	世界最早的大学		
	公元前 400 年	古希腊、罗马	西方较为正式的大学教育	大学第一个系—哲学系诞生	苏格拉底、柏拉图
	公元 12 世纪	意大利、法国、英国	欧洲中世纪大学	教学内容偏重宗教,校园为修道院式的封闭院落。	巴黎大学、牛津大学、剑桥大学、波伦亚大学

空间形态	时间	地点	学校性质	学校概况	典型代表
开敞分散式	17世纪	欧洲	近代大学的形成期	校园形态沿用古典形式,工业革命推动科技发展	德国 Hale 大学
	18—19世纪	北美(美国)	近代大学发展期	校园更加开放,打破对称格局	美国弗吉尼亚大学
整体集中式	20世纪初	欧美	大学的繁荣期	校园更加适应科技大发展	美国南佛罗里达学院
	20世纪60年代	经济发达国家	大学的空前活跃时期	规模扩大内容更新,更加多元化	英国巴什大学

1. 欧洲中世纪校园的"封闭集中"式

在人类的文明史上,现代高等教育起源于欧洲中世纪。"大学"一词原意为社团、协会、行会,最早兴办近代大学的是意大利、法国、英国。那时的自然科学、社会科学、艺术和哲学均处于一种初始的、朴素的整体状态,与当时初始的科学水平相适应,大学里不分院系专业。当时的学校往往是一个围合的方院建筑,它包含了整个教学过程的全部内容,其中设有教堂、讲堂、食堂、宿舍等。各个学院彼此封闭独立,学校很少与社会接触,以一种十分保守的态度对待社会发展。

12世纪到17世纪末,欧洲大学的课程设置、教学目的、内容等均遵从旧有的模式,没有大的发展和变化。这个时期的校园建筑与古典模式一脉相承,建筑的典型平面是围合的四方院,总体布局采用中轴对称式,强调神圣、庄严和对学生的威慑力。牛津、剑桥大学是这一时期的"封闭集中"式的建筑空间的典型代表(图2-4)。

图2-4　牛津大学校园

2. 18世纪、19世纪校园的"开敞分散"式

随着社会生产力的发展,近代科学的萌芽开始出现,其发展趋势是学科分化,单一的学科向分门别类的专门学科发展。19世纪上半叶,自然科学的分化已经到达了相当精细的程度,这种变化促使了高等教育结构发生了巨大变革。很多高校逐渐出现了分科制,校园开始由综合的、封闭的空间走向专业化的、各学科相互独立的空间组织。各系独立设教学楼已成为必要,这也为分散型校园奠定了基础。此类校园的建筑分散,不同科系之间缺乏沟通联系,这是与自然科学分科越来越细,各科都向自己的纵深发展的科学发展水平相适应的。

北美的开敞式校园是这一时期校园建筑空间环境的典型实例。它完全不同于欧洲传统的集中封闭的建筑空间,而是更加贴近生活,贴近大众,采用亲切自然的建筑风格。校园总体布局不讲求轴线严格对称,而是舒展的自由式布局,注重建筑与自然的有机结合,注重人文景观创造的文化氛围。

例如,美国弗吉尼亚大学,打破了剑桥传统封闭的空间格局,设计了一个半开放的庭院,这是半开敞式校园的雏形(图2-5)。19世纪末,美国著名建筑师欧姆斯特认为校园应靠近城市,其环境应是自然的、公园式的,能陶冶情操的。同时校园不宜过于强调对称布局,不对称的布局更利于与环境相协调,有利于今后的发展和扩建。1860—1870期间,美国很多大学都采用这种规划思想,逐步形成了美国自由式的布局风格与特色。

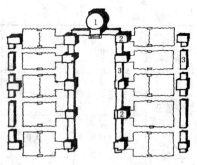

1—图书馆 2—教授住宅 3—学生宿舍
图2-5 弗吉尼亚大学(1817)①

3. 现代大学校园的"整体集中"式

不断分化是科学发展的一种趋势,不断综合是科学发展的另一种趋势。从19世纪中叶开始,自然科学发展的综合趋势初见端倪。从20世纪30年代以来,综合的趋势已占主导地位,每一门学科都是在与整个科学体系的紧密联系中发展。当代提出的重大科学技术问题与社会问题都具有很高的综合性,越来越要求各门学科和各种技术手段相互配合与协作。

世界资本主义经济的迅速发展,工业和科技的不断进步,使校园建设也发生了巨大的变化。西方经济发达国家的大学校园建设进入了空前活跃时期。二战后现代派建筑逐步走向成熟,强调校园规划的功能性和灵活性,以及校园规划应反映教育的先进性。现代派注重对自然的保护,体现出有效性、灵活性、舒适性。赖特设计的南佛罗里达学院,路易·康设计的理查德医学研究大楼,以及柯布西耶、密斯等都在大学校园中有优秀的作品。

20世纪60年代以后,科学的综合与学科的交叉,对工业革命后形成的近代大学的分散型校园布局提出了挑战。科学技术发展的整体化趋势,向现代教育提出了两个重要问题:第一,大学的科系设置要齐全,有利于进行综合研究;第二,培养出的学生应具有厚实的理论基础和广博的知识面。这一要求体现在校园布局上则应是集中化高密度的物质环境。集中化的校园布局不受学校专业学科的限制,使校园在空间和功能上紧密联系,形成一个完整统一的体系。教学区的建筑空间向整体式、综合式发展,强调各项设施间的相互联系和融合。整体式教学楼的出现在提高教学质量、工作效率、改善学习环境、增加教学用房灵活性等方面起到了作用。

英国的艾塞克斯(Essex)大学将各系组织在大学的若干个学院内,教学楼设计成连续的蛇状平面,各系占据其中一段(图2-6)。这种系与系、学院与学院之间在空间上的紧密联系,保证了学生能够进行多学科综合学习,以及各系教师的高效配合。瑞士洛桑工业大学的建筑是网格式布局,在87.6 m×87.6 m的网格上连续布置各专业的教学楼,并在网格的四个角上设置交通联系单元和管道竖井(图2-7)。网格式紧凑的布局可节省很多室外管线,节约造价,并可按最经济合理的服务半径确定竖井的位置。二战后建成的德国

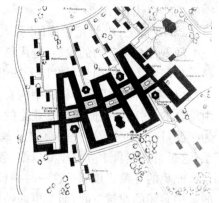

图2-6 英国艾塞克斯大学②

---

① 弗吉尼亚大学(1817)图表来源:周逸湖,宋泽方《高等学校建筑·规划与环境设计》[M]。
② 英国艾塞克斯大学图片来源:A Symposium Edited by Michael Brawne. University Planning and Design。

鲁尔大学,从建筑单体到校园整体均采用统一的网格,教学楼、科研楼、实验楼均有机整合在一个整体的建筑群之中(图 2-8)。

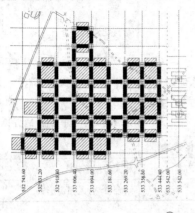

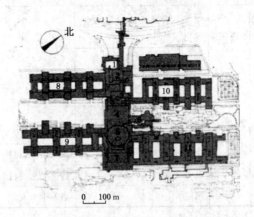

图 2-7　瑞士洛桑工业大学①　　　　　　图 2-8　德国鲁尔大学②

总之,这一时期世界各国,尤其是经济发达国家的校园建设进入了空前活跃的崭新时期。大学的复杂性、综合性不断提高,校园的形态、建筑形象也呈现出多层次、多元化、多风格的局面。

2.3.2　我国大学教学楼建筑的发展概述

严格意义上讲,我国的大学是中国近代历史发展的产物,是伴随着中国社会的资本主义经济发展和西方近代科学技术在中国的传播而发生的。然而我国的高等教育却是源远流长,并且对近代大学的发展产生了深远的影响。

1. 古代的学府、书院

我国是世界上最早创立学校的国家之一,早在奴隶时代就有了学校。公元 124 年汉武帝正式建立太学,成为较正式的大学。古代官学多建于城市,太学、国子监位于京城或王城,府学设于地方首府,学府与文庙并立形成所谓"左庙右学,前庙后学"之制(图 2-9)。书院盛行于宋、明时期,多推崇道家遁世思想,其建筑形式多与当地的自然相融合,有山林之趣而无一定的建造标准与等级规定。私学多为家庭授课方式,建筑形式基本与该时期的民居建筑一致,并未形成特殊型制。

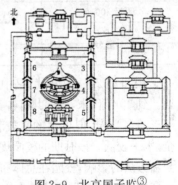

图 2-9　北京国子监③

总之,这些官学和私学的校舍建设与古代不同时期的其他类型建筑一样,沿袭旧制历代相承,一律采用中国典型的轴线对称式布局和木结构、大屋顶的建筑形式。这种单一、传统、封闭的学校建筑形式一直延续到鸦片战争后西方文明的传入(表 2-4)。

---

① 瑞士洛桑工业大学图片来源:何人可. 高等学校校园规划设计——历史的回顾与几个问题的研究。
② 德国鲁尔大学图片来源:周逸湖,宋泽方. 高等学校建筑·规划与环境设计[M]。
③ 北京国子监图片来源:周逸湖,宋泽方. 高等学校建筑·规划与环境设计[M]。

表 2-4 我国古代大学的教育状况

社会形态	朝代	大学型制		学术成就	教育场所
奴隶社会	西周	辟雍	培养统治阶级政治官员	六艺:礼、乐、射、御、书、数	与宫廷建筑结合
		泮宫			
		畤学	培养技术事务官员		
	春秋战国	出现有官办到"私学"的"学术下移"		百家争鸣(孔子、孟子、荀子)	设坛讲学,无固定模式
封建社会	自秦到清朝中叶	中央官学	培养行政官员		京城设太学、国子监,地方设府学,有一定型制规定
		中央专科学校	培养法律、科技、技术官员		
		私人受课、家学	传递经学、科技、文化艺术		私人房屋形式
		书院	培养学术人才		结合自然,无固定形式

2. 近、现代高校教学区的规划设计

我国近现代高等教育可追溯到 19 世纪末的洋务维新运动。受洋务维新运动及辛亥革命的推动,形成了我国第一批近代高等高校,之后由于连年内战和抗日战争的影响,高等教育发展相当缓慢。建国后我国建成了一批受苏联高等教育思想影响的高校,形成了高校建设的高潮时期。文革 10 年动乱时期高教发展停滞不前,1976 年后社会秩序恢复正常,高校建设进入了一个崭新的阶段。经过一个多世纪以来,高教事业发展迅速,目前已有全日制高校 1300 余所。这些高校建设的历史和背景不同,也反映了不同时期的特色。

(1) 20 世纪 20—30 年代

表 2-5 建国前我国高校规模统计(1947 年)

学生规模数/人	高等院校数目/所	学生规模数/人	高等院校数目/所
不足 300 人	82	1000~2000 人	25
300~500 人	30	2000~4000 人	13
500~1000 人	44	4000 人以上	4

20 世纪 20—30 年代,是中国高校的第一个建设高潮时期。到 40 年代末,全国共有各类高校 205 所(表 2-5),其中,不乏著名学府,但更多的高校科系庞杂、条件简陋、师资不全、水平较低。该时期的校园规划受到西方校园规划新思想与新方法的影响,校园在总体布局上,功能分区明确,各学院自成体系。教学区多围合成三合或四合院,建筑风格的取向是中西兼容,这一时期的校园主要有两种风格。

一种是,受当时西方流行的修道院式的外观、布局影响的西洋式风格。建筑多为两层左右,内设天井,入口设钟塔等。如由美国建筑师墨菲主持设计的清华大学(图 2-10)。

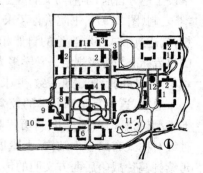

图 2-10　清华大学规划图①

---

① 清华大学规划图图片来源:周逸湖,宋泽方. 高等学校建筑·规划与环境设计[M]。

该校功能分区明确,在建筑形式上采用欧洲新古典主义的造型,校园空间端庄典雅,文化气息浓厚,传播了西方校园建筑文化。另一种风格是在规划上吸取中国传统院落的布局特点,充分利用地形特点,建筑形式采用中国古典建筑样式,形成鲜明的民族风格。如由墨菲设计的燕京大学校园(图2-11),他借鉴了中国传统的造园手法和建筑风格,把现代大学功能和中国传统园林意境有机地结合起来。1929年由美国建筑师开尔斯规划设计的武汉大学(图2-12),采取了中国传统的造园手法与建筑风格,充分利用珞珈山的地形地势,形成了山地茂林相依的优美校园景色。

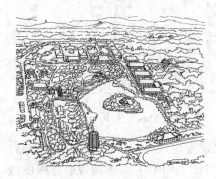

图 2-11 燕京大学校园鸟瞰①

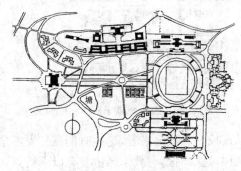

图 2-12 武汉大学规划②

(2) 20 世纪 50 年代

20世纪50年代,是新中国成立后的高校建设的又一个高潮时期。经过解放初期的以苏联高校体系为蓝本进行的院系调整和增加专业设置的工作之后,在短短10年里,成立一批各种规模和性质的高等院校,高校总数也增至496所。通过这次调整,我国形成了苏联模式的高校,这种模式在当时起到了一定的积极作用,它影响了此后近30年的中国高教模式。但它也存在一些弊端如重工轻理、理、工、文分家,教学与科研分家,专业划分过细以及过分强调人才需求的计划性等。

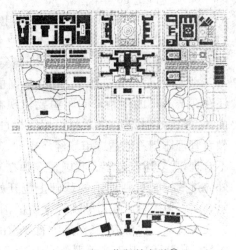

图 2-13 莫斯科大学③

不少校园模仿莫斯科大学(图2-13),形成了固定模式,彼此大同小异,缺乏个性。同时由于受到固定形式所限,造成使用功能和朝向等方面的不合理。此时的校园追求布局严谨对称,建筑造型庄严雄伟,中轴线、主楼、大广场、周边式建筑等都成为常用的设计手法。该时期的典型代表有北京钢铁学院(图2-14)、西安交大(图2-15)等。

---

① 燕京大学校园鸟瞰图片来源:周逸湖,宋泽方. 高等学校建筑·规划与环境设计[M]。
② 武汉大学规划图片来源:周逸湖,宋泽方. 高等学校建筑·规划与环境设计[M]。
③ 莫斯科大学图片来源:www.msu.ru。

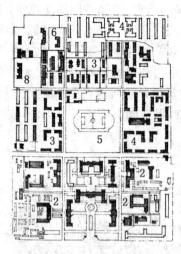

图 2-14　北京钢铁学院①

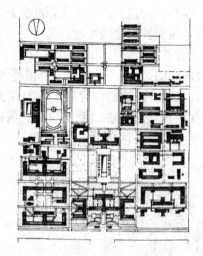

图 2-15　西安交通大学②

从高校发展状况来看,这一时期高校发展集中,建设速度快,总体一次实施完成率较高。总的来说,这一时期的教学区主要有以下特点:①以主楼、图书馆等主要建筑为中心构成教学中心区;②教学区建筑大多采用轴线控制下的主配楼格局,加上中心区的规则绿化,使校园气氛严谨庄重;③以系为单位的单体建筑组合方式,布局分散,建筑密度较低。

(3) 20 世纪 80 年代

在 20 世纪 80 年代初,全国各地相继成立了许多高校,形成了高教事业发展的又一个高潮。到 1986 年在校人数增至 188 万人,高等院校达到 1056 所。然而与先进国家相比,我国的高校建设还存在着不小的差距。问题主要体现在以下几方面:①条块分割严重;②单科设置院校过多;③高等教育管理体制不能适应市场经济走向;④规模结构不合理,重复建设过多。我国建筑师在不断学习国外先进的校园规划理论的基础上也开始了新的探索,在实践中完成了大量既符合中国国情,富于民族文化特征,又能满足新时期教育要求的优秀作品。

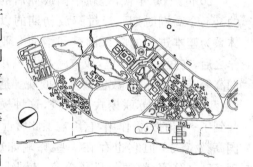

图 2-16　深圳大学总平面③

我国高校建设面貌也为之一新,如深圳大学(图 2-16)、山东财政学院(图 2-17)、汕头大学(图 2-18)等。

总的看来,这一时期的高校建设特点是:①打破了过去单一对称式布局方式,更注重个性特征,强调校园环境的时代感;②注重创造中国特色的环境空间;③建筑分散型总体布局向整体综合型发展。

---

① 北京钢铁学院图片来源:梁作范,刘明德. 对我国高等院校总平面规划的探讨[J]. 建筑师,1984(20)。
② 西安交通大学图片来源:梁作范,刘明德. 对我国高等院校总平面规划的探讨[J]. 建筑师,1984(20)。
③ 深圳大学总平面图片来源:周逸湖,宋泽方. 高等学校建筑·规划与环境设计[M]。

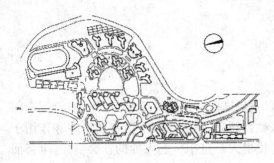
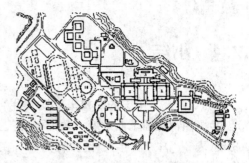

图 2-17　山东财政学院总平面①　　　　　　　　图 2-18　汕头大学总平面②

(4) 20 世纪 90 年代末至 21 世纪

进入 20 世纪 90 年代以后,在市场经济的条件下和教育产业化的要求下,教育从精英型向大众型转化。1999 年大学开始大规模扩招,招生平均每年递增 34％以上,与此同时大学的实力不断加强,高校合并、新校区建设、老校区改扩建、兴建大学城的浪潮席卷全国(图 2-19 和图 2-20)。短短几年,大学格局就发生了翻天覆地的变化。

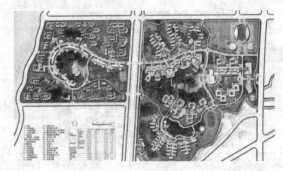

图 2-19　广州大学城③　　　　　　　　　图 2-20　重庆大学虎溪校区④

这一时期的校园规划建设在理念上、经济技术上所受到的限制最小,并积极吸收和引进国外设计理念或进行国际招标,规划设计方案呈现百花齐放的繁荣局面。但同时就全国范围来看,在这一时代背景下校园规划也呈现出共性特点和主流趋势,甚至出现了通用手法及千篇一律的趋势。这一时期的校园建设主要有以下特点:

① 校园大规模征地,校园建设规模大,建设周期短;
② 建筑整体化、巨构化、功能复合化;
③ 注重外部空间及校园景观设计;
④ 校园开放化,与城市发展紧密结合;
⑤ 注重生态化、地域性。

① 山东财政学院总平面图片来源:周逸湖,宋泽方. 高等学校建筑·规划与环境设计[M]。
② 汕头大学总平面图片来源:周逸湖,宋泽方. 高等学校建筑·规划与环境设计[M]。
③ 广州大学城图片来源:李传义. 广州大学城规划的新理念与城市建设新技术[J]. 建筑学报,2005(3)。
④ 重庆大学虎溪校区图片来源:华南理工大学建筑设计研究院设计文本. 2004。

2.4 小结

纵观西方与中国的高校历史发展沿革,可以发现这样一条发展线索:大学因社会需求而产生,又因社会需求而改变。政治、经济、文化、教育观念、教育手段等等都将影响和作用于高校(表2-6)。"百年大计,教育为本",在新时代里大学将担负起重要的社会责任,也将面临更为复杂的内外条件。

在高校建筑中占比重最大的教学楼建筑的建设无疑应受到足够的重视。在新的形势下,大学教学楼建筑的设计将面临理论与实践的新课题与新挑战。

表2-6   新中国成立以来我国高等教育及高校建设各阶段状况

时间	性质	建设主要内容	主要成就	意义
1949—1956	教育事业调整与改造阶段	接管、接办、接受、整顿	形成苏联模式的单科或多科学院和大学,并长期成为我国高校办学模式	缺少综合性大学,教学和学术僵化
		学习苏联模式,进行院系调整		
1956—1966	大学建设开始全面进行	"教育大革命"(1958—1960)	增设重点院校,初步建立教学、科研、生产相结合体制	盲目冒进、大起大落,政治冲击教学,教改违反教育规律
		调整高等教育(1961—1966)	压缩规模、保证重点、提高质量	
1966—1976	"文革"期间的破坏	各项事业全面停滞	校园建设处于非正常状态	高教事业各方面都受到严重的损害
1976—1988	恢复与提高	恢复高教事业(1976—1978)	恢复增设高校,恢复招生与毕业分配	科技是第一生产力,教育被放在国民经济发展的重要地位
		调整与发展高等教事业(1978—1988)	确定高教任务和目标,专业设置调整与改革	
1988—1998	转轨时期的高校改革与建设	深化高教改革,加速高教发展	"稳定规模、优化结构、深化改革、提高质量"	高教改革和发展面临着许多新问题
1999—至今	教育产业化发展	大规模扩招、高校合并、扩建、新校区建设、大学城建设	大规模建设,大规模扩张,高速发展	实力增强,呈现多样化发展趋势

3 整体化教学楼群的出现及其现状概况

本章将具体论述整体化教学楼的出现背景及其现状概况,其内容框架如图 3-1 所示。

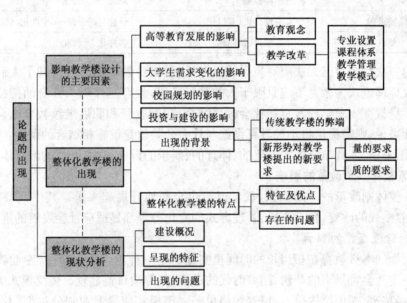

图 3-1　第 3 章内容框架简图

3.1　影响高校教学楼建设的主要因素

教学楼建筑是高校教学的主要场所,是高校建设中最重要所占比例最大的一类建筑物,同时也是校园规划的重点。从前文的分析可以知道,高校校园建设会受到方方面面的影响,加之教学楼建设的重要性,因此,有必要在分析教学楼的具体设计内容之前,先多角度、全方位地剖析影响其建设的各项主要因素。

3.1.1　高等教育发展的影响

1. 高等教育观念变化的影响

从 21 世纪国际发展趋势来看,知识的传播、生产、创新与应用将深刻地影响和改变人类生产、生活,同时高等教育理念也发生了巨大的变化(表 3-1)。随着知识经济和终身学习社会的来临,高等教育作为知识产业的一部分,其创造与生产知识的功能越来越重要。高等教育将不再是仅少数人能享有的"精英教育",它必将向着大众化和普及化发展。这一趋势既刺激了教育消费,为改善学校的教育教学环境创造了条件和契机,但同时也对我国的教育教学设施提出了严峻的考验。面对这种考验,教学空间应该更加开放、综合、高效、灵活、多元化。

表 3-1   工业时代与知识经济时代教育观念对比

对比项目	工业时代	知识经济时代
生产过程	程序化、标准化	个性化、灵活化、多元化
生产形式	劳动密集、技术密集	知识密集、信息密集、创造性密集
信息传播	单向传播	双向、多向传播
对人才的要求	高度分化、专门化	分化与综合统一、个性化、创造性
对教育的要求	标准化、工业化	多样化、个性化

传统的一次性教育已无法应对当今的生存挑战,终身教育的思想得到了人们的广泛认可。终身教育理论认为教育不应只限于人的某一阶段,教育是伴随人终身的持续不断的活动过程。终身教育要求学校教育和社会教育结合,职前教育和职后继续教育结合。对于校园规划设计来说,则需提供将学校教育设施与社会公共教育设施相结合的条件,大力发展公共教学楼、图书馆、体育馆等各类文化的、体育的、娱乐的设施,建立开放的教育体系。

2. 高等教育教学改革的影响

随着高教体制改革的不断深入,教学改革也全面地开展起来了。其中,学科专业的调整,人才培养模式的改变,教学手段、管理方式的变化等等都是适应社会发展的重要措施。

1) 专业设置变化的影响

我国大学的本科教育在相当长的时间里实施的是一种单一而狭窄的"专业教育模式"。该模式是一定社会背景下的产物,随着时代的进步,其弊端日益显现。传统模式的弊端主要有:专业口径狭窄、知识结构单一、培养规格单一。该模式使得专业划分过细、专业数过多,1980年本科的专业数竟达到了1000多种(表 3-2)。从80年代至今高校不断推进教学改革,促进课程体系优化,改革专业设置,扩大专业面向(表 3-3)。到2006年专业减少到不到600种(图 3-2)。这种专业设置改革打破了原有的专业界限,促进学科间的交流,有利于交叉学科的发展;促进文理渗透,理工结合,有利于"通识人才"的培养。

表 3-2   20 世纪 50—80 年代本科专业划分数

年份	总数	文科	理科	工科	农科	林科	医科	师范	财经	政法	体育	艺术
1953	215	19	16	107	16	5	4	21	13	2	1	11
1957	323	26	21	183	18	9	7	21	12	2	2	22
1958	363	17	37	194	40	40	8	25	9	2	6	25
1962	627	60	79	295	16	11	40	40	9	2	5	41
1963	432	53	36	164	26	12	10	17	10	2	7	36
1965	601	72	55	315	37	11	11	30	21	1	6	40
1980	1039	60	158	537	60	22	29	40	54	8	8	63

续　表

年份	总数	文科	理科	工科	农科	林科	医科	师范	财经	政法	体育	艺术
1986	826	65	129	367	53	16	25	43	43	11	12	62
1988	870	75	129	378	53	17	25	47	48	16	14	68

注:图表来源是作者根据《中国教育年鉴》统计数据绘制。

表 3-3 　　　　　　　　　　**20 世纪 90 年代本科专业划分数目**

年份	总数	哲学	经济学	法学	教育学	文学	历史学	理学	工学	农学	医学	管理学
1993	504	9	31	19	13	106	13	55	181	40	37	0
1998	249	3	4	12	9	66	5	30	70	16	16	18

注:图表来源是作者根据中华人民共和国教育部高等教育司编,《中国普通高等学校本科专业设置大全》,北京:高等教育出版社 1999 年,统计数据绘制。

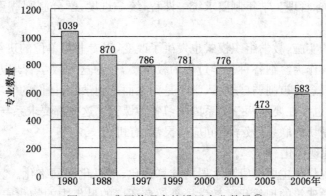

图 3-2　我国普通高校设置专业数量①

2) 课程体系变化的影响

大学课程综合化,是适应当代科技和社会发展、深化大学教育综合化改革的一种新的课程理念,是学生个别差异、科学发展高度分化又高度综合的趋势以及社会对人才需要三方面影响的必然结果,它主要是针对当时大学教育中愈演愈烈的分科过细、专业过窄而致学科与学科相割裂、课程与社会需求相脱节、课程与学习者相分离的弊端,并伴随着"通才教育"这一教育价值新取向而发展起来的(图 3-3)。

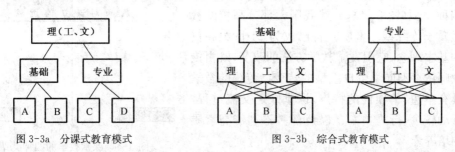

图 3-3a　分课式教育模式　　　　　　　图 3-3b　综合式教育模式

图 3-3　分课式与综合式教育模式

---

① 图表来源:作者根据教育部公布统计数据绘制。

大学课程综合化的重要体现之一是学科渗透、跨学科选修,使人文素质教育与科技知识教育有机结合,并为学生提供多学科的知识和思维方法,使其形成整合的视野和价值观念。当代课程强调整体性,也是现代科技和社会发展日益以综合为主流的客观要求。

由此可见,传统的孤立、分散的"系馆"已无法适应新型的学科关系,不利于交叉学科的发展。高校专业设置的改革对教学楼建设提出了更高的要求,要求教育空间应对学科发展的新趋势作出改变。集中、整合、高效、便捷的新型教学楼空间将逐渐显示出其优势。

3)教学管理方式变化的影响

(1)学年制向学分制的转变

学年制和学分制是高等教育的教学管理制度两大基本模式。我国由于历史原因,一直采用的是苏联的学年制教学管理制度,目前学年制已暴露出较多的弊端,学分制模式逐渐被高校所采用。两者主要差别在于:学年制一切按计划组织教学,注重过程管理;学分制以选课为核心,注重目标管理。学年制要求统一课程,统一进度;学分制则尊重学生的个性差异和学习上的自主权。

伴随学分制的实施,教学组织模式也发生了改变,以专业为单位的班级制向以课程为单位的选修制转变。作为容纳各种教学过程的教学楼,应为这种教学管理方式提供相应的物质环境。班级的概念将被削弱,学生入学不是到系而是到学院,他们的学习计划和考试也是由学院负责,学生也往往要在两三个系内学习各种课程。这些都要求系与系、学院与学院之间在空间上保持密切的联系,教学空间应当灵活、有机。

(2)教学管理现代化

教学管理的现代化主要指管理手段的计算计化、信息化和网络化。教学管理的现代化也相应地要求教学建筑的现代化。教学楼是教育环境的最集中的物化表现,必然会受到信息化的冲击。在教学楼内的公共空间如大厅、走廊内设有电脑查询系统,学生可通过计算机查询各种教务信息。因此现代教学楼设计更应注意各种管网设施的规划安排,紧凑的布局有利于问题的解决。

4)教学模式变化的影响

(1)教学方法的变化

Charles. E. Silberman 在《开放课堂教学》一书中依据师生对教学内容与教学过程的决定权将课堂分为四种类型(图 3-4),显然我国大部分高校的教学模式属于传统型。素质教育已成为 21 世纪高校办学的基本理念,它引发了教学方法的改变,既由传统的教师依存型向学生自主型的转变。传统的教学模式具有单边、单项性的特点,课堂缺乏交流过程,师生互动较少,行为单一、气氛沉闷,不利于高素质人才的培养。

由传统型教学向开放型教学转变,学习环境将

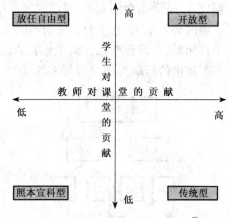

图 3-4 课堂教学的四种类型①

① 图片来源:周作宇. 大学教学:传统与变革. 现代大学教育[J],2002(1)。

成为主要影响因素(图 3-5 和图 3-6)。物质环境、人文环境、文化环境构成了学习环境的基本因素，他们对学习活动具有不同的教育功能。传统教学活动的物质环境单一、封闭、僵化，开放型的教学活动要求学习环境个性、开放、灵活、高效。教学楼作为学习的主要物质环境，应当为这种新型的教学方式提供良好的条件。

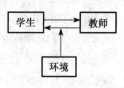

图 3-5　教师依存型①

(2) 教学手段的变化

信息技术的飞速发展使得高等教育手段也发生了变化。信息技术改变了教学活动的空间和时间，多媒体技术使教育的现代化、个性化成为可能。计算机、网络、虚拟现实技术改变了传统的"黑板＋粉笔"的古老教学方式，使得有限的教育资源能发挥到最大，保证更多的人能享受到高等教育。

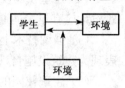

图 3-6　学生自主型①

教学方式的演变是推动教学楼发展的根本动力，新的教学方式必然会对教学建筑提出新的要求，因此新的教学科研建筑必须为之提供相应的设备和场所。传统的完全以教室为阵地，以教材为载体的知识传授方式将被打破，大学的空间将得以延伸。21 世纪的教室将成为大学信息网络的节点，21 世纪的教学楼也将成为能提供多种信息传递方式的智能化教学楼。

3.1.2　大学生需求变化的影响

大学校园的使用主体是学生和教师，校园建设应追求"以人为本"，以满足使用者物质和精神上的需求为出发点，注重环境与人心理、行为的相互关系，充分研究校园主体—人的生活方式、活动规律、环境心理等因素与各种空间组织的关系。当代大学生的生活方式与以往年代有不同的时代特征，主要体现在：①能力与知识并重的学习生活方式；②注重信息输入的社交生活方式；③丰富多彩的闲暇生活方式。

大学生的心理需求反映在环境上，则表现为对公共交往空间的向往及对个人空间的需求。公共交往空间为人们提供社交环境，有助于培养学生的社会情感及群体精神，具有从属于群体的归属感。个人空间是满足大学生自我独立意识所需的空间，是支配环境及表达自己感情的场所。不同年级、不同类型的学生对环境有不同的要求，这就对校园公共空间和个人空间提出了多功能、多层次的要求。大学生一天当中的很多时间都是在教学楼中度过的，教学楼要注重交往空间的设计，为培养高素质人才提供必要的物质环境。

3.1.3　高校校园规划思想变化的影响

教学区是高校的重要组成部分，是学校的核心，是传播知识、交流文化的重要场所。高校规划思想的变化就集中反映在教学区空间环境的发展与变化上，因此教学建筑的发展与演变，就是高等学校发展与演变的缩影。校园是高等教育的物质载体，掌握校园规划的发展走向，对教学楼建筑的发展有重要意义。

(1) 注重发挥大学的社会效益，建设开放型大学　大学与社会的关系越来越密切，大学不仅是青年的教育园地，也是在职人员"继续教育"、"终身教育"的场所。大学的资源可为社

---

① 图片来源：教育发展研究[J]，2001(2)：1。

区共享,社区也可为学校提供生活服务。

(2)强调布局的集中性　高校规模不断扩大,但很多大学的用地却是零增长,提高校园规划的建筑密度已成为一个重要趋势。相对集中的布局不仅节省用地,同时也符合学科发展趋势。

(3)注重校园发展的可持续性　校园规划要有弹性,以便为以后的发展留有余地。建筑设计应有更多的通用空间和可变空间,提高建筑的适应性。

(4)强调技术上的先进性　"智能型校园"是高校发展的必由之路。"智能型校园"主要表现为建筑设施自动化,在建筑设计中要充分考虑适应计算机运作的各种技术条件的要求。

(5)注重校园的人性化设计　以往的校园规划过多的注重功能要求,而忽略了使用者的心理需求。校园规划应本着"以人为本"的原则,充分考虑师生的物质和精神需求。加强交往空间设计,满足人的多层次需求。

3.1.4　高等教育投资与建设的影响

任何历史阶段的校园规划建设都与其所处的社会政治、经济条件、文化发展水平等背景密切相关,必然会带有不同的时代的典型特征。因此要对我国高校校园建设进行研究,首先应对我国高教发展战略有所认识。我国大学校园建设主要有以下特点:

(1)建设项目繁多,具有综合性。

(2)建设周期较长,且具有连续性,对规划的可连续性要求较高。

(3)校园建设属于国家计划管理项目,建设资金的来源主要是国家财政拨款,受国家教育发展政策和总体经济状况影响较大。

(4)长期形成的较复杂的行政隶属关系和多级管理体制增加了大学建设与设计工作的难度。

(5)校园建设除满足教育事业的设施要求之外,还应具备较高的文化品位,包括校园环境与人文环境的创造。

高校校园的建设是一个长期的动态的过程,它需要大量资金、人力、物力的投入,因此其建设过程往往不可能一步到位,常常带有阶段型,且在不断的变化之中。我国大学的建设由国家计划管理,要通过预测、平衡、调节、决策等一系列相互联系的功能实现。我国近年来财政支出中的教育经费有较大幅度的增长,但教育经费所占比例仍然偏低。其他渠道筹措的资金来源不稳定,其分配、使用、管理上都有较多不完善之处。

在实际的建设过程中,学校常常由于建设资金不能完全到位,而中途要求设计方更改方案,变更建造规模和标准,人为导致施工过程的中途停建或周期过长,不能完全贯彻设计方案。这在一定程度上影响了建设速度和质量,无法有力保障教学目标的充分实现。实践证明,高效的经费运作是保证校园环境质量和教学质量的有效方式。

我国的高校建设正在进入一个高速发展的时期,这为繁荣教育建筑设计提供了难得的机遇。新的教学建筑设计应当更注重整体性、经济性,注重合理科学的规划,避免短期行为造成校园整体环境的破坏。

3.2 整体化教学楼群的出现

大学教学建筑的发展演变历史,就是不断地适应高等教育发展和科学技术发展的历史。大学校园功能复杂,故建筑类型繁多,但其核心仍是教学建筑。理想的教学楼不仅能保证良好的教学质量,而且也能构成校园美丽的景观。目前,我国高校基建的总体水平不高,各高校也在积极改善办学条件,对校园进行改建、扩建的规划与设计。随着高校的不断扩招,校舍拥挤、老化、设备陈旧等问题困扰着高校的发展,其中教学楼建设发展滞后尤为突出。

一种在设计手法和设计思路上都充分考虑高等教育新思想和新观念的新型教学楼——整体化教学楼群的设计理念应运而生。它可容纳更多专业,使各专业之间可以方便联系的并具有综合功能。整体化教学楼群的基本特点就是布局紧凑,多专业共处一体,空间相互贯通。传统校园中一系一楼的空间特点将被数楼成"群","群""群"有机联系成"簇"的新特征所代替。这种综合体建筑不是一栋高楼,而是用连廊、庭院等不同规模的建筑,按照功能关系组成相互紧密结合的建筑群。

3.2.1 出现的背景

1. 我国高校传统教学楼存在的弊端

我国有 40% 的高校是在 20 世纪 70 年代以前建立的,由于受当时经济条件所限,很多建筑都已经日趋陈旧、老化。受 20 世纪 50 年代苏联模式的影响,许多高校的专业教学楼都采用了以各系为单位的单体建筑组合方式。这种"按系设馆"、"各系为政"、"小而全"的教学组织模式已经越来越显示出其弊端。

传统的教学楼产生的社会背景是工业革命以来的专业化分工,从而导致各高校学科的分散设置。历来奉行的"按系设馆"使各学科之间相互孤立、割裂,削弱了各系之间以及学生之间的联系,不利于学科的发展和高素质人才的培养。分散的布局方式使教学设施、建筑空间的利用率较低,资源无法共享,重复建设现象严重。分散的教学楼造成学生的疲于奔波,同时道路及室外管网的一次性投资较大,经济效益较差。过于分散的建筑也使得校园土地利用率和绿化率不高,缺少预留发展用地。

在当今的后工业化时代,科学技术正朝着整体化方向发展,传统陈旧的设计概念已不能适应这一趋势,即将被一种新型的整体式综合教学楼群的设计概念所代替。

2. 学科发展的要求

在科学的发展史上,学科的生、盛、亡、衰是十分普遍的客观现象。学科的发展并不是一成不变的,新的学科不断产生,旧的学科有时不免销声匿迹。根据联合国教科文组织所隶属的"世界科学技术情报系统"统计,20 世纪 60 年代以来,科学知识每年的增长率从 9.5% 增长到 10.6%,到 80 年代增长到 12.5%[①]。

---

① 罗云.中国重点大学与学科建设[M].北京:中国社会科学出版社,2005:123。

21世纪的今天,学科的更新换代速度,更是不断加快,这一点可以从高校的专业设置变化清楚地看到。为适应学科发展的需求和市场对专业的需求,高校的很多老专业逐渐消失,新的专业不断地形成。在教学楼建筑50～100年的普遍寿命周期中,必定有新兴学科产生,旧有专业取消或合并。传统教学楼的"按系设馆"不利于学科的发展和调整,难以适应学科的发展演变。整体化教学楼群采用集约化的布局方式,有利于动态调整教学用房,适应学科的发展,促进交叉学科、边缘学科的产生,也有利于培养综合性的人才,更适应于现代高等教育理念。

3. 新的教育形式对教学楼提出了新的要求

我国的高等教育正处在快速发展的时期,新的教育形式对大学的教学楼无论是从"量"上还是"质"上都提出了新的要求。

(1)"量"的需求

从1999年起,全国高等学校展开了大规模的扩招,招生数和在校生数年度递增速度均为5.5%,2010年大学的入学率将从目前的10.5%提高到15%。高等教育在数量上的不断增长,使得很多高校校舍拥挤的矛盾更加突出,其中教学空间不足更困扰着学校。

自新中国成立以来,我国各高校已建立了不少的教学楼,它们在当时也发挥了很大的作用。然而,时至今日,这些教学楼已暴露出了很多的缺点,其中不乏破损的危楼。根据国家教委教育管理信息中心统计,1996年全国高校校舍1360万 m²,其中危房建筑面积116万m²,占总面积的8.52%;教学楼危房面积占教学建筑总面积的1.3%(表3-4)。1998年,对全国510所教学型高校的调查表明:生均教学用房面积低于标准的有419所,其中有305所在标准要求的80%以下;生均教学实验资产低于标准的有291所,其中193所在标准要求的80%以下(表3-5)。这一时期的高校教学楼建设主要是从数量上和面积上满足教学的基本需求。

表3-4 　　　　　　　　1996年全国高校教学建筑危房面积率统计

教学及辅助用房	校舍面积/m²	危房面积/m²	危房面积率
教室	15 333 032	23 136	1.51%
图书馆	300 757	7702	1.22%
实验室	19 904 509	27 072	1.35%
会堂	137 085	500	0.04%
体育馆	1 458 470	400	0.02%
总计	135 987 386	1 158 749	1.33%

图表来源:黄伟华.大学校园评估方法初探[D].清华大学硕士论文,1997.

表3-5 　　　　　　1998年510所高校办学条件情况(未含体、艺、民族)

统计	合计学校数	其中教学用房未达标	教学仪器未达标	图书未达标
合计/所	510	419	291	413
所占比例/%	100	82.2	57.1	81

图表来源:戴井冈.我国普通高校布局结构的现状[J].教育发展研究,2000,3.

从表3-6和图3-7可以看出,1999—2006年我国普通高校教室建筑面积总量和当年新增教室面积逐年增高,其中,2001年总量达到最高,2004年新增面积最高,2001年新增面积所占比例最高。与此同时,教室危房面积基本呈逐年下降趋势,其中 1999 年教室危房面积所占教室面积比例为 17.2%,而 2006 年则仅为 0.22%。这一系列数据表明,我国高校经过 2000 年前后的大规模扩张后,新建了一大批教学楼,危房面积逐年减小,教学的硬件环境得以改善。同时,这一大兴土木的建设高潮从 2004 年后逐年放缓,高校教学楼建设从"量"的追求转化为对"质"的追求。

表 3-6　　　　　　　　1999—2006 年我国普通高校教室建筑面积分类统计

年份	教室总建筑面积/万 m²	其中当年新增面积/万 m²	其中危房面积/万 m²
2006	10 364	1064	22.8
2005	9361	1078	16.8
2004	8236	1219	17.5
2001	37 312	602	27.1
2000	2579	278	28.3
1999	2082	1581	35.8

图表来源:作者根据教育部公布统计数据绘制。

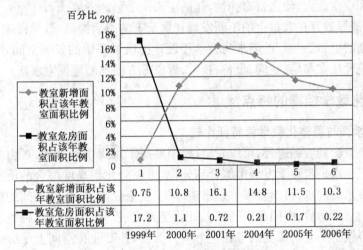

	1	2	3	4	5	6
教室新增面积占该年教室面积比例	0.75	10.8	16.1	14.8	11.5	10.3
教室危房面积占该年教室面积比例	17.2	1.1	0.72	0.21	0.17	0.22
	1999年	2000年	2001年	2004年	2005年	2006年

图 3-7　1999—2006 年我国普通高校教室新增面积及危房面积比例统计①

(2)"质"的要求

传统的教学楼功能单一、空间组织形式单调、缺乏特征、质量偏低。各学校的教学楼都千篇一律,甚至教学楼同行政机关的办公楼也很相像。旧有的教学楼已不能适应高等教育向高质量高效能方向发展的要求,同时新的教育体系对教学楼提出了新的要求。知识、信息的传递不再只依靠黑板、粉笔和课本,多媒体教材、投影仪、白板、远程教育等都将成为有效的教育手段,因此新的教学楼应为之提供相应的设备和场所(表 3-7)。

上课的形式也由单一的听讲式向讨论式、辅导式、研究式转变,教学空间也应更加灵活多变。以往的教学楼空间只注重满足上课的需求,却忽略了其使用主体——学生的心理需

---

① 图表来源:作者根据教育部公布统计数据绘制。

求。教学楼除了教室空间外,还应有丰富的、多层次的交往空间。交往不但能使学生形成良好的人际关系,对学生的品格智力也大有益处,同时交往也是知识交流、思想沟通的重要方式。教学楼内的交往场所主要包括交谈、休息、活动等功能。

表3-7　　　　　　　　　　传统教学楼与整体化教学楼对设施及空间需求

类型	硬件设施				空间类型					
	讲台	黑(白)板	电脑	投影仪	讨论室	展览空间	休息空间	多功能空间	绿化空间	休闲服务空间
传统教学楼	✓	✓			✓		✓			
整体化教学楼	✓	✓	✓	✓	✓	✓	✓	✓		✓

　　传统的教学楼布局分散、孤立、缺乏有机联系。目前,各高校普遍用地紧张,因此,要求教学楼更加集中、整体、有机。紧凑的布局不仅便于师生间交流、学科协作,同时也为学校的再发展留有余地。现代科学技术的发展日新月异,学科内容更换频繁,所以教学空间应具有较大的适应性和应变能力,使之富有弹性,能适应未来学科的发展。

　　总之,随着高等教育在数量上的不断发展和质量上的不断提高,教学楼建筑的设计理念和手法也在不断的更新。"量"的需求为教学楼设计提供了广阔的发展空间,"质"的要求促进了教学楼建筑设计在布局、空间、设备、技术、形象等方面不断地探索求新。

3.2.2　整体化教学楼群的特点

1. 传统教学楼与整体化教学楼特征比较

　　考察历史上大学发展的进程,可以看出,校园经历了由集中到分散,再由分散到集中的螺旋式发展历程。这是与科学发展由综合到分化,再由分化到高度综合的历史进程相吻合的。随着科学技术的进步,科学发展呈现出整体化、密集化趋势,各学科间的横向联系日益密切,边缘学科、交叉学科、不同学科的整合日益受到重视。作为容纳各种教学过程的教学楼应对这种趋势做出反应。孤立的考虑一个系一栋楼,各专业在空间上绝缘的陈旧设计观念已不适应这种趋势。一种可容纳更多专业,使各专业之间可以方便联系的,具有综合功能的整体化教学楼群应运而生。与传统的教学楼相比,整体化教学楼群具有以下特征和优缺点(表3-8)。

表3-8　　　　　　　　　　传统教学楼与整体化教学楼特征比较

类型	布局	形态	功能	规模	尺度	交流空间	土地	资源利用	容纳学科	教室利用率	归属感	识别性	K值
传统教学楼	分散独立	单体	单一	较小	较小	无	利用率较低	各专业独享	单一	较低	较强	较强	较高
	缺点										优点		
整体化教学楼	整体集中	楼群	复合	较大	较大	有	利用率较高	多专业共享	多样	较高	较弱	较弱	较低
	优点										缺点		

2. 特征及优点

（1）便于在一个紧凑的空间中组织对学生的多学科的综合教学。整体式教学楼使得每个学生能够高效率地学习相关学科的课程,各系教师也能高效率地配合。

（2）为不同学科、不同专业的师生提供更多的交往机会,有利于信息沟通、思想交流、启迪智慧,有利于培养高素质人才,有利于加强不同学科间的横向联系。

（3）有利于提高各种教学设施的利用率,减少重复建设的浪费现象,实现资源共享,使各项教学设施都发挥出最大的使用效率和经济效益。

（4）布局紧凑的整体式教学楼,可节约大量的室外管网和道路工程的投资及维修费用。

（5）有利于提高校园的土地利用率,有效缓解高校用地紧张的矛盾,同时也为高校的进一步发展留有余地。

（6）集中紧凑的建筑布局可为校园留出较大的空地进行绿化,提高校园绿化率,有效改善校园环境。

3. 存在的问题

整体化教学楼出现至今已有近 10 年,通过多年的使用,也呈现出一些问题。例如,有些整体化建筑出现了过于贪大求全、形式雷同、归属感不强、识别性差、交通面积过大、不易管理、经济性差等诸多问题。因此现在需要对已出现的问题进行总结与反思,对其设计手法进行优化研究,使其发挥出最大的效用。

3.3 高校整体化教学楼的现状分析

3.3.1 建设概况

从 20 世纪 80 年代起,我国新规划建设的一批高校,例如,深圳大学、山东财院、汕头大学等,已经出现了整体化教学楼的雏形。到 2000 年前后,全国范围内掀起大学建设高潮,从这一时期至今,整体化教学楼已经被广泛地应用了,设计手法也日趋成熟(表 3-9)。

表 3-9　　　　　　　　近年我国部分新建高校(校区)建设概况统计

编号	学校	建设时间	总用地 /hm²	总建面积 /万 m²	学生规模/人	容积率	规划模式	教学楼布局模式
1	沈阳建筑大学	2003	95.24	37.17	17 000	0.39	网格式	网格型
2	郑州大学新校区	2005	284	160	40 000	0.56	组团式	组团式
3	西安电子科技大学新校区	2004	200	96.55	31 500	0.43	巨构式	组团式
4	河北科技大学	2004	220	89	30 000	0.40	组团式	组团式
5	河北理工大学	2008	29.5	20	20 000	0.68	自由式	核心式
6	青岛理工大学新校区	2007	88	49	12 000	0.56	核心放射式	组团式
7	天津师范大学	2004	233.3	82.4	20 000	0.35	网络式	组团式

编号	学校	建设时间	总用地/hm²	总建面积/万 m²	学生规模/人	容积率	规划模式	教学楼布局模式
8	兰州商学院新校区	2008	46.7	38.56	20 000	0.83	核心放射式	组团式
9	长安大学渭水校区	2003	114	40	16 000	0.35	核心放射式	核心式
10	中央美术学院	1996	9.8	7.8	3800	0.80	自由式	组团式
11	北京师范大学昌平校区	2002	133.3	76.6	18 000	0.57	组团式	核心式
12	大连医科大学新校区	2002	114	38	10 000	0.33	组团式	组团式
13	河北农业大学西校区		66.97	42.08	15 000	0.63	组团式	组团式
14	浙江大学紫金港校区	2002	580	256	54 000	0.43	核心式	组团
15	深圳大学城西校区	2005	19.88（北大园区）	10.2（北大园区）	15 000～20 000		单元式链状集中布局	组团
16	苏州大学新校区（南京工业园区独墅湖高校区）	2006	192	40	15 000	0.21	组团式	组团
17	江南大学蠡湖校区	2004	267.62	70	23 000	0.26	指状布局	组团
18	中国美术学院象山校区	2004—2007	13.34（一期）	6.5（一期），8（二期）	5000	0.49（一期）	自由式	组团
19	安徽大学新校区		133.35	61.88	30 000	0.46	线性模式	组团
20	江汉大学新校区	2001	108.4	36.88	12 000	0.37	中心对称轴线式	组团
21	中山大学珠海校区	2000	342.8	36	12 000	0.21	中心对称轴线式	巨构型
22	上海大学（宝山校区）	2000	101.21	36	17 000	0.36	核心式	群组团
23	上海交通大学闵行校区	2005	310（一期115,二期195）	145	16 000	0.47	一期：自由式 二期：核心式	群组团
24	上海工程技术大学松江校区	2003	78	25	12 000	0.32	带状	群组团
25	同济大学嘉定校区	2007	167	40	15 000	0.37	组团式＋中心对称轴线式	组团式
26	复旦大学江湾校区	2005	137	30	10 000	0.22	中心对称轴线式	组团式

编号	学校	建设时间	总用地/hm²	总建面积/万 m²	学生规模/人	容积率	规划模式	教学楼布局模式
27	东南大学九龙湖校区	2006	246.7	57	3.2万		非对称轴线式	群组团
28	南京师范大学仙林校区	1998	140.3	31	16 000 (2002年)	0.22	自由式+中心对称	群组团
29	南京中医药大学仙林校区	2003	88.2	32	12 000	0.36	中心对称轴线式	群组团
30	厦门大学漳州校区	2003	171.2	60.8	20 000	0.35	复合式	群组团
31	四川大学双流新校区	2001	200.1	103.64	35 000	0.596	行列式	群组团
32	华侨大学厦门校区	2006	133	80	20 000	0.60	非对称轴线式	组团型+脊椎型
33	华南理工大学南校区(广州大学城校区)	2005	81.8(生活区另设)	46.9	20 000	0.57	非对称轴线式	组团
34	长沙理工大学云塘校区	2006	138	78	20 000	0.57	组团式	组团
35	华东师范大学闵行校区	2004	121.4	54	17 000	0.44	核心式	组团式
36	中南大学新校区	2008	148.8	62.4	3万	0.42	核心式	组团式
37	合肥工业大学翡翠湖校区	2002	100	33.76	14 000	0.34	巨构式	巨构式
38	重庆工学院花溪校区	2006	78.81	45	10 000	0.54	分散组团式	组团式
39	广州大学城广东药学院教学区	2003	38.075	24.431	8000	0.64	轴线式	组团式
40	中山大学(广州大学城校区)	2004	110(生活区另设)		23 000		轴线+组团式	组团式
41	哈尔滨工业大学(威海校区)	2005	135	78	20 000	0.57	双中心非对称轴线式	组团式
42	福州大学新校区	2003	150.6	62.3	15 000	0.41	核心式	组团式

图表来源:作者根据各校园网站、设计资料等相关数据整理自绘。

3.3.2 呈现出的特征

近年来我国各高校的整体化教学楼群建设呈现出以下主要特征:

1. 建筑体量庞大,建筑整体性强

整体化教学楼群一般都位于教学区的核心区域,教学楼建筑群体量庞大,整体性较强。建筑多为3～6层,结合地形水平展开,形成一定的序列性,与传统的单栋教学楼形成对比。

2. 以母题为元素组成群体，建筑使用模数制

整体化教学楼群一般都以一个建筑单元为母题，通过水平方向或垂直方向的重复、叠加、重构、组合等多种手法形成整体建筑楼群。建筑一般都采用同一的柱网模数，空间可以根据需要灵活划分，以增强建筑平面的适应性、可变性。

3. 使用线性联系空间

整体化教学楼群一般都会有一个明显的线性空间例如连廊，来加强各单元或组团间的横向联系。这样的线性空间可以有一条或多条，它在建筑整体的形象中也起到明显的连接作用。

4. 注重交流空间和公共空间的创造

整体化教学楼群一般都会利用连廊、中庭、敞厅、平台、庭院等在其内部创造出丰富的交流空间和公共空间。改变传统教学楼封闭、单调的空间形象。

5. 建筑功能复合化，设施智能化

整体化教学楼群的功能是复合化的，除了教学功能之外，还增加休闲服务功能，例如展厅、开放的讨论室、商店、书店、咖啡、打字复印、自动取款、自动售货等多种功能空间。同时设施也更加智能化，多媒体教室、宽带上网、信息显示屏、电脑触摸屏等被广泛的使用。

6. 建筑组团按照学科群划分

很多高校在整体化教学楼群的实际使用当中，为方便使用和管理，将各楼群组团按照学科群划分，例如理科楼群、文科楼群、综合学科楼群等。因此，整体化教学楼群在现实的使用中往往呈现出相近学科共处一楼，或学科群共用一个组群的情况。

7. 建筑使用系数(K 值)降低

在整体化教学楼群的平面中，交通空间被赋予了更多的内容，如休息、交流、展示、等候等，因此无论是内走廊或外走廊，其宽度都有所增加。整体化教学楼群注重交往空间设计，除基本功能用房外，在教学楼内还增加了中庭、交流空间、敞厅等非功能性多义空间。此外，整体化教学楼群的组织模式也要求各楼体之间用连廊相连。这些因素都会造成整体化教学楼群比传统教学楼的建筑使用系数，即 K 值降低。

8. 注重外部空间及校园景观的创造

整体化教学楼群往往位于校园的教学核心区，地理位置重要，因此有其所形成的外部空间环境也往往成为设计的重点。楼群的各个单元相互组合成统一的整体并围合成院落空间，由于建筑单元尺度相近，其外部空间环境也较为统一有序，并设有系列景观主题。除加强外部空间的环境绿化外，也更注重环境结合师生的行为需求。

3.3.3 出现的问题

整体化教学楼群虽然有其诸多优点，但通过近十年的使用和建设，但在某些方面也出现了一定的问题，主要表现在以下几点：

1. 速度与质量的矛盾

21 世纪之初，我国高校校园建设呈现出大规模扩张的趋势。校园短期内大规模扩展，校园建设数量过大，规划及设计论证时间过短。高校管理者对大学的未来发展方向缺乏清楚判断，而校园规划理念在短时间内也缺乏充分的论证。速度与质量构成了两难选择，一方面，为赶时间、抢生源而一味追求建设速度；另一方面，设计周期的极度压缩，也使得设计方案往往倾向于批量生产的重复性劳动,难出高质量建筑精品。由于教学楼的建设量所占比重较大,因此这一现象尤为突出。

2. 形式主义的追求

整体化教学楼形式主义的追求普遍表现为,对平面图案的重视而忽视了内部空间在使用中的关联。有些设计为了形式上取得整体的效果将单体建筑硬性连接,而在内部的实际使用中各自独立互不联系,形成一种"形而上"的"整体化教学楼"。僵化与重复使用的平面形式与现实情况的复杂性之间存在冲突。对相关信息的有意忽略,导致了简单化设计产生和无个性的雷同形态。随着校园扩大规模的普遍性和功能的日益复杂化,这些形式主义的矛盾将日益突出。

3. 多样性不足的问题

整体化教学楼群通常由一家设计单位完整统一设计,常采用相同的单元体量重复设置,形成一定的韵律感,立面细部装饰相互统一,整体形态的连续性较好,但各单元组合常常雷同,多样性显得相对不足。尤其是目前国内新校园中的诸多整体化楼群,将相同的形体单元简单地并置、连接,单元朝向相同,竖向上缺少高低起伏的变化。甚至教学单元本身形态就比较单一,仅仅是由平行的教学楼单体加上之间的连廊组合而成。整个楼群的形态是连续性有余,而多样性不足。

4. 规模及尺度过大的问题

有些整体化教学楼为了满足构图上的需要或过于追求宏伟气势,从而导致建筑规模及尺度过大,不符合师生的行为需求和人性化尺度的心理需求。有些教学楼盲目追求整体气势,而忽略功能及空间的有机联系,建筑体量越建越大,有的教学楼甚至形成"千米长廊"或"巨构"建筑。伴随着这种"巨无霸"式建筑的往往同时伴随着建筑使用效率的降低。

5. 建筑使用系数(K 值)较低的问题

整体化教学楼群为加强各部分的联系,不可避免地会较多使用连廊。同时为更多地创造出交流空间,教学楼内部的走廊宽度也会加大,一般从 3～8 m 不等,或局部扩大为交流平台,或采用中庭空间。与传统教学楼相比,这些设计手法的大量使用,都会造成建筑使用系数即 K 值的降低。目前,我国的整体化教学楼群的 K 值普遍较低,毫无疑问 K 值降低将会直接影响到建筑的经济性也随之降低。

6. 识别性与归属感的问题

整体化教学楼群打破传统教学楼"按系设馆"的模式,多专业共处一个教学楼群,空间不再单独属于某个固定的院系使用。与传统模式相比,其空间专属性减弱从而导致师生对其的归属感相对较差。同时随着楼群体量增加,以及同一单元的拼接、复制手法的重复使用,使得楼群的可识别性降低。例如,网络式的整体化教学楼群,因其纵横交错的格网式空间,给使用者造成难以辨别方向、不易识别的感受。

7. 地域性的问题

整体化教学楼群最初是在我国南部及东南部地区的高校出现,随后扩散至全国各地高校。由于各种客观原因,整体化教学楼群在全国范围内呈现出南北趋同的态势。一些北方高校的整体化教学楼群忽略其地域特点,如气候、生态环境、学校发展现状、经济条件、校园文化等因素,而盲目照搬南方模式,形成全国千篇一律的现象,缺少自身地域特色,同时在使用上也造成了一定的问题。如何设计适应地域特点的整体化教学楼群也是亟待解决的问题。

3.4 小结

从高等教育观念、教学改革、教育投资、大学生需求以及校园规划思想等几个方面分析了影响教学楼设计的内在与外在因素，并指出传统教学楼存在的各种弊端，以及整体式综合教学楼群的产生意义。同时还分析了当前我国高校整体化教学楼群建设概况、特点以及存在的问题。从本章可以看出，整体式综合教学楼群的产生有其深远的时代背景，这一新兴教学楼既有明显的优点，又存在一定的缺点，例如，尺度过大、形式雷同、归属感不强、识别性差、交通面积过大、不易管理、经济性差等诸多问题。

在第4章，将深入分析整体化教学楼群的概念内涵、组成内容、组合方式、建筑组群形态、整体化教学楼群的建构模式等内容。

4 整体化教学楼群的概念解析及建构研究

通过剖析整体化教学楼群的概念内涵及其结构组成要素,分析其建构模式。本章的构架如图 4-1 所示。

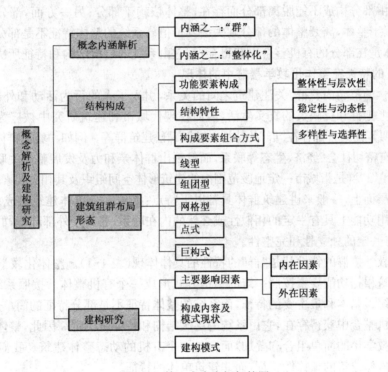

图 4-1 第 4 章内容框架简图

4.1 整体化教学楼群的概念内涵解析

4.1.1 概念内涵之一——"群"

1. "群"的三个形成条件

"群"在我国是一个古老的词汇,在《国语·周语》中有"兽三为群",在柳宗元的《封建论》中有"故近者聚而为群"。"群体"一词在《简明不列颠百科全书》中解释为"动物学术语,指一群同种的生物,它们以有组织的方式生活在一起并密切相互作用"①。在生态学中,"群落"一词指:"具有一定成分和外貌比较一致的组合体,组成一个生物群落的各个种群都能有秩序而相互协调一致的生活在一起,而不是一些随便凑合在一起的彼此无关的生物"。

从古人的文字及其他学科对"群"的解释中,可以分析出形成"群"的三个必要条件,即要素数量多、空间聚集、彼此关联。因此可以这样来解释"群"的含义,即多个要素在空间上相互聚集,并密切作用而形成稳定的关系,便可构成"群"。

2. "群"的特性——整体性和系统性

群体是本质上有共同点的个体组成的整体系统,因此群体具有整体性和系统性。这两个特性是统一的。所谓系统,就是指一定数量的相互联系的要素所组成的统一整体②。系统由相互作用的诸部分组成的,具有整体功能的动态统一体③。

按照系统论的观点,整体性是系统最基本和最主要的原则。整体与部分是辩证统一的,一方面整体由部分构成不能脱离部分而存在,整体依赖于部分;另一方面,部分是整体的部分,部分隶属于整体,离开整体的部分则失去其价值。系统的整体特征不是部分的特征的简单加和,整体是在部分的有机整合中获得存在,它由系统的层次结构和特征所决定。

3. "群"的特性在整体化教学楼群中的体现

在建筑学的范畴内,"群"关注建筑之间的关系,引入了人的行为活动和外部空间环境,便于从整体上把握和反映人的真实生活,因而在现代城市和建筑研究中被广为应用。许多层次上建筑要素的集合都存在"群"的特征,如城市群、建筑群等。例如:"城镇群体是指一定空间范围内具有密切社会、经济、生态等联系,而呈现出群体亲和力及发展整体关联性的一组地域毗邻的城镇";"群是指城市一定地段范围内的建筑形体空间组织及其相关要素的集合"。

在建筑层面上,一般来讲建筑群体具备以下特点:①由多个单体建筑组成;②各单体建筑之间在使用功能上具有一定的相似性或必然的内在联系;③对于外部环境,群体应作为一个整体,具有一定的独立性和完整性。

整体化教学楼群的特性就是"群"的特性的具体体现(表4-1)。整体化教学楼群是各教学楼单体建筑根据功能要素按照一定的结构方式形成一个有机整体。按照系统论的观点,整体性是系统最基本和最主要的特征,而系统的整体特征不是部分特征的简单加和,整体是在部分的有机整合中获得存在,它由系统的层次结构和特征所决定。因此,整体化教学楼群不应是单栋教学楼的简单组合和叠加,而应是一个有机的动态整体建筑。我们对其研究时应该关注其群体建筑的整体性特征,而非建筑单体的特征。

表4-1 **"群"的特性与整体化教学楼群的特性相关性分析**

分析项目	群	整体化教学楼群
	要素数量多	包括全校的公共教室、专业教室
形成的必要条件	空间聚集	各类教室集中式布局
	彼此关联	通过连廊、庭院、中庭等空间相互联系各要素

① 姜辉,孙磊磊. 大学校园群体[M]. 南京:东南大学出版社.
② 孟宪俊,任汝芬. 哲学—世界观方法论[M]. 西安:陕西人民出版社,1993:126.
③ 黄小寒. 世界视野中的系统哲学[M]. 北京:商务印书馆,2006:524.

续　表

分析项目	群	整体化教学楼群
特性	整体性	各教学空间功能要素按照一定的结构方式形成一个有机的教学楼群整体
	系统性	形成整体化的教学区

　　整体化教学楼群基本外在特点是群体建筑，有别于传统校园中一系一楼的教学楼。这种教学楼不是指一栋高楼，而是用连廊、庭院、中庭等将不同规模的教学楼，按照一定的功能关系组成相互紧密结合的建筑群。

4.1.2　概念内涵之二——"整体化"

1. "整体化"的相关概念

　　在《现代汉语词典》中，一般意义的"整体"是指整个集体或整个事物的全部。根据《马克思主义哲学大辞典》，在哲学范畴内"整体"指若干对象（或单个课题的若干成分）按照一定的结构形式构成的有机统一体。"整体性"则是指事物的统一性、完整性、联系性。所谓"整体化"是指整体的东西的形成。整体化教学楼群是高校中教学楼的"整体"，它具有"整体性"，是为适应高等教育理念，基于"整体化"理念下所形成的教学楼，它是教学楼在内外作用机制下所形成的产物（表 4-2）。

表 4-2　　　　　　　　　　"整体化"与整体化教学楼群的相关性分析

相关词汇		含义描述	整体化教学楼群
整体	表面含义	指整个集体或整个事物的全部	整个教学用房的集体
	内在含义	若干对象（或单个课题的若干成分）按照一定的结构形式构成的有机统一体	整个教学用房按照一定的结构形式构成的有机统一体
整体性		统一性、完整性、联系性	整体化教学楼群具有整体性
整体化		指整体的东西的形成	"整体"的教学楼群的形成机制

2. "整体化"的层次性

　　教学楼群要实现其"整体化"的作用，首先应具备层次性和结构性。层次是描述复杂系统内部具有不同等级结构的重要概念，它表征物质结构具有某种次序和等级结构。高一级层次是由低一级层次各要素的演化和相互作用形成的新的系统[①]。层次依赖于结构，结构不能脱离层次。

　　整体化教学楼群的层次性表现为由微观层次的子系统、中观层次的群系统、宏观层次的整体系统三个层次所构成。具体的层次形成过程如图 4-2 所示，一定功能的教学楼单体构成子系统，若干子系统集中聚集，并相互关联形成教学楼群的群系统，群系统之间相互关联集中构成整体化教学楼群的整体系统。

3. 整体性的三个层面

　　按照整体化的层次性观点，整体化教学楼群的整体性体现在三个层面（表 4-3）。

---

　　① 李淮春. 马克思哲学主义全书[M]. 北京：中国人民大学出版社，1996.

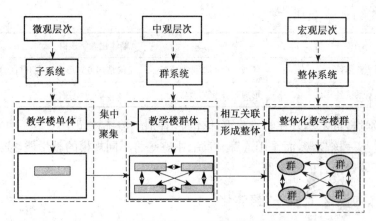

图 4-2　整体化教学楼群的层次性分析

表 4-3　　　　　　　　　整体化教学楼群整体性的 3 个层面分析

	层面划分	分项的层面划分	需求类型	属性
第一层面	整体化教学楼群的内部本体	内容上的内在整体	基本功能要求	逻辑性
		形式上的外在整体		
		内容、形式、空间三位一体的全面整体		
第二层面	整体化教学楼群与校园外部环境的关系	与建筑群外部环境的关系	校园总体环境协调需求	协调性
		与教学区外部环境的关系		
		与校园外部环境及总体结构的关系		
第三层面	整体化教学楼群与人的关系	与使用者行为模式的关系	以人为本的需求	人文性
		与使用者心理模式的关系		

（1）第一层面　第一层面是整体化教学楼群的内部本体的关系。包括了各教学楼单体的构成，教学楼群体的构成，群体的功能组织、流线组织、内部空间组织、形体构成等内容。该层面的整体性又可以划分为三个层次的内容：①内容上的内在整体，即公共教室、专业教室等教学用房集中布局相互关联，形成内在的整体；②形式上的外在整体，即在建筑形式上通过连接、组团、围合等多种形态构成方式形成建筑群体外在的整体；③内容、形式、空间三位一体的全面整体，即形成整体化教学楼群的最终本体，强调其整体的内在逻辑性。这是整体化教学楼群设计的首要要求。

（2）第二层面　第二层面是整体化教学楼群与校园外部环境的关系。整体化教学楼群不是孤立处在于校园之中的，而是校园环境的重要组成部分，关系到校园总体环境质量。整体化教学楼群应与校园总体环境相统一和协调。该层面的整体性又可以划分为三个层次的内容：①与建筑群外部环境的关系，即与教学楼建筑群直接紧密相关的外部环境的协调关系；②与教学区外部环境的关系，整体化教学楼群是构成教学区的主要组成部分，两者应统一设计；③与校园外部环境及总体结构的关系，即整体化教学楼群应结合校园的总体规划、结构体系、开放空间体系、景观体系等，相互协调统一，共同构成完整的校园环境。

（3）第三层面　第三层面是整体化教学楼群与人的关系，即与使用者的关系。建筑和环境都是为人服务的，通过人的使用来完成其最终价值。以往的校园建筑和环境过多强调要适应教学和科研，而忽略了使用者的感受。我们需要从使用者即师生的角度出发，遵循其行为模式、心理需求设计，形成具有场所精神的校园环境。同时结合校园的历史文脉、空间的寓意象征等方面去体现校园的人文精神,通过在精神层面上的融合来形成校园群体建筑的整体性。这也是校园环境的特殊性所在。

4.2 整体化教学楼群的构成

4.2.1 功能要素构成

整体化教学楼群的功能要素构成包括了所有的教学用房、教学服务用房、辅助空间等。这三大功能组成具体为:

① 教学用房包括了可供全校使用的各类公共教室、供各类学科进行专业教学的专业教室以及供特殊专业所使用的特殊教学用房。

② 教学服务用房主要包括了院系行政办公用房、教室办公及科研用房、教室管理用房等。

③ 辅助空间包括建筑内的交通空间、服务用房以及交流空间等。具体各功能要素的内容、使用方式和组合方式如表4-4所示。

表4-4　　　　　　　　　整体化教学楼群内容组成及方式

功能构成		包含要素	使用方式	组合方式
教学用房	公共教室	大、中、小各类普通教室及多媒体教室、报告厅、阶梯教室等	全校共享	1. 与其他教学用房整合的整体化教学楼群
				2. 公共教学楼群
	学科群专业教室	制图教室、设计教室、语音教室等	学科群共享	1. 与其他教学用房整合的整体化教学楼群
				2. 学科群教学楼(学院楼)
	特殊教学用房	美术教室、雕塑教室、音乐教室、体育教室、服装设计教室等	特殊专业独享	学院楼(院系楼)
教学服务用房	办公用房 管理用房	院系行政办公、教室办公及科研用房、其他管理用房等	全校共享或学科群共享	与教学用房相结合
辅助空间	交通空间	楼梯、走廊、门厅、连廊等	全校共享或学科群共享	与教学用房相结合
	服务用房	打字复印室、小卖部、咖啡厅、书店等		
	交流空间	展厅、休息厅、讨论室等		

在以上三大功能要素中,教学服务用房和辅助空间是附属于教学用房的,一般不独立设置,而是与教学用房按照一定的组合方式,组织在一起。因此整体化教学楼群的外在形式上则表现为由公共教学楼群、学科群教学楼(群)、特殊教学用房三大部分按照一定的整体组合方式组织而成的(图4-3)。该三部分内容既可以完全组织在一个整体的教学楼群之中,也可以根据需要各自组群,或两两组群,既可相互联系又可相对独立,形成整体化教学楼群。

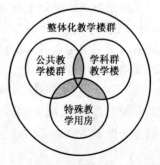

图4-3　整体化教学楼群内容组成图

4.2.2　结构特性

1. 概念

整体化教学楼群的研究必须引入结构的概念。"结构"一词来源于拉丁文的 structure。结构，指系统中各组成要素之间相对稳定的连接关系的总和。结构既是物质系统存在的方式，又是物质系统存在的基本属性。任何物质系统的结构都是空间结构和时间结构的统一，稳定性结构和可变性结构的统一[①]。

结构是一种关系的组合，是把组群各要素加以有序组织的完整关系系统。结构模式具备一定的规律性，可以把错综复杂的现象归结为基本要素的组合，而同时它又具备无限的可能性，能够衍生出丰富多样的事物。要素间的相互的连接方式即结构，它决定了各要素的位置和作用方式，从而使之真正存在。任何物质间没有结构也就没有存在，结构的方法能使我们重新审视、回归事物的本源。

2. 结构的特性

(1) 整体性与层次性　结构是组群要素间的完整关系系统。既包括内部要素之间的关系，也包括群体与外部环境的相互作用；既包括空间关系，也包括非空间关系。结构的整体性同时意味着要素之间、局部之间的相互紧密依存，是高度组织化的。各类教室、办公用房、交通空间、交流空间、服务空间、外部空间等多重内容要进行总体的安排，相互密切的发挥作用。整体化教学楼群中，脱离总体结构去孤立地讨论某部分空间是没有意义的。各类型教学空间没有相互的配合将毫无作用，在不同的校园结构体系中它们有不同的组织原则和方式，而正是这些不同的相互关系构成了各具特色的校园。

结构同时具有层次性。整体化教学楼群是一个层级系统，每一个完善的层级构成了整体结构。个层级相互关联制约，并按照一定的组织方式构成整体化教学楼群的整体结构(图4-2)。

(2) 稳定性与动态性　结构具有自我调节和适应能力，随时间的推移，当内外环境发生改变、部分要素变更替换或者群体扩充发展时，仍能够通过适当调整来维系整体的延续和统一。结构可以组织各种内外关系，使群体达到一种动态平衡、协调、相对稳定状态，使教学环境得以健康、良好的运行。结构既然是各种内外关系的体系，就必然是一个开放、动态的系统。任何环境、要素的变化都会或多或少引起结构的反应，虽然具有相对的稳定性，但不是呆板的，而是不断地变动、微调，使之适应现代高等教育发展的趋势。

在信息时代科学技术的发展日新月异，高校的学科专业设置也是在不断的调整与变化的，是动态发展的。在高校的学科设置当中，既有稳定学科专业，也有根据科学技术发展和市场需求新兴的专业，还有已经老化消失的专业。因此要求整体化教学楼群的结构具有稳定性及动态适应性。

(3) 多样性与选择性　结构具有多样性与选择性。由于各校园内外环境的不同，校园结构具有很大差异性，因而整体化教学楼群的结构和形式也千差万别。这种多样性反映了组群的复杂性和生命力，又为选择提供了基础和条件。

[①]　金炳华. 马克思主义哲学大辞典[M]. 上海：上海辞书出版社，2003.

选择性是生物学术语,指在适应优势上有特殊差异的生物个体的差别繁殖。选择过程以重组为结构特征,环境的变化引发多样的结构,那些适应和符合高等教育要求、适应环境特点的教学楼群结构体系就可获得长足发展,并传播其理念,于是形成该校的风格和特色。

4.2.3 构成要素组合方式

整体化教学楼群的构成要素有:公共教学楼群、学科群教学楼(群)(又称院系楼(群))以及特殊院系(学院)楼(图4-4)。根据各校内在与外在条件的不同,整体化教学楼群的结构组合方式可呈现出多种形式。整体化教学楼群与教学区的其他建筑如图书馆、实验楼群等相互关联,整体布局,共同形成整体化的教学区(图4-5)。

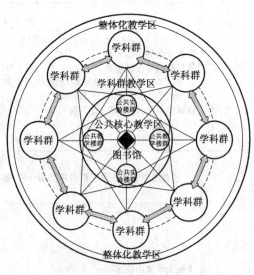

图4-5 整体化教学区构成要素

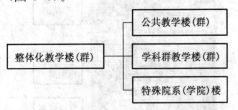

图4-4 整体化教学楼群构成要素

需要说明的是,这三个结构组成要素在不同的条件下会呈现出不同的状态。例如学科群教学楼(群),有时以组群的形式出现,有时仅以教学用房的形式与其他教学用房组织在一起,但其作用均为专业教学用房。整体化教学楼群的组合方式应当是多元化的,而非固定的唯一模式,表4-5所示为我国高校已出现的组合方式。

表 4-5 部分高校整体化教学楼群的结构要素组合方式

编号	结构组合方式	实 例
1	公共教学楼群＋学科群教学楼群 **郑州大学新校区** 学科群教学楼群包括: 1. 理科群 生物工程系、物理工程学院、材料科学与工程学院、化学系、管理工程系、环境水利学院 2. 医科群 护理学院、基础医学院、口腔医学院、公共卫生学院、药学院 3. 工科群 工程力学系、电气工程学院、机械工程学院、建筑学院、土木工程学院、化学工程学院 4. 文科群 美术系、历史学院、新闻学院、文学院、商学院、教育学院、法学院、公共管理学院、旅游管理学院、信息管理系	医科群 公共教学楼群 文科群 公共教学楼群 理科群 工科群

编号	结构组合方式	实 例
2	公共教学楼群＋学科群教学楼群＋特殊院系楼 **广州大学城中山大学** 学科群教学楼群包括： 1. 南学院(管理学院、法学院、数理统计学院) 2. 北学院(信科学院、政商学院) 特殊院系楼：传播及设计学院	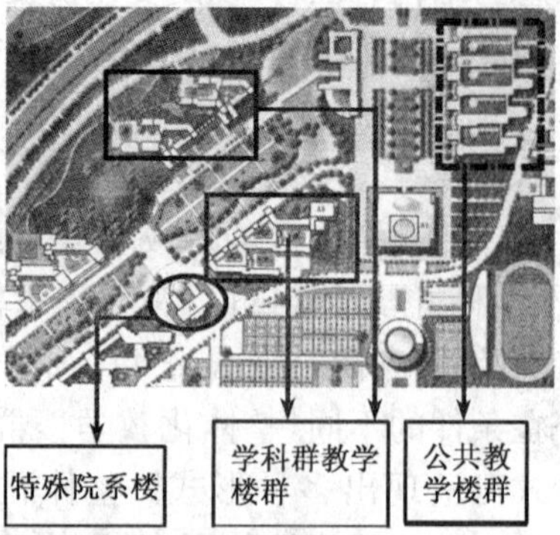 特殊院系楼　学科群教学楼群　公共教学楼群
3	公共教学楼群＋学科群教学用房＋特殊院系楼 **上海大学宝山校区** 特殊院系楼：美术学院 学科群教学用房组织在公共教学楼内，共同组成楼群	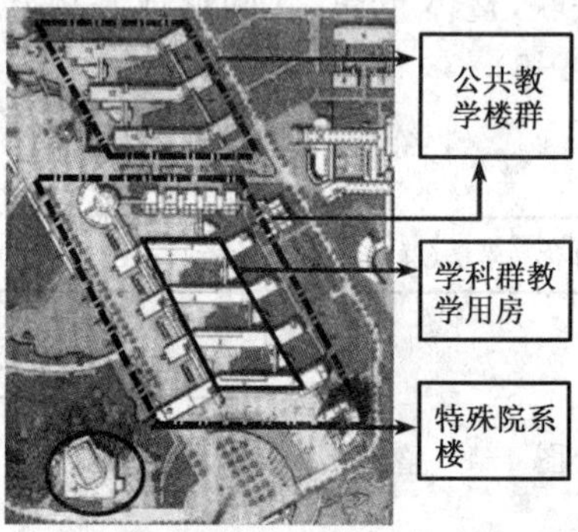 公共教学楼群　学科群教学用房　特殊院系楼
4	公共教学楼群＋特殊院系楼 **上海工程技术大学松江校区** 特殊院系楼： 1. 艺术设计学院 2. 服装设计与工程学院	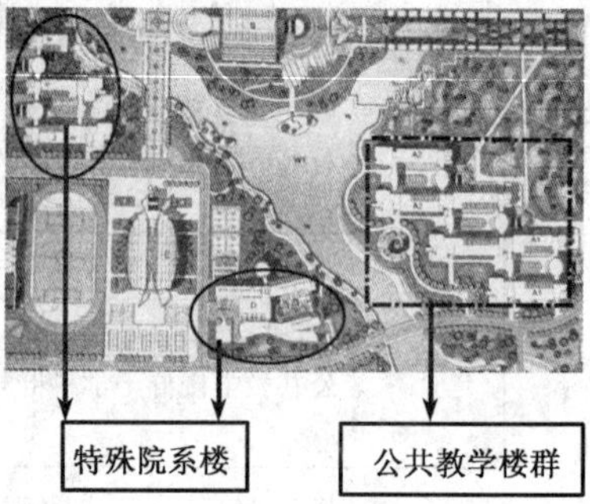 特殊院系楼　公共教学楼群
5	公共教学楼群＋学科群教学楼群＋特殊院系楼 **沈阳建筑大学** 所有教学用房以网格模式整合在一起，形成整体化教学楼群	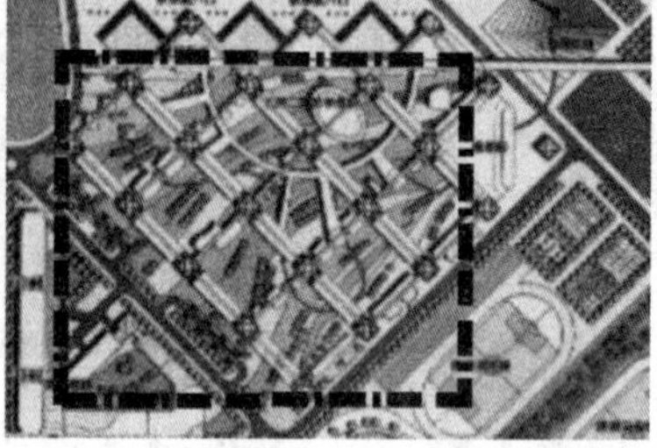

4.3　整体化教学楼群的建筑组群布局形态

"形态"(morphology)本是生物学研究的术语,指动物及微生物的结构、尺寸、形状和各组成部分的关系,也指形式的构成逻辑研究。建筑学从 19 世纪开始借用该词。一般来讲,形态是指事物在一定条件下的外在表现及其内在结构[①]。整体化教学楼群在建筑形态上呈现出以下特点:

① 建筑布局密集化、组团化;

② 建筑群体整体感强;

③ 建筑群尺度较大;

④ 形式多样统一。

4.3.1　线型布局

线型形态是指建筑群以线性元素作为主要骨干或结构体,以一条直线(或者曲线)为"主线",主要功能空间沿主线依次布置其两侧,形成许多横向的"支线"(图 4-6(a))。在线型布局形态中,交通主干线一般以连廊的形式出现,成为"主线",各建筑单体依附主线布局,并可依次发展。以"主线"串接各分支单体,师生的主要活动在分支单体中进行。

线型布局模式是整体化教学楼群最为常见的一种模式,广泛运用于公共教学楼群中。这种布局形式的优点是:

① 空间布局较为紧凑,结构层次清晰;

② 教学楼分支单体既相对独立又通过中间的线性轴线加强联系;

③ 建筑布局灵活,根据校园结构的整体要求,建筑群可以既是以主线为轴线的长方形,也可以是随地形而变化的曲线形,各分支建筑也可长可短;

④ 可弹性发展。该模式不存在一种完整的终极构图,因而可生长性强。沿原有模式增加主线长度或增加支线,可进行分期建设,而不影响教学楼群的整体模式。

线型布局模式根据具体的用地条件和校园形态要求,可形成不同的形态。常见的可分为以下三类。

(1) 鱼骨式(平行式)　以主线为轴连接各个建筑单体,犹如"鱼脊",各分支建筑与主线垂直并平行设置,犹如"鱼骨",因此被形象的称为称作"鱼骨式"或"平行式"。该模式是在线型当中最为常见的一种类型(图 4-6(b))。

(2) 折线式　折线式与鱼骨式的区别在于"鱼骨"与"鱼脊"不垂直,而是呈一定角度,形成折线(图 4-6(c))。分支建筑与主线的角度应考虑到建筑的采光通风。

(3) 辐射式　辐射式是主线为一条圆弧线,各分支建筑物以主线圆心向四周辐射,呈放射状排列。这种布局方式的优点是具有明确的中心感和向心性,结构清晰,人流通过中心点可以迅速辐射、分流,各个功能空间具有更多的独立性。缺点在于辐射面太大,往往造成对

---

① 张宪荣.现代设计辞典[M].北京:北京理工大学出版社,1998.

土地资源的浪费,辐射半径越大浪费也就越大,因此,在我国不多见。辐射式布局不适用于大规模的教学楼楼群,但可局部使用。

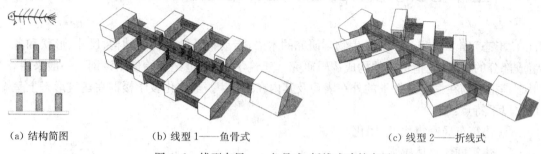

(a) 结构简图   (b) 线型1——鱼骨式   (c) 线型2——折线式

图 4-6　线型布局——鱼骨式、折线式建筑布局

4.3.2　组团型布局

组团的概念来源于生物的细胞形式。细胞通过不同的组合可以形成不同的生命体,但因为其基本单元内在的规律性,组成的生命体也是有严格的秩序的。组团型布局的显著特征是由尺寸相近、形态相似的基本建筑体作为单元,通过组合、变化、叠加、联系等多种方式,形成有规律、有秩序的建筑群体,具有一定的灵活性。

组团的基本单元,往往是以围合式的建筑体形式出现,各单元可以既独立又相互关联。基本单元可以是院系楼、学院楼、教室楼等,通过组合重构,根据相互的关联程度,形成组团式布局的学科群教学楼群或公共教学楼群。由于组团布局在保持学科原有的独立性和灵活性的基础上,促进了各学科之间的交流与沟通,从而推动各学科本身的发展,因此更适用于学科群教学楼群中或公共教学楼与院系楼组合在一起的情况中。

组团布局的整体化教学楼群在我国应用较多,常用的具体形态又可分为以下两类。

(1) 串联式　基本单元由线性连接空间串接组织在一起,串联方式可以是沿纵向、横向、斜向串接。具有明显的方向性、生长性、几何性、序列性、节奏感。建筑体量一般较大,适用于方整的用地(图 4-7)。

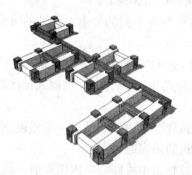

图 4-7　组团型1——串联式布局

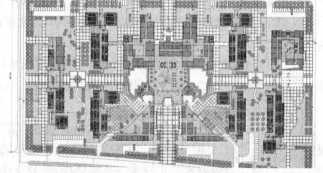

郑州大学新校区理科群教学楼群①
总建筑面积 7.6 万 m²,含 6 个院系,组团中央设网吧、展厅、茶室、书店等。

图 4-8　组团型2——院落围合式

---

①　大学城[M]. 大连理工大学出版社,2005:164.

（2）围合式　建筑围合感强,方向感较弱,不一定是规则的几何形状,可以没有明确的空间序列和轴线,由多个不同形状、开口方向的庭院的叠加复合,呈现出极大的灵活性。围合式一般建筑体量不大,可以是若干个相对独立的围合式建筑单体,通过外部空间或连廊等相互联系,形成群体(图 4-8)。

4.3.3　网格型布局

"网格结构"也被称为"网络结构",网格结构是为了适应密集化、城市化而形成的一种规划形态,易于标准化建设。建筑布局以统一规则的网格为骨架,建筑模数化为基础,由标准化单元生长发展而成整体。建筑按照单元数量美学的原则,在网格结构的控制下,生长重复。这样的网格式布局,便于协调组群内部不同部分间的相互关系,并控制组群的持续生长。网格间围合公共活动空间,其间形态呈矩形、六边形、或者八边形等,多以矩形居多。

现代工业化的本质是标准化、模数化,从而可以通过机械化进行大批量生产,大幅度提高生产效率。网格型结构体现了这种特点和需求,以重复的规律使土地划分、设计、施工、维护都可以高效完成,表现了大工业的秩序和审美观,具有"现代化"的意味。同时网格型可以朝任何方向扩展,无需边界和中心,因而又具有民主、平等和开放的意味。

网格型布局形式的优点是建筑整体感强,紧凑集中,条理分明,韵律感强,次序井然建筑密度较高,节约用地。强烈的集中有利于学科间的渗透交叉,师生交流与院系间资源共享,但同时也会带来一定的负面效应。例如尺度过大、方向感不强、标识性不强、僵化雷同等缺点。充分发挥网格式布局的优势,克服它的不足,关键在于对网格加以灵活变化,可将网格式与其他布局模式相结合。

完全采用网格型布局校园在我国并不多见。沈阳建筑大学浑南校区规划及建筑设计就是典型的网格结构(图 4-9)。全校的教学及办公用房完全组织在网格之中,形成了整体合一的整体化教学楼群。学校教学区采用 80 m×80 m 的模数网格为基本单元的网格形式;整个教学楼群由 80 m×80 m 的庭院构成。平面扭转 45°形成一个整体,强调整体的交流和互动。

图 4-9　沈阳建筑大学新校区鸟瞰图①

---

① 沈阳建筑大学新校区鸟瞰图图片来源:http://www.sjzu.edu.cn.

4.3.4 点状布局

这种类型的教学楼楼群集教学、科研、办公于一体,构成教学综合体,一般以高层建筑的点状形态出现。由于其形体高大挺拔,醒目且易于辨认,往往是学校的标志性建筑或位于学校的重要轴线上,例如教学主楼等。

点状的高层建筑通常会在其周围设置多层建筑,共同组合成高低结合的整体式教学楼群,其形态可有多种形式,如图 4-10 所示。点状布局的建筑占地面积小,容积率高,更适用于用地紧张的高校。一些老高校的校园改造时,为在有限的用地条件下增加教学面积,常会采用该模式。需要注意的是,教学用房不宜设在高层部分。该布局模式不适于大范围使用,可在教学区局部采用。

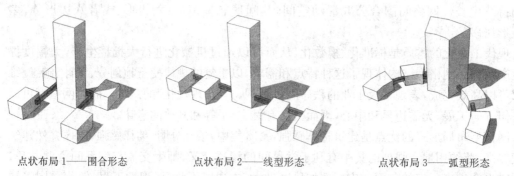

点状布局 1——围合形态　　　　点状布局 2——线型形态　　　　点状布局 3——弧型形态

图 4-10　不同形态的点状布局模式

厦门大学嘉庚教学楼,采用点式与线状相结合的布局形式(图 4-11)。建筑群体呈"一主四从"的形态。中间的主楼 21 层为一栋集研究、办公、网络中心等于一体的高层建筑,用横向轴线串联两个"工"型教学楼,并呈对称布置,形成均衡、节奏感强的群体。由于高层建筑的局限性,这类布局的整体式教学楼并没有被广泛使用。

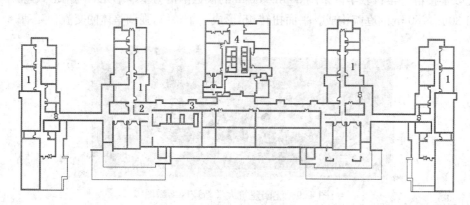

1—教室;2—休息厅;3—连廊;4—门厅

图 4-11　厦门大学陈嘉庚教学楼群一层平面①

---

① 厦门大学陈嘉庚教学楼群一层平面图资料来源:建筑学报[J].2001(6).

4.3.5 巨构式布局

"巨构"源自英文 Meagstructure,大英汉字典的解释为巨型建筑,特级建筑。丹下健三 (Kenzo Tange)定义其为:一个具有超尺度的形式,巨大的框架下是一个个巨大、独立、能够迅速改变功能的单元。巨构概念具有一定的复杂性,属于城市设计与建筑设计的交叉范畴。

巨构概念在近年被引入到大学校园规划之中。巨构式布局的教学楼平面没有明显的特征,通常是矩形的平面,教学楼沿着一条较长的教学轴线延伸下去。教学楼的进深不大,但纵长非常深远;建筑并非高层,但总面积巨大,一般至少达 5 万 m^2 以上,往往将全部或部分的教室、实验室、行政办公室、研究室、图书馆等整合在一起。

例如,中山大学珠海校区教学大楼就是巨构式的典型代表。教学楼体长达 571.2 m,进深 37.2 m,建筑面积 8.2 万 m^2,主体大楼集教学、实验为一体,可同时容纳 2 万学生上课。教学楼犹如奔驰的列车,一往无前,雄伟壮观(图 4-12)。大楼底层架空,平面由六段单元体连接而成,每个单元具有跑马廊式的中庭空间,利用天顶采光和自然通风,连接处为阶梯教室和一些辅助房间(图 4-13)。

图 4-12 中山大学珠海校区教学楼外观

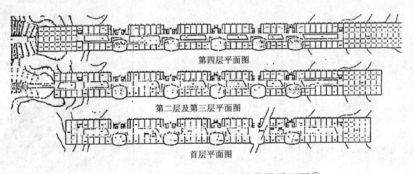

第四层平面图

第二层及第三层平面图

首层平面图

图 4-13 中山大学珠海校区教学楼平面图①

巨构式教学楼是整体化教学楼群的一种很特殊的形式,是对建筑集约化、复合化、土地资源高效利用的一种特殊应对方式。因其巨大的体量,巨构式建筑在生态、技术、耗能、尺度与心理压力等方面有不适之处,虽近年来实例增多,但也并未被高校广泛使用。代表实例有中山大学珠海校区教学楼、广州药科大学教学楼、西安电子科技大学长安校区教学楼等。

4.3.6 类型总结

以上结合我国高校的现状,将整体化教学楼群的建筑组群布局形态分为五类。需要说

---

① 中山大学珠海校区教学楼平面图图片来源:[法]马卡里·莫尼.珠海大学规划与建筑国际竞赛头等奖设计方案介绍[J].建筑师,1994,(6)。

明的是,分类是为了便于分析各种类型布局的特点,而无需将类型绝对化。有些建筑群体可能会含有多种类型的特征,本书将按照其最重要特征进行分类。教学楼群建筑设计手法日益更新,形态各异,本书仅对常见的类型进行总结。每种形态类型具有其鲜明的特点和使用范围,既包含着优点同时也有缺点,没有绝对的好或不好,只有适宜或不适宜。因此对教学楼群建筑形态的研究重点应放在其适应的条件上,而非单纯的形式审美研究。

同时,由于整体化教学楼群往往是由单个或多个教学楼群所构成的,例如公共教学楼群、学科群教学楼群等,而不同的教学楼组群可以是不同的形态,因此整体化教学楼群最终表现出来的形态可能是几种形态的组合。表4-6是对以上5种类型的总结。

表4-6　　　　　　　　　　　整体化教学楼群建筑组群布局形态类型表

布局形态		特　点	主要应用范围	现状应用程度	实　例
线型布局	鱼骨式(平行式)	各分支建筑相互平行、间距相等、且与交通主线垂直。结构清晰,可延续生长	公共教学楼群/学科群教学楼群/公共教学楼群+学科群教学楼群	广泛应用,实例较多	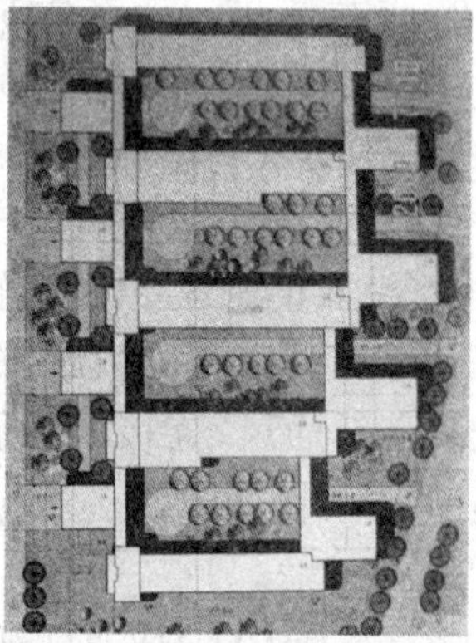 广州大学城中山大学公共教学楼群
	折线式	各分支建筑相互平行、间距相等、且与交通主线倾斜成一定角度。结构清晰,形态活泼,可延续生长	公共教学楼群/公共教学楼群+学科群教学楼群/学科群教学楼群	广泛应用,实例较多	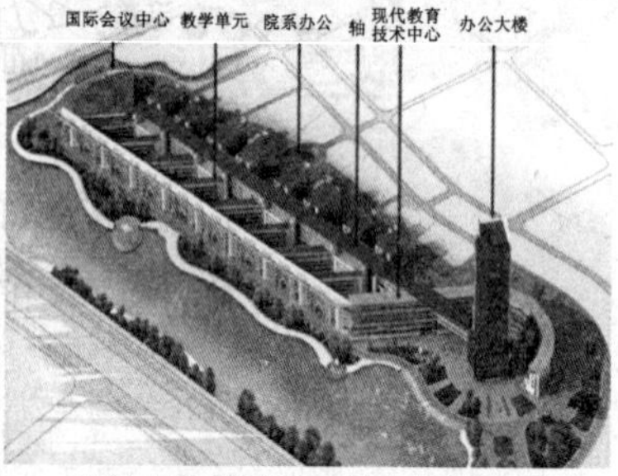 华侨大学厦门校区综合教学楼群
	辐射式	各分支建筑相互平行、间距相等、且与交通主线倾斜成一定角度。结构清晰,形态活泼,可延续生长	公共教学楼群/学科群教学楼群/公共教学楼群+学科群教学楼群	较少应用,实例不多	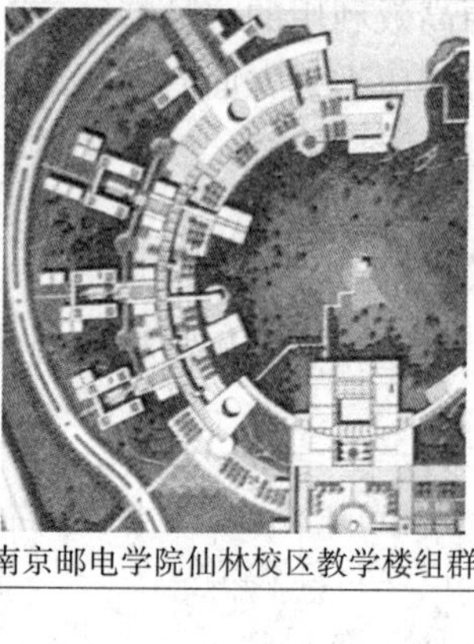 南京邮电学院仙林校区教学楼组群

布局形态		特　点	主要应用范围	现状应用程度	实　例
组团型布局	串联式	各基本单元由线性连接空间串接组织在一起。串联方式可以是沿纵向、横向、斜向串接。具有节奏性、生长性、方向性	公共教学楼群/学科群教学楼群/公共教学楼群+学科群教学楼群	广泛应用,实例较多	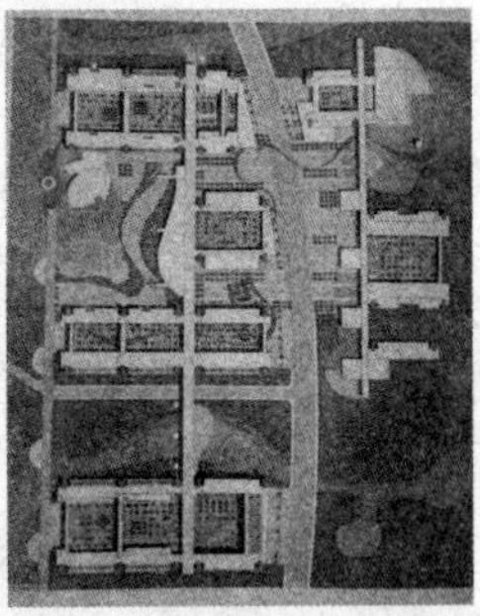 浙江大学紫荆港校区东教学组
	围合式	围合感强,方向感弱,没有明确的空间序列和轴线。可以是若干个相对独立的围合式建筑,通过外部空间联系,形成群体	学科群教学楼群/院系楼/公共教学楼群	广泛应用,实例较多	 广州大学城华南理工大学学科群教学楼群
点式布局		含高层建筑,集教学、科研、办公于一体的教学综合体。高层建筑周围设置多层建筑,组成高低结合的教学楼群	综合体建筑(教学功能仅为一部分)	可在教学区局部应用,适用于用地紧张的老高校	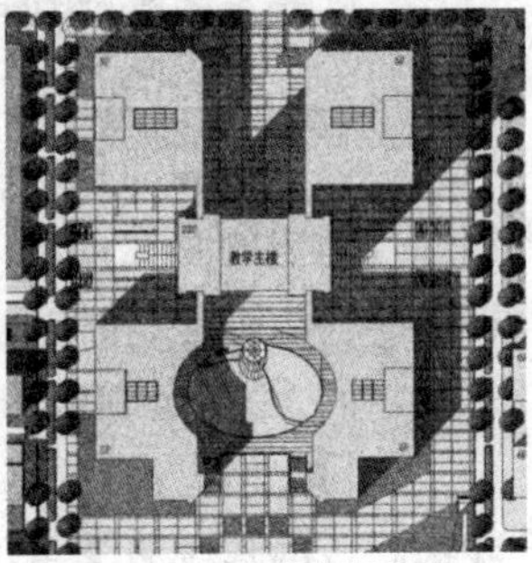 西安交通大学教学主楼
网格式布局		建筑布局网格为骨架,由标准化单元生长发展而成整体。建筑在网格结构的控制下,生长重复	公共教学楼群+学科群教学楼群/公共教学楼群/学科群教学楼群/	较少应用,实例很少	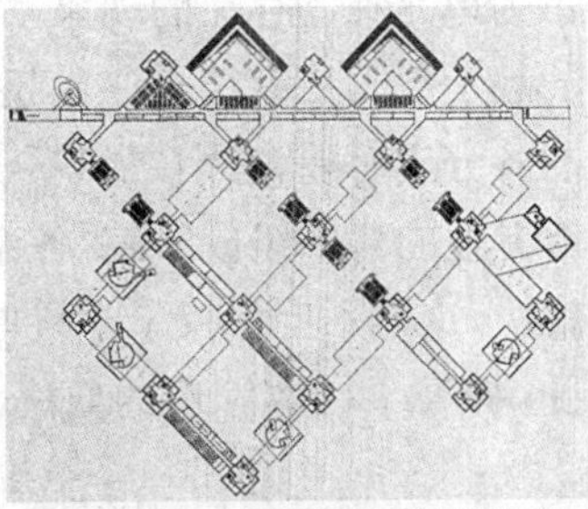 沈阳建筑大学浑南校区教学楼群

布局形态	特 点	主要应用范围	现状应用程度	实 例
巨构式布局	体量巨大,进深不大,长度沿单一方向发展。可将所有教学空间组织在一起	公共教学楼群+学科群教学楼群/公共教学楼群/学科群教学楼群/	较少应用,实例很少	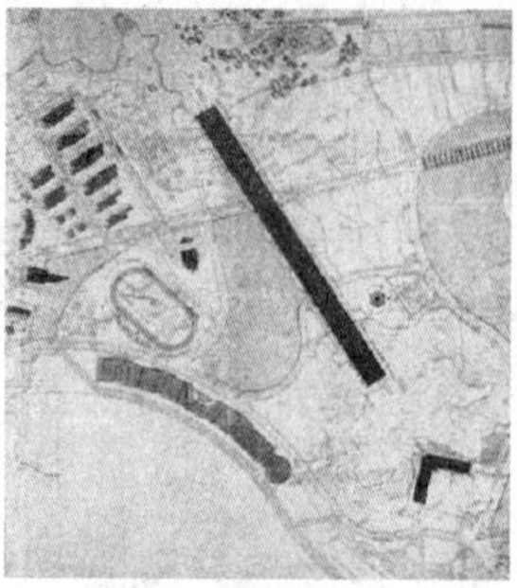 中山大学珠海校区教学楼

4.4 整体化教学楼群建构模式研究

4.4.1 影响建构模式的主要因素

影响整体化教学楼群建构的因素较多,在此仅分析对其建构直接影响的主要因素,并将其分为内在因素和外在因素进行论述。

1. 内在因素

(1) 学科关系 学科从根本上说就是对知识的分类,大学的学科是以知识分类为依据对人才实行定向培养的一种组织形式[①]。高校是以学科为基础建构起来的学术组织,按学科开展教学与科研活动是与生俱来的特性。科学是内在的统一体,当前科学的发展已经进入到以综合为主的时代,以单独的学科或院系组织教学、科研及资源分配的方式,正逐渐向学科群和学科综合化、整体化的方向发展。学术界通常认为,学科是根据知识体系的相对独立性来划定的,是一定领域的相对独立的知识体系,是一定学科领域或一门科学的分支。在高校中,学科是学术分类的基本单元结构。

我国高校的传统教学单位为系,一般即是由一个或几个相近专业组建而成。随着学科间交流的加快和新兴交叉学科的兴起,有必要建立各种学科的集群化体系,推翻原有以单个系馆为单元独立存在的现象,而转换成以学院为单元组成的集群化的学科群。专业性质相近的教学空间最宜结合在一起,以便各专业间的交流、协作。相近性质的专业一般指同一学科的各分支专业,它们之间不仅要在基础课方面联系,也需在专业课方面进行密切配合。各相近专业的科系组成学院,各系只负责相关的教学和科研任务,而行政事务则在学院的层面上解决,这样不但保持了学科原有的独立性和灵活性,而且避免了行政管理机构的冗余和臃肿,提高了行政管理的效率。同时,相关学科之间的关系日益密切,学科的集群化体系

---

① 罗云.中国重点大学与学科建设[M].北京:中国社会科学出版社,2005,33.

形成科研创新和信息交流的平台,加强了学科之间的交流,从而在推动各学科自身的发展的基础上,促进交叉学科的产生和发展。在此基础上,甚至可以出现更高层次的学科集群,以大的学科门类来形成学部,统一管理,实现学科间资源交叉共享。不同学科之间为了实现跨学科的横向联系,发展边缘学科、交叉学科,将它们的教学空间结合起来也是十分有益的。同时不同性质的学科之间的相互交融,如文、理、工科之间的相互渗透也越来越受到重视。

例如上海交通大学闵行校区二期校园规划形成学院教学科研区、公共教学区。在学院教学科研区的功能布局上,充分考虑了现代高校多学科系统办学的特点,从拓宽学科面、构建学科大平台、实现学科交叉的角度考虑,使相关学科成组团式分布,形成信息学科、机械动力学科、材料学科、船海建工学科、理学学科、人文学科与生农医药学科、综合实验等8大学科平台。

郑州大学新校区理科系布置了生物系、数力系、物理系、材料系、化工系、环保系等6个各自包含有教学、研究、行政功能的系馆综合体。6个系馆相对独立,均有独立的出入口与门厅,形象完整。同时每个系馆都通过一系列的连廊、庭院以及中心的共享大厅联系起来,形成整体而联系紧密的理科系群,有利于形成学科之间的交流与资源的共享。共享大厅内设有供学生活动的网吧、展厅、书店、茶室等,为各个系的师生提供一个具有实质功能内涵的交流区域。共享大厅在首层联系着用地中段的四个系馆,可以通过过厅,到达各个系馆内部。从大厅内可以通过螺旋梯拾级而上,到达利用大厅屋面形成的平台广场。广场周围的系馆、连廊、过街楼等节点使这一空间具有向心性和凝聚力,是整个建筑群的空间核心(图4-14)。

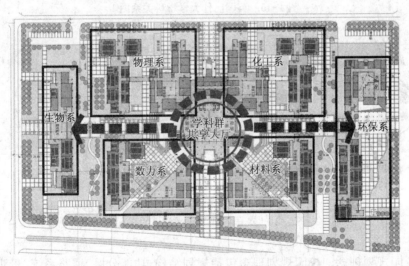

图4-14　郑州大学新校区理科系群教学楼群平面图

学科间的横向联系是整体化教学楼群产生的主要内在原因之一,所以教学楼群的布局,特别是专业教学空间的设置,可依此为基本依据。研究学科之间的相互关系是教学楼群布局的基本工作,图4-15是英国巴什大学学科关系图,反映了各学科在学术方面的横向结构,它可为教学楼群的布局规划提供依据(图4-16)。表4-7是日本筑波大学学群、学类的划分表,专业教学楼的布局是与此对应的。

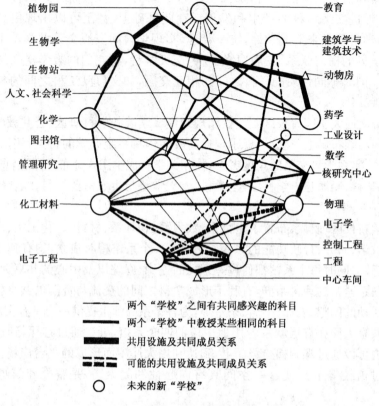

植物园
生物学
生物站
人文、社会科学
化学
图书馆
管理研究
化工材料
电子工程

教育
建筑学与建筑技术
动物房
药学
工业设计
数学
核研究中心
物理
电子学
控制工程
工程
中心车间

—————— 两个"学校"之间有共同感兴趣的科目

━━━━━━ 两个"学校"中教授某些相同的科目

▅▅▅▅▅ 共用设施及共同成员关系

▰ ▰ ▰ 可能的共用设施及共同成员关系

○ 未来的新"学校"

图 4-15　英国巴什大学学科关系图①

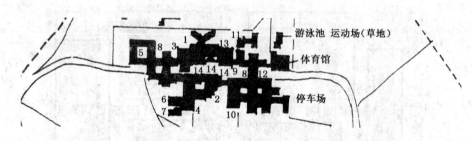

游泳池　运动场（草地）
体育馆
停车场

1—物理、管理；2—高级研究员会用房；3—教育、计算中心；4—化学、化工；5—医药；6—生物科学；7—材料科学；8—学者旅馆；9—工程师用房；10—电气工程；10—人类和社会学；12—工程学；13—教学；14—服务设施

图 4-16　英国巴什大学教学区总平面图

（2）校园规划理念　校园规划理念包括规划结构、功能分区、道路系统、景观规划等都会对教学区做出直接的限定和安排，从而产生教学楼群的布局。教学区是校园的重要组成部分，其用地大小、道路组织、建筑形态、景观组织等都是在校园规划的大框架下形成的。因此校园规划会对教学楼群的布局产生最初的限定。

---

① 英国巴什大学学科关系图图表资料来源：何人可.高等学校校园规划[J].建筑师，24.

表 4-7　　　　　　　　　日本筑波大学学群、学类划分表①

学群	学类	
第一(基础)学群	人文	
	社会	
	自然	
第二(文化生物)学群	比较文化	
	人间	
	生物	
	农林	
第三(管理工程)学群	社会工程	
	国际关系	
	情报	
	基础工程	
医学专门学群		
体育专门学群		
艺术专门学群		

日本筑波大学总平面图②

（3）学生行为　教学楼是学生的主要活动场所,学生是其使用主体,因此教学楼群的布局应当考虑学生的行为特点。根据教学规律和学生的步行方式,教学楼群之间的相互距离应控制在步行 5～10 min 的范围内。同时教学楼群的外部空间应为学生提供多层次的、优美的室外交往环境。有关教学楼群的尺度研究,将在第 5 章有详细论述,在此不再赘述。

2. 外在因素

（1）自然气候　大学校园所在地区的自然气候条件对建筑组群形态产生着深刻的影响。例如在气候寒冷的东北地区,建筑应适当集中,增加室内空间,减少室外空间,让人们在漫长的寒冷季节里也可以正常活动。同时应尽量使各建筑间有室内交通联系,为人们在组群中的活动提供更好的舒适度,代表实例为沈阳建筑科技大学。又如在南方地区,气候炎热多雨,建筑布局应考虑组织通风、遮阳、挡雨等因素。总之,教学楼群的布局要结合当地的自然条件。

（2）地理条件　校园用地的地理条件会直接作用于教学楼组群的布局形态。山体、坡地、丘陵、湖泊、池塘等地理条件,既是自然的约束,同时也是设计的机遇。建筑群布局应尽

---

① 周蕴石.筑波大学[M].长沙:湖南教育出版社,1986,8.

② 日本筑波大学总平面图图表资料来源:周逸湖,宋泽方.高等学校建筑规划与环境设计[M].中国建筑工业出版社,1994;85,202 改绘。

量保持原始的地形地貌,创作出赋有地域特点的群体建筑。

（3）校园类型与规模　校园类型直接决定着学校的办学目的、教学理念、招生规模等相关内容。而校园规模会对建设用地、建筑面积、容积率、建设投资等技术经济指标有重大影响。因此它们是影响建筑组群布局的客观因素之一。一般来讲,规模较小的学校占地面积也较少,建筑布局会相对紧凑集中,而规模较大的学校,校园面积大建设量也大,建筑布局会分区域按组群设置,是以组团建筑群为基本构架,强调空间尺度宜人,充分考虑学生心理、行为需求,以及最佳的步行距离等进行规划。

不同类型的校园,对教学楼群的布局也有着不同的要求。如某些学校的新区为基础部,仅为低年级教学,则要求大量的公共教学楼群,而较少需要专业教学楼。而有些校园的新区为某一个或几个学院使用,如软件学院、汽车学院等,则需要大量的专业教室和科研用房。这些因素都会对教学楼群的布局作出限定。

（4）技术及经济因素　建设的技术水平和建设经济投资,最终会决定教学楼群布局方式、结构形式、建设规模、材料选择、建设周期、建设质量等。例如在经济发达地区的高校,整体化建设楼群的规模、体量相对较大,建筑使用系数较低,形体变化较多,室内空间丰富。而在经济相对落后的地区,教学楼建设则以实用为主,楼群变化较少,形式简单,布局紧凑。

综上所述,整体化教学楼群的布局是综合各方面因素而形成的结果。作为设计者,应更多地关注其内在影响因素,对其整体布局进行把握。

4.4.2　我国高校整体化教学楼群的构成内容及模式现状

自 1998 年后,我国高校新区的教学楼模式基本均为整体化教学楼群,对这些学校的教学楼群的构成内容及构成模式进行归纳总结,可为整体化教学楼群的建构研究提供参考。表 4-8 对国内部分新建高校教学楼组群的构成内容及模式进行了总结。

表 4-8　　　　　　国内部分新建高校整体化教学楼群构成及布局一览表

编号	学校	构成内容、模式及形态			示意图实例
		公共教学楼群	学科群教学楼（群）	特殊院系楼	
		图例	图例	图例	
		⬚	▭	⬭	
1	广州大学城广州中医药大学	线型——折线式	组团型——串联式（医科楼） 组团型——围合式（1.针灸楼 2.护理楼 3.人文楼 4.经管楼）	独立式（工科楼）	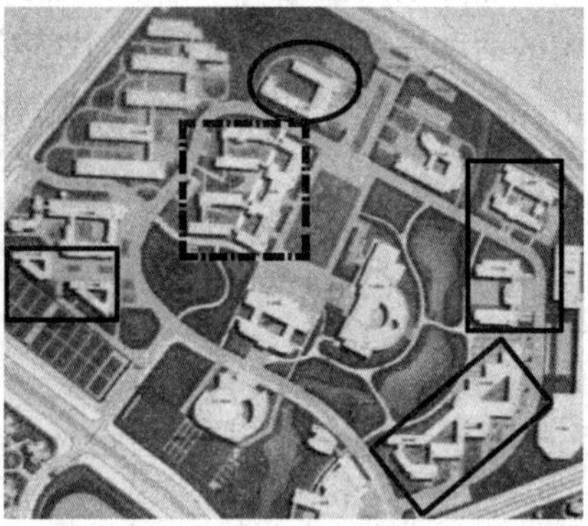

编号	学校	构成内容、模式及形态			示意图实例
		公共教学楼群	学科群教学楼（群）	特殊院系楼	
		图例	图例	图例	
		（虚线方框）	 （实线方框）	 （椭圆）	
2	广州大学城广东药学院	巨构式（含管理系、社科系）	组团型——围合式（药学院） 组团型——串联式（中药学院、公共卫生学院、临床医学院）		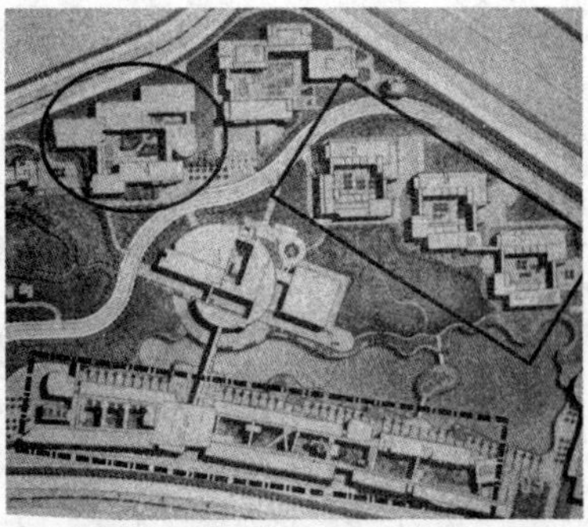
3	广州大学城广东工业大学	线型——鱼骨式	线型——鱼骨式（建设学院、化学环境材料学院、文法学院、经管学院、信息计算机学院、机电自动化学院）		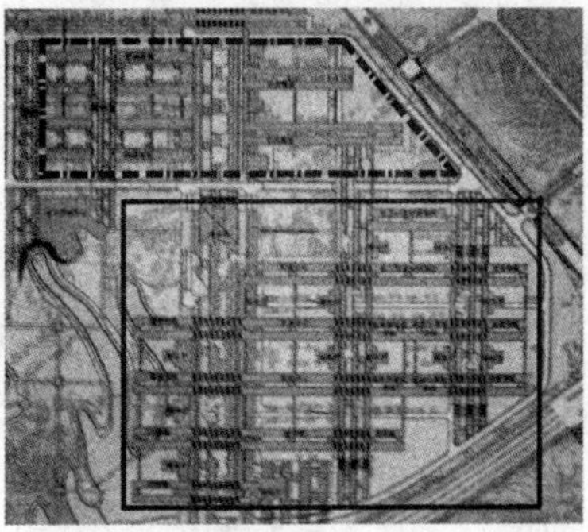
4	广州大学城中山大学	线型——鱼骨式	线型——鱼骨式 ① 南学院（管理学院、法学院、数理统计学院） ② 北学院（信息技术与科学学院、政治与公共事务管理学院）	独立式（传播及设计学院）	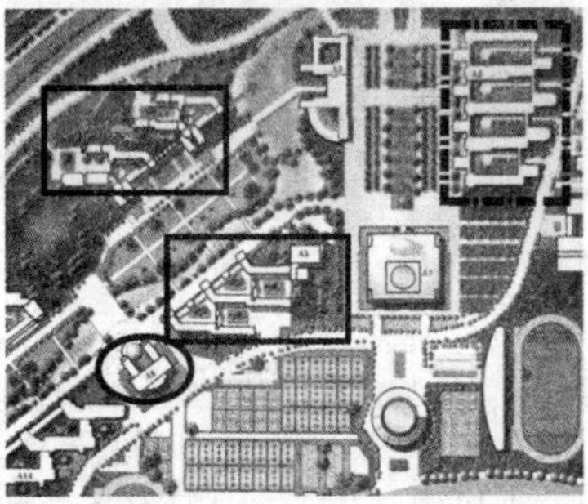
5	广州大学城广州大学		组团型——围合式（① 文科教学楼② 理科教学楼）		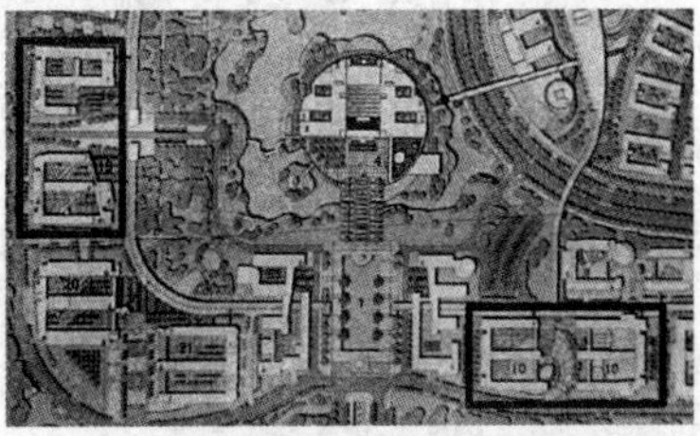

编号	学校	构成内容、模式及形态			示意图实例
		公共教学楼群	学科群教学楼（群）	特殊院系楼	
		图例	图例	图例	
6	广州大学城广东外语外贸大学	1. 组团型——串联式 2. 组团型——围合式			
7	广州大学城华南师范大学	线型——鱼骨式	组团型——串联式（① 艺术楼 ② 文科楼）		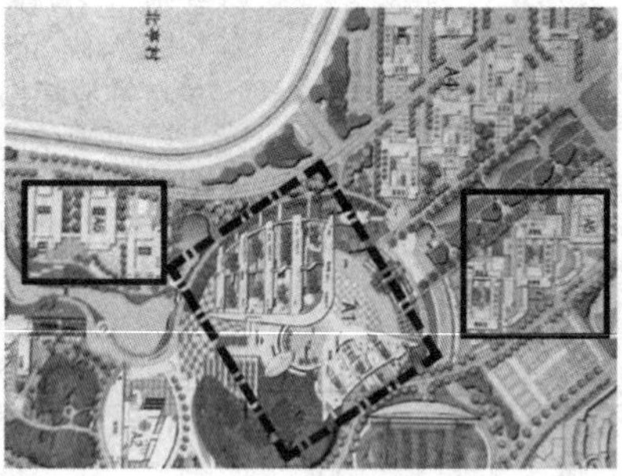
8	广州大学城华南理工大学	线型——鱼骨式	组团型——围合式（① 计算机科学与工程学院 ② 环境科学与工程学院 ③ 生物科学与工程学院 ④ 软件学院、经济与贸易学院、法学院、新闻与传播学院、艺术学院、国际教育学院）		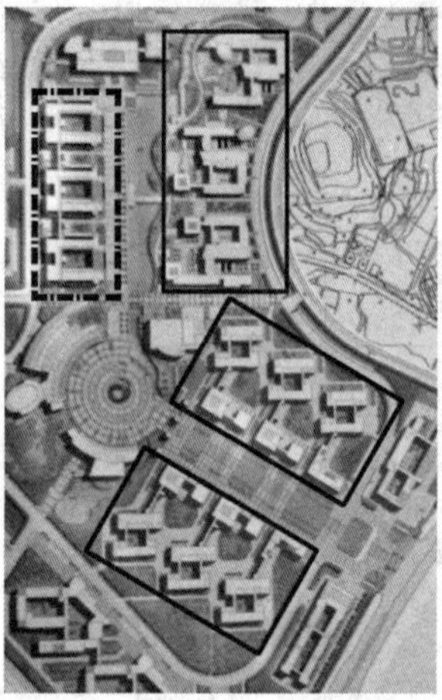

编号	学校	构成内容、模式及形态			示意图实例
		公共教学楼群	学科群教学楼（群）	特殊院系楼	
		图例	图例	图例	
		⬚	▭	⬭	
9	同济大学嘉定校区（汽车学院）	组团型——串联式	组团型——围合式（含机械类、汽车类8大学院）		
10	华东政法大学松江校区	组团型——串联式	组团型——围合式（① 商学院、外语学院、人文学院、政治公管学院 ② 法学院、知识产权学院 ③ 经济法学院、国际法学院、社会学系 ④ 刑事司法学院）		
11	上海工程技术大学松江校区	组团型——串联式		独立式（1. 艺术设计学院 2. 服装设计与工程学院）	

续　表

编号	学校	构成内容、模式及形态			示意图实例
		公共教学楼群	学科群教学楼（群）	特殊院系楼	
		图例	图例	图例	
		<空>	<空>	<空>	
12	上海东华大学松江校区	线型——鱼骨式	组团型——串联式/围合式（1. 纺织学院、机械学院 2. 信息学院、理学院 3. 材料学院、化工学院、环境学院 4. 管理学院、人文学院、外语学院 5. 预留学院楼）	独立式（服装设计学院）	
13	上海大学宝山校区	线型——折线式（含公共教学用房、专业教学用房）		独立式（美术学院）	
14	江南大学蠡湖校区	组团型——围合式	组团型——围合式（1. 法政学院、文学院、外语学院、商学院 2. 信息学院、信控学院 3. 环境与土木学院、机械学院 4. 设计学院、艺术学院 5. 理学院、教育学院）	独立式（纺织服装学院）	 6. 生物学院、食品学院、化工学院、医学院
15	重庆大学虎溪校区	线型——鱼骨式	组团型——围合式		

编号	学校	构成内容、模式及形态			示意图实例
		公共教学楼群	学科群教学楼（群）	特殊院系楼	
		图例	图例	图例	
		⬚	▭	⬭	
16	重庆科技学院溪校区	组团型——围合式	组团型——围合式		
17	四川大学双流新校区	组团型——串联式	组团型——围合式		
18	成都中医药大学温江校区	线型——折线式	线型——鱼骨式（药学院、药膳旅游学院等）		
19	浙江大学紫金港校区	组团型——串联式	组团型——围合式（医学院）	独立式（生命科学学院）	

编号	学校	构成内容、模式及形态			示意图实例
		公共教学楼群 图例	学科群教学楼（群） 图例	特殊院系楼 图例	
		[虚线矩形]	[矩形]	[椭圆]	
20	郑州大学新校区	线型——鱼骨式	组团型——围合式（1. 理科群：生物工程系、物理工程学院、材料科学与工程学院、化学系、管理工程系、环境水利学院 2. 医科群：护理学院、基础医学院、口腔医学院、公共卫生学院、药学院）		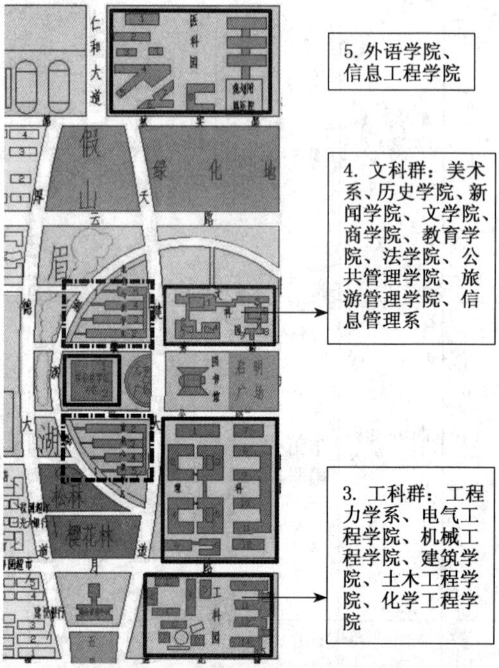 （示意图中标注）5. 外语学院、信息工程学院　4. 文科群：美术系、历史学院、新闻学院、文学院、商学院、教育学院、法学院、公共管理学院、信旅游管理学院、信息管理系　3. 工科群：工程力学系、电气工程学院、机械工程学院、建筑学院、土木工程学院、化学工程学院
21	华北水利水电学院龙子湖校区	线型——鱼骨式	组团型——串联式（1. 核能动力馆、水利土木馆 2. 经济管理学院、信息工程学院 3. 人文与社会科学学院、外语学院）	独立式（机械学院（含实验室））	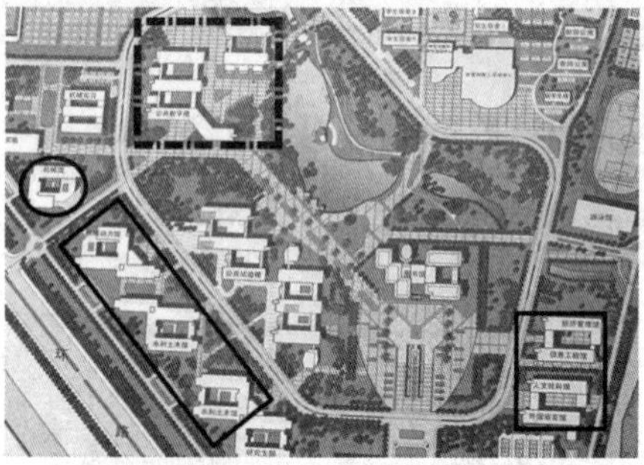
22	河南财经学院新校区	组团型——围合式	组团型——串联式		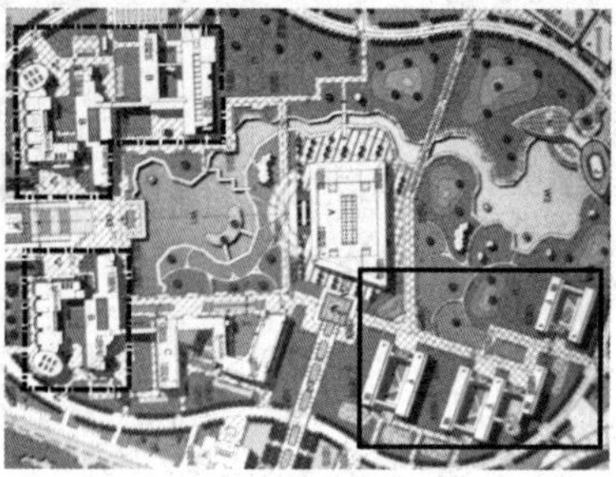

编号	学校	构成内容、模式及形态			示意图实例
		公共教学楼群	学科群教学楼（群）	特殊院系楼	
		图例	图例	图例	
		⌐ ̄ ̄ ̄ ̄ ̄¬	▭	⬭	
23	沈阳建筑大学	网格式（全校教学用房全部整合为一体）			
24	河南大学金明校区	线型——鱼骨式	组团型——围合式（1. 医学院、药学院、护理学院 2. 化学化工学院、生命科学学院 3. 经济学院、工商管理学院、数学系、教育科学学院 4. 物理学院、土木建筑学院、环境规划学院）		
25	云南师范大学呈贡校区	鱼骨式	围合式 1. 经济政法学院、社会发展学院、金融财政学院 2. 文学新闻学院、历史行政学院 3. 旅游地理学院、计算机信息学院	学院楼：独立式（1. 外语学院 2. 数学学院 3. 化工学院 4. 艺术学院 5. 物理电子信息学院）	

编号	学校	构成内容、模式及形态			示意图实例
		公共教学楼群	学科群教学楼（群）	特殊院系楼	
		图例	图例	图例	
		⬚	▭	⬭	
26	南京邮电学院仙林校区	线型——鱼骨式	线型——辐射式		
27	南京工程学院新校区	组团型——围合式	组团型——串联式		
28	南通大学中心校区	线型——鱼骨式	线型——鱼骨式/组团型——围合式	独立式（艺术学院）	
29	合肥工业大学翡翠湖校区	线型——鱼骨式			
30	福州大学新校区	辐射式	鱼骨式		

编号	学校	构成内容、模式及形态			示意图实例
		公共教学楼群	学科群教学楼（群）	特殊院系楼	
		图例	图例	图例	
		⌐ ¬ (虚线矩形)	▭ (矩形)	⬭ (椭圆)	
31	厦门大学漳州校区	组团型——串联式	组团型——围合式		
32	长沙大学新校区	线型——鱼骨式	线型——鱼骨式（1. 公共管理学院、工商管理学院、师范学院 2. 应用技术学院）		
33	安徽建筑工程学院新校区	线型——鱼骨式	线型——鱼骨式		
34	安徽淮南师范学院新校区	巨构式	组团型——围合式（1. 生物系、外语系、信息技术系 2. 物理系 3. 化学系）	独立式（美术系、音乐系）	

编号	学校	构成内容、模式及形态			示意图实例
		公共教学楼群	学科群教学楼（群）	特殊院系楼	
		图例	图例	图例	
		(虚线矩形)	(实线矩形)	(椭圆)	
35	兰州大学榆中校区	组团型——围合式	组团型——围合式		
36	山东理工大学西部新校区	组团型——围合式	线型——鱼骨式		
37	山东轻工业学院长清校区	线型——鱼骨式/组团型——围合式	线型——鱼骨式（1. 外语系、社科系、经管系 2. 机电工程学院）组团型——围合式（3. 食品学院 4. 轻工学院 5. 材料学院 6. 化工学院 7. 数理计算机学院）	独立式（艺术设计学院）	
38	山东艺术学院长清校区	组团型——围合式	组团型——串联式（1. 设计系、艺文系、美术系）组团型——围合式（2. 音乐系、戏曲系、舞蹈系）		

编号	学校	构成内容、模式及形态			示意图实例
		公共教学楼群	学科群教学楼（群）	特殊院系楼	
		图例	图例	图例	
		⸻（虚线框）	□（实线框）	◯（椭圆）	
39	中国海洋大学崂山校区	线型——鱼骨式/组团型——围合式	组团型——围合式（理工科群：1. 工程学院 2. 材料学院 3. 化工学院 4. 海洋环境学院 5. 环境科学院 6. 海洋地球学院 7. 信息学院文科群）		
40	西北工业大学长安校区	组团型——围合式	组团型——围合式		
41	西安电子科技大学长安校区	巨构式	组团型/线型		
42	西安工业学院未央校区	线型——鱼骨式	组团型——围合式（1. 工科群：理学院、材料化工学院、计算机学院、电信学院 2. 文理科群：外语学院、人文学院、艺术学院建工学院、地理学院、光电学院、机电学院）		

编号	学校	构成内容、模式及形态			示意图实例
		公共教学楼群	学科群教学楼（群）	特殊院系楼	
		图例	图例	图例	
		⬚	▭	⬭	
43	西安外国语大学长安校区		组团型/线型		

4.4.3　整体化教学楼群的建构

大学校园是一个完整的有机体，一般由教学区、学生生活区、体育运动区、行政办公区、后勤服务区等功能区域组成。教学是高校的三大功能之一，因此教学区是学校的重要核心区。教学区一般由公共教学区、专业教学区、实验区等组成。其中公共教学区的公共教学楼群、专业教学区的学科群教学楼群和特殊教学用房（特殊院系楼）就构成了整体化教学楼群。在大学校园中，整体化教学楼群的建构层次如图4-17所示。

通过对我国高校整体化教学楼群的构成内容及构成模式研究，可以看出其构成内容一般包括公共教学楼群、学科群教学楼群、特殊院系教学楼。这三者构成了整体化教学楼群的建构要素。三个组成部分可以两两结合、三者结合，布局可以相对集中或部分相对集中，或部分相对独立，根据校园的具体情况而采用适宜"校情"的建构模式。整体化教学楼群的建构模式见图4-18所示。

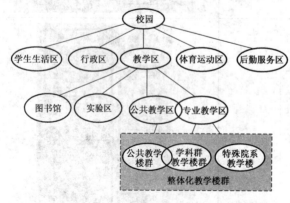

图 4-17　大学校园建构层次示意图

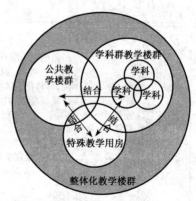

图 4-18　整体化教学楼群建构示意图

在整体化教学楼群的三个构成要素中，学科群教学楼群的建构相对复杂，由不同层次的专业教学用房组成。具体包括单一的各专业用房、由多个专业组成的学科教学用房，即学院楼、由多个学科组成的学科群教学用房。其建构模式如图4-20所示。

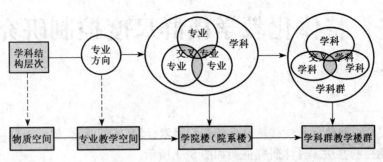

图4-19　学科群教学楼群建构示意图

需要说明的是，图4-17—图4-19所示的整体化教学楼群建构模式并非唯一的和绝对的模式，各高校需依据自身的用地规模、学科性质、校园规划结构、功能布局、学科发展规划等特点，综合各因素而考虑，并基于整体化的观念，形成适应现代高等教育理念的整体化教学楼群的建构模式。

4.5　小结

整体化教学楼群的概念有其深层内涵，内涵之一为"群"，包括群的整体性和系统性；内涵之二为"整体化"，包括整体化的层次性，以及整体性的三个层面内容。整体化教学楼群由三大要素构成，即公共教学楼群、学科群教学楼群、特殊院系楼。根据各校内在与外在条件的不同，整体化教学楼群的结构组合方式可呈现出多种形式。三个组成部分可以两两结合、三者结合、或相对独立，根据校园的具体情况而采用不同的组合方式。建筑组群布局形态呈现出线型、组团型、网格型、点式、巨构式五种形态，而最终整体化教学楼群所表现出来的形态可能是几种形态的组合。

整体化教学楼群的建构要素包括：公共教学楼群、学科群教学楼群、特殊院系教学楼三个要素。三个要素可以两两结合或三者结合，各高校具体采用的建构模式需依据自身的用地规模、学科性质、校园规划结构、功能布局、学科发展规划等特点，综合各因素而考虑，并基于整体化的观念，采取符合"校情"的建筑布局。

本书第5章将对整体化教学楼群的具体设计手法进行量化研究，并形成基于量化研究的优化设计策略。

5　整体化教学楼群尺度控制研究

本章主要探讨整体化教学楼群尺度的影响因素、尺度控制要素、教学楼群尺度现状及调研以及其尺度控制方法。具体研究框架如图 5-1 所示。

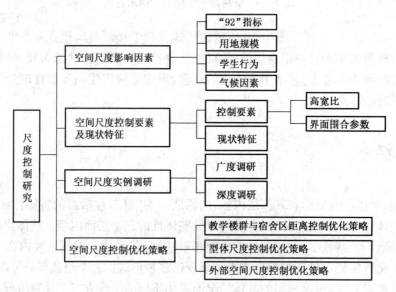

图 5-1　整体化教学楼群尺度控制框架简图

5.1　影响整体化教学楼群空间尺度的因素

尺度即尺寸的度量。建筑学领域中的"尺度"概念与真实大小的尺寸有关,但实质上是表达人们对建筑空间比例的大小关系的一种综合感觉。因此尺度与两个参量有着直接和重要的关系,即:尺寸和比例。

尺寸是关于量的精确描述,是指物体的实际大小,连带有各种计量单位,它的测量对象是明确的,属于数学范畴。尺度也是关于量的描述,但是一种相对的量的描述。比例是客观事物本身的量之间的比较和关系,其本质是物与物的比较,比较的目的是为了达成物体本身的和谐关系。而尺度是人与物体之间的比较关系,追求的是人与物体的和谐关系。研究空间的尺度既是研究建筑与空间本身的比例关系,也是研究人与建筑空间之间的比较关系。

建筑的尺度研究的是建筑物的整体或者局部给人感觉上的大小印象和其真实大小之间的关系问题。人对建筑的感受主要通过视觉预测来完成,人的视觉度量需要借助视觉可感的尺度单位,在借助常规的建筑构件作为尺度标准的基础上引入形式的尺度单位,会使建筑尺度表达明朗。这种形式的尺度单位可以通过利用材料进行墙面划分的形式取得。在人居环境的不同空间范围内,人们在其中生存活动,并用身心来体验建筑整体环境空间所得到的生理和心理上对该空间总和的感觉。

5.1.1 "92 指标"与我国校园建设规模控制

"92 指标"即指 1992 年,由高等教育出版社出版的《普通高等学校建筑规划面积指标》一书。它是根据国家计委计标(1987)2323 号《关于制订工程项目建设标准的几点意见》、计综合(1989)30 号《一九八九年工程项目建设标准等制订计划》和建设部、国家计委(90)建标字第 519 号《关于工程项目建设标准编制工作暂行办法》的要求,由国家教育委员会负责,具体由计划建设司对原教育部 1979 年 12 月颁发并经国家计委、国家建委审定的《一般高等学校校舍规划面积定额(试行)》以及 1984 年 4 月原教育部印发的《关于调整补充"一般高等学校校舍规划面积定额"的意见》进行修订而成。

"92 指标"是我国现今大学校园的建设标准。其用途是作为学校建设前期工作中编制可行性研究报告,进行征地和校园规划设计的基本依据,是教育部门和有关部门审查上述文件监督和指导学校建设的尺度。为了加强普通高等学校工程规划建设的科学管理,改善教学工作条件,促进教育质量的不断提高,适应普通高等教育事业发展的需要而制订的。

"92 指标"已经颁布实施了 18 年,其内容和水平代表了当时教育改革与发展的基本需要,反映了当时我国经济发展对高等教育基本建设的投入条件,同时带有我国从计划经济向市场经济转变的痕迹。随着我国社会、经济、教育等方面的改革与发展步伐的加快,在教育理念的转变与设计观念更新的形势下,"92 指标"已经慢慢地丧失了其时效性。

"92 指标"中的规定对象大多是在校生规模 5000 人以下的高校,而现今很多高校的在校生人数早已超过这个数字,面对规定,却找不到相应规模所应遵守的要求,这是"92 指标"时效性丧失的主要表现之一。其次,随着教学模式的转变以及对高校建设的重视等原因,学校的硬件条件不断提升,所以高校对建设用地和建筑量的需求早已超过了规定的数字。例如"92 指标"中三项用地(建设用地、体育设施用地、专用绿地)生均指标,5000 人规模以上的高校每位学生最多为 54 m²,而现实却远高于此规定。

"92 指标"中的这些问题对我国高校规划的建设和发展带来了一定的不便。因此应结合我国高校建设的现状,对高校规划建设合理性指标进行探索,从而可对教学楼群的空间尺度加以控制。

5.1.2 校园用地规模对建筑尺度的影响

学校的占地规模对校园建筑密度、容积率等技术经济指标有重大影响,同时也是大学校园建筑组群空间形态、尺度的重要客观影响因素。校园规模越大,占地面积就越大,相应的教学楼面积就越大,这些因素可直接引起教学楼尺度的变化。

目前,众多高校现有的土地资源及设施条件已经不能满足教学和发展的需求。为了更好地发展,许多高校纷纷开始大规模征用土地。有时在征用过程中,学校和政府往往容易忽视科学系统的规划论证,盲目制定校园规划,造成校区征用土地规模过大,上百公顷的校园面积比比皆是,这与我国土地资源紧张的基本国情不符,更不利于国家可持续发展战略的实施。

我国各大高校学生均用地面积普遍偏大,平均值为每位学生 69 m^2,最多的甚至达到每生近 200 m^2(表5-1)。相比之下,美国人均占有国土面积最多,而大学的生均用地面积指标大都在 10 m^2/生,普遍低于我国的水平(表5-2)。被称为全美国最美的大学普林斯顿大学学生平均用地面积也不过 30 m^2。而在香港地区,由于土地资源严重缺乏,人口密度较大,人均占地面积相对较少,高校生均用地面积则更少,每个学生占地面积基本都在 10 m^2 以下,最少的香港理工大学每个学生占地面积则只有 4.2 m^2(表5-3)。

当然,我国与西方在经济及教育发展水平、教育模式、社会制度等方面都存在差异,高校的办学模式、办学理念、办学标准、院系特点、地形地貌等方面也有较大差别,但是通过数据对比,可以看出我国目前新建高校生平均用地面积指标普遍偏大。这一事实导致校园土地资源利用率较低,同时也无形中造成了校园建筑尺度的盲目增大。

表 5-1 我国部分高校用地面积统计 (单位:m^2/生)

我国部分高校老校区生均用地面积指标统计

学校	生均用地	学校	生均用地	学校	生均用地
北京大学	73.2	同济大学	32.2	华中科技大学	66.7
清华大学	148	复旦大学	38.8	武汉理工大学	41.9
北京师范大学	53.8	天津大学	42.8	中山大学	124.8
北京化工大学	51.1	东北大学	44.5	浙江大学	133.3
上海财经大学	24.1	吉林大学	98.7	四川大学	93.4
上海交通大学	58.9	南京大学	68.8	合肥工业大学	114.3
武汉大学	90	西安交通大学	54		
备注		平均值:72.7			

我国部分新建(在建)高校生均用地面积指标统计

学校	生均用地	学校	生均用地	学校	生均用地
浙江大学紫金港校区	95	上海交大闵行校区	104	南京工程学院江宁校区	80
沈阳建筑大学	62	华东师范大学松江校区	150	南京邮电学院仙林校区	89
中山大学珠海校区	194	同济大学嘉定校区	82	江南大学新校区	123
郑州大学新区	67	四川大学双流校区	57	合肥工业大学新校区	99
郑州工学院新区	61	西南交通大学郫县校区	66	哈尔滨工业大学威海校区	67
上海工程技术大学松江校区	65	南京中医药大学仙林校区	117	福州大学新区	100
上海大学	59	南昌大学	73	南通大学新校区	65
西安电子科技大学长安校区	63	湖北中医大学	107	重庆工学院花溪校区	79
备注		平均值:88.5			

表 5-2			美国部分高校校园生均用地面积指标统计			(单位:m²/生)
学校	普林斯顿大学	康奈尔大学	麻省理工学院	宾州大学	耶鲁大学	平均值
生均用地	30.5	9.0	6.0	6.0	10.7	12.4

图表来源:陈向荣.大学校园主要规划指标初步研究[D],华南理工大学硕士论文,2003.

表 5-3			香港部分高校校园生均用地面积指标统计			(单位:m²/生)
学校名称	香港中文大学	香港大学	香港理工大学	香港城市大学	香港浸会大学	平均值
生均用地	88.7	32.7	4.2	6.9	6.7	27.8

图表来源:陈向荣.大学校园主要规划指标初步研究[D].华南理工大学硕士论文,2003.

5.1.3 大学生行为与校园空间尺度

空间环境与行为是互相对应不可分离的,空间尺度与行为有着明显的对应关系,要完成某种行为就必须要具备相应的空间。因此,教学区的规模只有考虑了教学区内的使用者,即学生的主要活动方式,才能创造出宜人的尺度环境。

1. 尺度设计参考依据

学生一日内在教学区的活动主要有上课、下课、课间换教室等行为,学生的主要交通方式为步行。教学区内各教学楼群间的距离、教学楼群与学生生活区间的距离,均应建立在参考学生人体尺度及行为模式的基础上进行规划设计。表 5-4 和图 5-2 所示为人体工效学

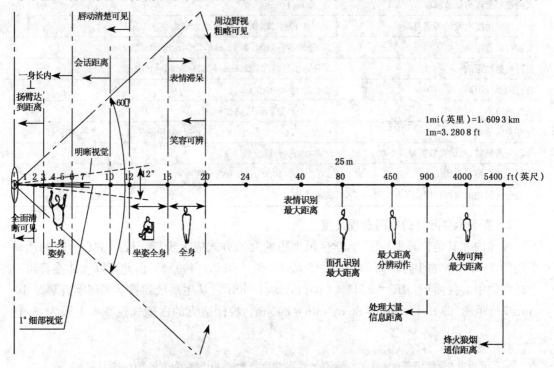

图 5-2 人的视觉尺度范围[1]

---

① 李志民,王琰.建筑空间环境与行为[M].武汉:华中科技大学出版社,2009.

中，与空间设计相关的距离控制相关数值。此外还应从人文主义出发，从关怀人的心理、生理、人与自然及社会的和谐的角度来创建具有人文尺度的空间规模。表 5-5 所示为以人文精神为中心的规模尺度研究的相关经验数值，可作为设计时重要的尺度参考依据。

表 5-4　　　　　　　　　　人体功效学中空间距离控制参考数值

项　　目	距　　离
可以看见和分辨出人群的距离/m	500～1000
能确认人的性别、大概年龄及活动/m	70～100
辨认出面部特征、发型、年龄等/m	30
能辨认出人的表情/m	20～25
可看清面部细节，且无交谈困难/m	约 7
中等强度的人与人间的公共交流/m	3～7
能很好地进行交流，体验到环境与人的细节/m	1～3
很高强度的人与人间的交流，所有感官参与，能体验所有细节/m	0～0.5
正常人步行速度/(m·min⁻¹)	80 min
自行车车行速度/(m·min⁻¹)	120(约 15 里/h)

表 5-5　　　　　　　　　　人文精神下的空间规模控制参考数值

项　　目	数　　值
人的视知觉可辨认范围	在 130～140 m 内
从人认知角度出发的邻里范围	直径不超过 274 m(C. 亚历山大[1])
人步行疲劳距离	15 分钟步行时间，即 15 min×80 m/min＝1200 m
步行可达性距离	5 分钟步行时间，即 5 min×80 m/min＝400 m
适宜的步行距离	200 m(C. 亚历山大[1])
文雅城市的空间范围	不应大于 137 m(F. 吉伯德[2])
外部空间适宜尺寸	宽度：57.6～90 m，长度在 144～180(芦原义信，十分之一理论[3])
外部空间模数，以该模数重复或变化	20～25 m(芦原义信[3])
欧洲大型广场的平均尺寸	57.5 m×140.9 m(卡米诺·西特)
社会交往密切的人口尺度	300 人[4]

2. 基于学生行为的校园合理尺度

校园内尤其是校园中心区内，学生最理想的交通方式应为步行。校园中心合理的活动半径为 3～5 min 的步行距离，即为 $R=5\ min×80\ m/min=400\ m$。由此可以大体推算出一个适宜的中心区面积：$\pi R^2=3.14×(400\ m)^2≈50\ hm^2$。从生活区到教学区则不宜超过 10 min 步行距离，即 $R=10\ min×80\ m/min=800\ m$。校园适宜的占地规模基本上限为：3.14

①　C. 亚历山大等著. 建筑模式语言——城镇·建筑. 构造. 王昕度，周序鸿，译. 知识产权出版社，2001.
②　Madanipour, Ali. Design of Urban Space: an inquiry into a socio_spatial process. John Wiley & Sons Ltd.
③　芦原义信著. 外部空间设计. 尹培桐译. 北京：中国建筑工业出版社，1985.
④　邹颖. 中国城市居住空间研究[D]. 天津：天津大学，2000.

$\times(800\ \text{m})^2 \approx 200\ \text{hm}^2$。这里得出的 200 hm² 用地上限是按照直线距离计算得出,实际情况中,各类校园内部的道路并非均有较高的直达性,因此,用地上限应该低于 200 hm²。应根据理论得出的上限结合所在区域、地形的特点,确定适宜的占地范围。这样分析得出的占地规模符合广大学生的行为特点,能充分体现以人为本的校园建设指导思想。

适宜的校园应该提倡步行优先化,如果一个校区的占地使人不得不使用自行车等交通工具,说明校园规模过大或功能分区不合理。如按车行速度计算 5 min,从生活区到教学区即达到 113 hm²,8 min 将超过 250 hm²,如此巨大的校园空间给人的感受是尺度过大、使用不便。

教学区一般都位于学校的中心区内,课间休息时间为 10~15 min。除去收拾文具、上下楼垂直交通、去卫生间等所用时间,课间学生用于找教室的时间为 3~5 min,因此教学区内,各建筑组群间的水平距离不应大于 400 m,教学楼的间距最好应控制在 250 m 以内。

在很多新建的大学校园里,空间和尺度的非人性化,成为一个较为常见的问题。校园规模及空间尺度的增大有其客观必然性,学生的增多、建设指标的增大都使校园建筑组群不可能恢复到以前的小尺度。但主观因素的作用也不容忽视,如建筑师在设计时不要被某种风格与形式所左右,忽略了师生的基本需要。在校园规划与建筑设计中应以学生为本,应基于学生的行为方式、知觉能力、活动能力等为前提,来决定空间布局。图 5-3—图 5-5 所示,各校院应根据自身的学生规模、用地规模、地形条件等因素,采用适宜的距离尺度。这样不仅能方便师生使用,同时在经济、生态、社会、施工等方面具有积极意义。

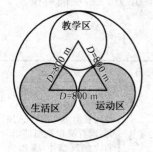

校园合理规模≤200 hm²,教学区、学生宿舍区、运动区最远间距为 800 m

图 5-3　校园最大规模

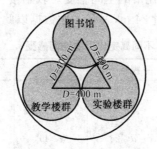

教学区合理规模≤50 hm²,图书馆、教学楼组群、实验楼组群最远间距为 400 m

图 5-4　教学区最大规模

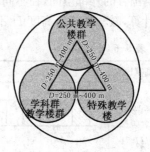

公共教学楼群、学科群教学楼群、特殊教学楼群间最远合理间距为 250~400 m

图 5-5　教学楼组群最大间距

5.1.4　气候因素

我国地域辽阔,地形复杂,横跨热温寒地带,南北气候特征差异悬殊。为针对不同的气候条件对建筑提出不同要求,明确建筑和气候两者的科学联系,在《民用建筑热工设计规范 GB 54176—93》中将气候的区划系统分为 5 个区,分别为严寒地区、寒冷地区、夏热冬冷地区、夏热冬暖地区和温和地区,并提出相应的设计要求。

我国南方气候湿热,因而教学楼建筑多采用单廊形式,底层多架空,建筑之间的连廊开敞通透,建筑围合度低,这样有利于取得良好的通风排热效果。北方冬季寒冷且持续时间较长,因而教学楼建筑多采用内廊形式,建筑连廊较多且封闭,建筑围合度高,建筑体型系数小,这样可以取得良好的热工效果。由于气候的影响,我国南北方教学建筑在布局、空间尺度等方面有所差异。

5.2 整体化教学楼群空间尺度控制要素及其现状特征

空间尺度控制要素是在建筑设计时把握尺度的重要参考值,主要包括空间的高宽比、及界面围合参数。其中由于空间高宽比较易计算,且较为直观,所以在空间尺度控制的实际运用中更被重视。

同时需要指出,人对空间环境的尺度感受并非单纯的物理尺度,它是由活动方式、行为模式、布局分区、视觉特性、光照条件、环境绿化、容积感、心理感受等因素共同制约的。

5.2.1 空间尺度控制要素

1. 高宽比(D/H)

空间的尺度与比例关系直接关乎空间的使用效果和质量。空间尺度的研究可以通过空间宽度和空间高度的比值,即高宽比(D/H)来研究。它反映了空间的围合程度,直接对人在空间中的感觉起作用。不同的空间尺度和比例关系给人的感觉是完全不同的,距离远近、关系疏密、空间敞闭都可以通过建筑空间的宽度和高度的变化来营造。如表5-6所示为由建筑围合的外部空间,在不同高宽比下的空间感受。教学楼一般不超过5层,层高可按4.2 m计算,教学楼建筑高度 H 不超过24 m,表5-7中数据以此计算。

表5-6 不同高宽比下的空间感受

高宽比	图示	视距/m	仰视角	水平视角	空间感受
$D/H \leqslant 1$		$d \leqslant 24$	$\alpha \geqslant 45°$	$\beta \geqslant 90°$	空间紧迫感和围合感加强,能看清建筑细部,要看清建筑整体,需抬头摆首
$1 < D/H \leqslant 2$		$24 < d \leqslant 48$	$30° \leqslant \alpha < 45°$	$60° \leqslant \alpha < 90°$	空间感觉匀称适中,内聚、向心、不排斥。可舒适的看到建筑的整体形象,感受到建筑与环境的关系
$D/H \geqslant 3$		$d \geqslant 72$	$\alpha \leqslant 18°$	$\beta \leqslant 30°$	空间开敞,会有排斥、离散的感觉。能看清建筑的大轮廓以及建筑和环境的关系。空间感觉淡薄

在建筑设计中，D/H取值1，2，3为最广泛的应用数值。其中$D/H=1$是封闭空间的最小尺寸，D/H介于1～2之间时是相对舒适匀称的空间，$D/H=3$是封闭空间的最大尺寸，当$D/H>4$时，空间不封闭，建筑立面起到远景边缘的作用，空间有空旷、迷失、荒漠的感觉。

在整体化教学楼群中教学单元和教学组团一般都是三面或者四面围合而成的庭院，如果要计算宽高比就会出现两个方向的比值。在本调研分析研究中采用综合宽高比概念，即是当$L/B<2$时，庭院的综合宽度为$D=(L+B)/2$，此时围合空间的长度对空间感受有一定的影响（L为建筑所围合的庭院平面的长边长度，B为其短边长度）；当$L/B\geqslant2$时，只计算庭院一个方向上的宽高比，此时$D=B$，围合空间的长度对空间感受有影响较小。

2. 界面围合参数

围合界面参数（F）是空间围合面积与围合该面的建筑界面面积的比值。这个值越接近1就说明建筑围合度越高，建筑与外界环境的通达度就越低，建筑围合的空间与外界的联系就越为薄弱。其具体计算方法如表5-7所示。

表5-7　　　　　　　　　　　　　　界面围合参数计算

界面围合参数示意图	符号	各参数的含义	计算方法
	F	界面围合参数	$F=A/2H(B+L)$
	A	围合面面积	$A=B\times L$
	B	围合界面宽度	
	L	围合界面长度	
	H	围合垂直界面高度	按平均高度计算

5.2.2　整体化教学楼群空间尺度现状特征

1. 与传统教学楼相比，建筑尺度加大

随着校园占地面积的增大和招生规模的不断扩大，位于核心区的教学区占地面积也不断增大，从而直接导致教学楼群的建筑尺度和外部空间尺度随之增大。与传统教学楼相比，整体化教学楼群与其布局方式不同，占地面积加大，建筑面积增加，楼体长度增长，建筑进深加大，建筑密度减小，教学楼内部空间更加丰富。如图5-6和表5-8所示，从浙江大学新老校区等比例总平面图中可以明显地看出，新老校区建筑在尺度上的差别。

表5-8　　　　　　　　　　　　　　浙江大学新老校区空间尺度比较

校区	浙大玉泉校区（老校区）	浙大紫金港校区（一期、新校区）
建设时间	始于20世纪50年代	2002年10月启用
校园占地	113.3 hm²	213.3 hm²
布局模式	分散式	整体式
布局特点	化整为零，结构松散，形象不统一	化零为整，结构清新，形象鲜明
尺度描述	建筑体量小，外部空间视觉尺度较小，空间亲切宜人。绿化面积小且分散	建筑体量庞大，外部空间视觉尺度大，空间开阔空旷。绿化面积大且集中
教学楼单体/组群体量	100 m×25 m（最大单体）	250 m×430 m（组群）
建筑围合院落高宽比	1<D/H<2	2.5<D/H<4.5

（a）玉泉校区（老校区）总平面　　　　　　　　（b）紫金港校区（新校区）总平面

图 5-6　浙江大学新老校区等比例总平面（黑色部分为教学建筑）

2. 与早期的整体化教学楼群相比，建筑尺度加大

　　早期的整体化教学楼群与近年来建设的教学楼在尺度上也有一定的差别。例如 1987 年开始建设的上海交大闵行校区一期的教学楼群与 2003 年开始建设的二期教学楼群，相距不到 20 年，在建筑体量上和规模上，二期明显增加。如图 5-7 所示，上海交大闵行校区（一期）教学楼群和上海大学宝山校区教学楼群，虽同为以整体观念进行设计的教学楼，但由于所处年代不同，时代背景不同，对教学楼的要求不同，容量不同，具体设计手法不同，也就造就了不同尺度的建筑组群。

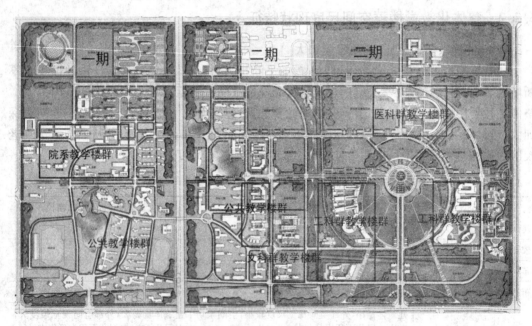

图 5-7　上海交大闵行校区一期、二期校园总平面图

表 5-9 不同时代的校整体化教学楼群尺度对比分析

项目	主要内容
示意图	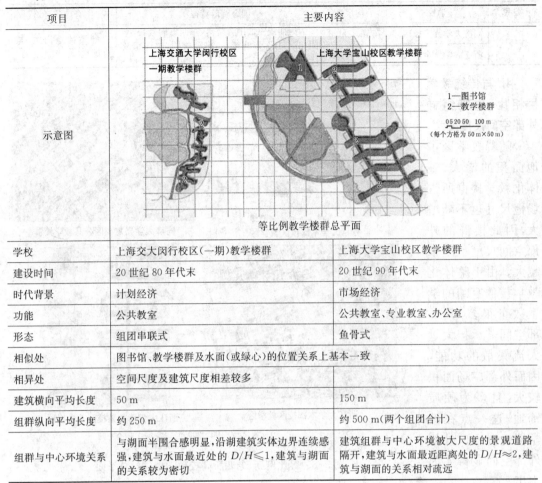 等比例教学楼群总平面

学校	上海交大闵行校区(一期)教学楼群	上海大学宝山校区教学楼群
建设时间	20 世纪 80 年代末	20 世纪 90 年代末
时代背景	计划经济	市场经济
功能	公共教室	公共教室、专业教室、办公室
形态	组团串联式	鱼骨式
相似处	图书馆、教学楼群及水面(或绿心)的位置关系上基本一致	
相异处	空间尺度及建筑尺度相差较多	
建筑横向平均长度	50 m	150 m
组群纵向平均长度	约 250 m	约 500 m(两个组团合计)
组群与中心环境关系	与湖面半围合感明显,沿湖建筑实体边界连续感强,建筑与水面最近处的 $D/H \leqslant 1$,建筑与湖面的关系较为密切	建筑组群与中心环境被大尺度的景观道路隔开,建筑与水面最近距离处的 $D/H \approx 2$,建筑与湖面的关系相对疏远

3. 与传统教学楼相比,建筑单元围合院落尺度增大

整体化教学楼群将各教学单元集中密集设置,并用连廊连接各单元,各个单元相互组合成统一的整体。因此各单元间的外部空间围合感较强,空间较封闭,甚至常常是四边围合密实的内院空间。由于组群的建筑单元体量较大,因此内部院落空间的尺度也常常较大,且各个围合空间形态、尺度接近、整体感和序列感较强。

传统教学楼由于分散布置,各教学单体被纵横交错的路网分离,彼此距离较远,缺少联系,因此内部围合院落空间较为散乱、开放,呈散点状布置。同时建筑单体本身尺度较小,形体变化丰富,使得单元内部的院落空间尺度也较小。就整体而言,整体空间的组织统一感不强、整体性和序列感较弱,甚至常常会出现凌乱的格局。从表 5-10 和图 5-8 中可以清晰地看到,新建高校的整体化教学楼群内部围合院落与传统老高校之间的显著差别。

表 5-10 新、老四所高校教学楼(群)围合空间尺度比较

类型	学校	平均尺寸	围合院落特征	围合院落环境
老校区	复旦大学校本部	40 m×30 m	多为三面围合院落,尺度较小且相对开放,各自分散,不统一,整体感差	以绿化为主
	浙江大学校本部	30 m×25 m		

类型	学校	平均尺寸	围合院落特征	围合院落环境
新校区	同济大学嘉定校区	75 m×30 m	多为四面或三面围合院落,东西方向较长,空间相对封闭,形式统一,排列规则、整体感及序列感强	以硬质铺地为主,兼有绿化
	浙江大学紫金港校区	50 m×36 m		

4. 与传统教学楼相比,建筑组群外部空间尺度变大

随着教学区占地面积的增大,整体化教学楼群所占场地尺寸也不断增大,因此楼群的外部空间尺度也越来越大。由于整体化教学楼群容纳的学生数量很多,其外部空间需承担大量人流集散的功能,因而外部广场面积较大,且多为硬质铺地,这一点在教学楼组群入口处的外部空间显得尤为突出。

复旦大学本部校区教学区

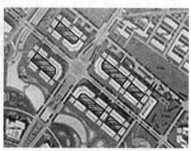

同济大学嘉定校区公共教学楼群

浙江大学本部校区教学区

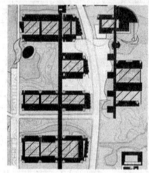

浙江大学紫金港校区教学楼群

2 5 50 100　　200 m　　　围合空间

图 5-8　等比例新、老四所高校教学楼(群)总平面

同时整体化教学楼群,尤其是其中的公共教学楼群,往往位于校园的景观轴线上,其外部空间常与广场、水景、景观绿化、景观大道等相结合,也造成了其尺度的增大。在教学楼外部大量硬质地面的使用,无形中也加大了视觉感受和心理感受上的尺度。相比之下传统教学楼相互分离,建筑体量小,人流密度小,外部空间所需的硬质铺地面积少,绿化面积较多且种植高大乔木,建筑与环境融合,尺度宜人(表 5-11)。

表 5-11　　　　　　　　　　　　　　　教学楼群景观照片列示

上海大学新校区

郑州大学新校区教学楼

复旦大学校本部教学楼

外环境空旷,尺度大,硬质铺地多,绿化较少	外环境尺度小,建筑与环境融合

5.2.3 部分高校整体化教学楼群尺寸数据总结

通过以上对整体化教学楼群空间尺度特征的总结,可以看出近年来其总体发展趋势是尺度的增大。尺寸是关于量的精确描述,尺度是一种相对的量的描述。尺寸是测量产生的,而尺度是比较的产物。尺寸总会表达出某种尺度,人们感受到的是尺度而非尺寸。但研究空间的尺度首先要掌握与空间相关的尺寸参数,尺寸是尺度的表达基础,尺度依靠尺寸的变化来实现的。

表 5-12 对我国部分新建高校的整体化教学楼群的建筑尺度及围合空间尺度的具体数据进行总结,以便进一步对其进行分析。

表 5-12　　　　部分新建高校的整体化教学楼群的建筑及围合空间具体数据①

编号	学校	整体化教学楼群类别	建筑群总尺寸		围合空间尺寸（平均值）		示意图
			长度/m	宽度/m	长度/m	宽度/m	
1	浙江大学紫金港校区	公共教学楼群	428	185	50	36	
2	同济大学嘉定校区	公共教学楼群	148	380	120	27	
3	上海工程技术大学松江校区	公共教学楼群	162	175	50	35	

① 建筑群总尺寸中的宽度是指教室所在的面(多为南北向)的宽度。围合空间尺寸中的宽度是前后两排教室围合的院落中,两排教室的间距。当平面有多个围合空间时,其尺寸为为平均值。教学楼的层数均为4～5层。

编号	学校	整体化教学楼群类别	建筑群总尺寸		围合空间尺寸（平均值）		示　意　图
			长度/m	宽度/m	长度/m	宽度/m	
4	上海大学宝山校区	教学楼群（公共教室＋专业教室）	340	150	80	28	
5	西安邮电学院长安校区	公共教学楼群	200	110	60	25	
6	中山大学珠海校区教学楼	教学楼（各类教学用房整体合一）	37.2	571.2			
7	广州大学城华南师范大学	公共教学楼群	160	145	58	26	
8	广州大学城广州大学	学科群教学楼群（文科教学楼群）	82 注:其中一个组团尺寸	70	53	27	

编号	学校	整体化教学楼群类别	建筑群总尺寸		围合空间尺寸（平均值）		示 意 图
			长度/m	宽度/m	长度/m	宽度/m	
9	广州大学城中山大学	公共教学楼群	189	96	71	25	
		学科群教学楼群	176	78	33	25	
10	四川大学双流校区	公共教学楼群	90	220	75	25	
11	江西师范大学新校区	学科群教学楼群（化学学院、数学与信息学院、生命学院、物理于通信学院、城建学院）	220	120	75	26	
12	沈阳建筑大学浑南校区	教学楼（各类教学用房整体合一）	340	320	70	60	

编号	学校	整体化教学楼群类别	建筑群总尺寸		围合空间尺寸（平均值）		示　意　图
			长度/m	宽度/m	长度/m	宽度/m	
13	郑州大学新校区	理科系群教学楼群（含6个院系）	286	167	45	26	
		文科系群教学楼群（含9个院系）					
14	合肥工业大学新校区	公共教学楼群	205	94	55	35	
		院系楼	56	75	53	35	
15	西安电子科技大学长安校区	公共教学楼群	17	450	1030	25	
			注：为其中最长一栋楼E栋的尺寸		注：为整体巨构式建筑围合的尺寸		
16	西安工业学院未央校区	公共教学楼群	146	133	133	36	
			注：两个组团对称布置，该尺寸为其中一组尺寸				

5.3　整体化教学楼群空间尺度实例调研

5.3.1　调研的内容与方法

1. 调研的目的意义

由于尺度本质上是表达人们对建筑空间比例的大小关系的一种综合感觉，并非单纯的物理尺寸，而是受到活动方式、行为模式、心理感受等多种因素共同制约的。因此需要实地深入到不同高校、不同建筑形态、不同尺度的教学楼群中进行实地调研。同时对使用者的行为方式进行观察、空间感受进行问卷调查。对资料和调研成果进行总结分析，以此为基础，对其空间尺度存在的问题进行归纳，并针对现状问题总结经验得失。

2. 调研内容

教学楼作为教学区的主要建筑，承担着学生日常课程学习和自习的重任，是学生日常使用频率最高的场所之一。教学楼的空间尺度及环境质量，直接影响着校园环境的气氛，以及学生对校园环境的感受与评价。不同规模与类型的高校，会产生不同尺度的教学楼。即使相同规模的教学楼也可能因其建筑布局、建筑层数、建筑间距、建筑体量关系等不同而产生不同的空间尺度感。因此本书所研究的整体化教学楼群的"空间尺度"，应具有以下 3 个层面的内容（表 5-13）。

表 5-13　　　　　　　　　　不同层面的整体化教学楼群空间尺度研究内容

层面	规划及设计层次	研究内容	关键点
宏观层面	校园规划	教学区与其他功能区的空间距离，其中教学楼与学生宿舍之间的距离控制最为重要	空间距离、步行耗时
中观层面	教学区	教学区的规模，整体化教学楼群的各组群间的距离控制	空间距离、步行耗时
微观层面	建筑组群	教学楼组群的体量、尺度，以及其外部空间的尺度，即使用者的空间感受	高宽比（D/H），界面围合参数

3. 调研方法

通过整理分析调研高校的校园规划总平面、教学楼群建筑平面、立面，分析相关空间距离及空间尺寸，通过数学量化分析找到内在规律。一般来讲，学生对校园空间和建筑尺度难以有量化认识，但是对于交通时间、空间感受、体验等却是深有体会。因此在调研时，需要将抽象的概念转换成可以主观评价的方式。例如可以把空间距离转换成步行时间，可以让受调查者一目了然，同时结合问卷调研了解使用者对环境的真实感受。

本调研选择具有代表性的高校，通过问卷调查、使用后评估、访问、观察、摄影等多种方法，了解教学楼的现实使用状况、使用者的真实感受以及使用当中存在的问题等。通过实地调研发现现实存在的问题，提出解决方案，从而为整体化教学楼群的优化设计提供可靠参考依据。具体采用的调研方法见表 5-14。

表 5-14　　　　　　　　　整体化教学楼群空间尺度研究的调研方法

调研方法	具体内容	特点	途径	适用范围
量化分析	教学区与宿舍区的距离，各教学楼组群间的距离，建筑组群的尺度；建筑组群外部空间尺度（D/H、界面参数）	客观、定量	结合相关建筑图纸及具体尺寸，形成量化数据。	空间尺度的基础性研究
使用后评估法	建成环境使用后评价	主观、定性	访谈、问卷调查、观察	
问卷调查	空间感受、舒适度、满意度、行为方式等	主观、定性	发放问卷、总结分析	结合使用者行为，空间尺度的评价性研究
语义差异法（SD）	空间环境品质研究	主观、定性	形容词量级表（包含在问卷之中）	

在对教学楼使用状况的调查中,使用了使用后评估(Post Occupancy Evaluation 简称 POE)方法。使用后评估是 20 世纪 60 年代从环境心理学领域发展起来的一种针对建筑环境的研究,即建筑投入使用后,评价建筑的绩效(Performance)。具体来说 POE 是指在建筑物建成若干时间后,以一种规范化、系统化的程序,收集使用者对环境的评价数据信息,经过科学的分析了解他们对目标环境的评判。

使用后评价是通过一定的程序对建成空间环境的性能进行测量,检验建成空间环境的实际使用是否达到预期的设想,需要考察的参数包括其功能、物理性能、生理性能、环境效益、社会效益以及使用者的心理感受等,评价的结果作为信息反馈给业主、使用者、设计人员和有关部门或者作为基础资料,供今后同类建筑或场所设计使用。建成空间环境的优、缺点都将作为评价的内容,这样可提高建筑质量和投资效益使业主或建筑的使用者受益。使用后评价与其他的设计阶段一起在建筑整个生命周期中呈现出这样一种顺序:规划—建筑策划—设计—施工—投入使用—使用后评价,这是一个完整的设计过程,首尾相连,循环往复。

在本研究中其常用的方法、步骤、各阶段主要内容如图 5-9 所示。

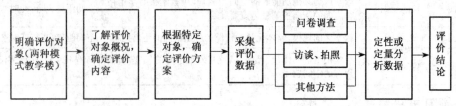

图 5-9　POE 方法及步骤

4. 调研对象

调研对象的选取包括:一般性的广度调研对象,即对国内具有典型代表意义的整体化教学楼群的空间尺度进行量化分析;以及深度调研对象,在分析空间尺度的量化基础上,结合问卷调查、POE 法等对使用者的用后评价进行调研。

广度调研的学校包括了代表近年来国内高校较新设计作品的广州大学城的三所高校、超大型校园和一流高校的典型代表——浙江大学以及国内网格型校园的典型代表——沈阳建筑大学。深度调研的高校主要集中在西安地区具有代表性的高校,以便于调研取证和信息反馈。广度调研与深度调研形成点、面结合的调研方法,涵盖了我国南方地区、东南地区、北方地区、西北地区的近 10 所高校,以便客观、全面、准确地分析问题。调研对象的基本信息如表 5-15 所示。

表 5-15　　　　　　　　　　　　调研对象基本信息

类型	编号	学校	城市	建成时间	学校占地规模/hm²	学生数量/万人	教学楼群形态
广度调研	1	广州大学城广东外语外贸大学	广州	2005 年	70	1.2	组团型—串联式
	2	广州大学城广东药学院	广州	2005 年	38（不含生活区）	0.8	巨构式
	3	广州大学城华南理工大学	广州	2005 年	112	2	线型—鱼骨式
	4	浙江大学紫金港校区(一期)	杭州	2002 年	213	3	组团型—串联式
	5	沈阳建筑大学浑南校区	沈阳	2003 年	66	2	网格式

类型	编号	学校	城市	建成时间	学校占地 规模/hm²	学生数 量/万人	教学楼群形态
深度 调研	1	西安电子科技大学长安校区	西安	2005年	200	3	巨构式
	2	西北工业大学长安校区	西安	2006年	260	3	组团型

5. 调研假设条件

为了便于量化分析,简化研究过程,需要对一些基本的条件进行假设。同时在进行相关指标的量化计算时,其计算方法、公式、符号含义需要统一制定。具体如表 5-16 所示,在各校的调研统计表中不再分别说明。在以下各学校的调研表中"空间感受"一项内容,主要是指调研者对空间的感受。

表 5-16　　　　　　　　　　　调研中的假设条件及公式符号

项　　目	内　　容
步行速度	80 m/min
教学楼的层高	4.2 m
L	围合空间的长度(面宽方向)
B	围合空间的宽度(进深方向)
H	围合建筑平均高度
D	综合高宽比的宽度,$L/B<2$ 时,$D=(L+B)/2$;当 $L/B\geqslant2$ 时,$D=B$
F	围合界面参数,$F=A/2(L+B)H$
A	围合界面面积

5.3.2　广度调研实例分析

1. 实例 1——广东外语外贸大学(广州大学城校区)

(1)学校概况

学校基本概况如表 5-17 所示。

表 5-17　　　　　　　　　　　　　广东外语外贸大学基本概况

概　　况		总平面图
该校为一所涉外型大学,由原广州外国语学院和原广州对外贸易学院合并组建而成。该校区位于广州大学城的最北边组团一内。校园用地内有水系及小山丘。学生宿舍区和教学区隧道相连。教学楼为棕黄色,与自然环境融合		
总占地面积	70 hm²(中型校园)	
教学区占地	50 hm²	
生活区占地	20 hm²	
学生规模	12,000 人	
院系设置	共设 7 个学院	
教学楼总面积	14,000 m²	广东外语外贸大学总平面

图表来源:郭明卓. 广州大学城组团一期规划与建筑设计.建筑学报,2005,3.

（2）功能区空间距离分析

该校的整体化教学楼群为公共教学楼群，建筑形态为组团型中的串联式。教学楼群单体间的最近与最远距离、耗费步行时间、教学楼与学生宿舍楼间的最近与最远距离、耗费步行时间如表5-18所示。

表5-18　　　　　　　　　　　广东外语外贸大学空间距离分析表

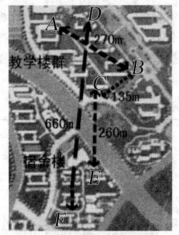

广东外语外贸大学空间
距离分析图

项目	教学楼间最远直线距离	教学楼间最近直线距离	教学楼与宿舍楼最远距离	教学楼与宿舍楼最近距离
度量	A—B	C—B	D—E	C—F
距离/m	270	135	660	260
耗时/min	3.4	1.7	8.3	3.3

分析：调研的公共教学楼群，教学楼入口间最远直线距离为270 m，耗时3.4 min，考虑学生的行走路线与道路设置，其实际步行时间约为5 min。教学楼与宿舍楼入口间最远直线距离为660 m，耗时8.3 min，考虑学生的行走路线与道路设置，其实际步行时间约为10 min

在这些空间距离尺寸的分析中，对最远距离的控制最为关键。该校由于规模不大，属于中型规模，教学楼布局紧凑，两栋最远教学楼步行时间在5 min以内，属于适宜范围。教学区与宿舍区被学城内的中环路隔离，并以地下通道相连，其最远距离步行时间在10 min以内，也属于适宜范围。

（3）整体化教学楼群外部围合空间尺度分析

所调研教学楼群的总体尺寸及外观如图5-10、图5-11所示。教学楼群所形成的外部各个空间的 D/H 值和围合界面参数值的量化值以及实地空间尺度感受如表5-19所示。

图5-10　教学楼外观

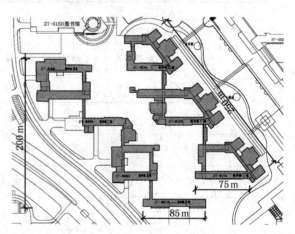

图5-11　教学楼群总平面图

表 5-19　　广东外语外贸大学整体化教学楼群外部空间尺度分析

项目	尺寸	空间性质	L/B 值	D/H 值	界面参数 F	尺度感受	简图示意
1	L=100 m B=60 m H≈22 m	教学楼群主入口空间	1.7	2.73	60%	空间开敞、外向，限定感不强，与其他空间流通，可看清四周教学楼的全貌	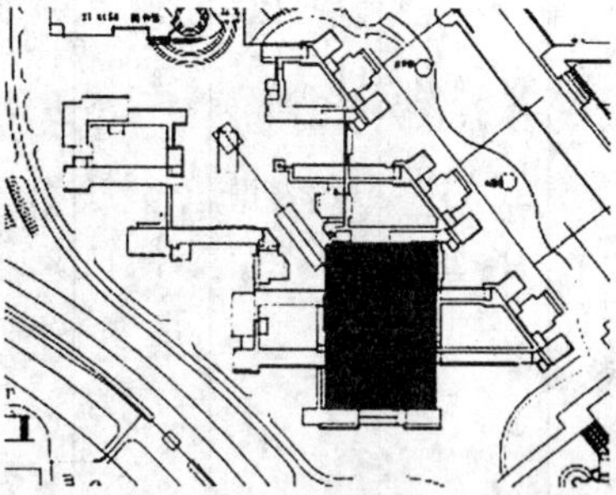
2	L=35 m B=27 m H≈22 m	教学楼围合内院	1.3	1.23	72%	空间内聚、安定，限定感较强，但不压抑	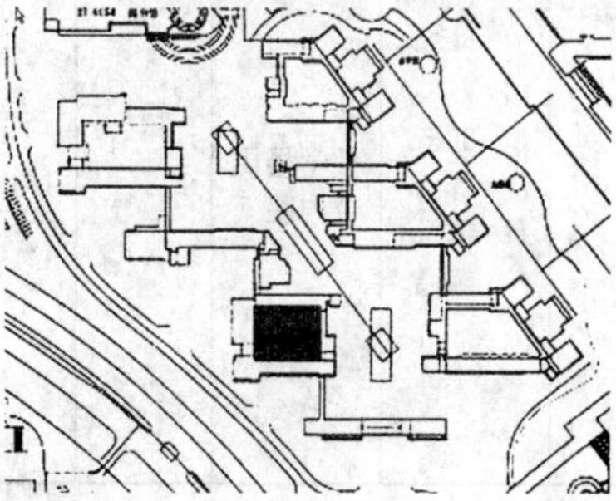
3	L=46 m B=26 m H≈22 m	教学楼围合内院	1.8	1.18	72%	空间内聚、安定，限定感较强，但不压抑	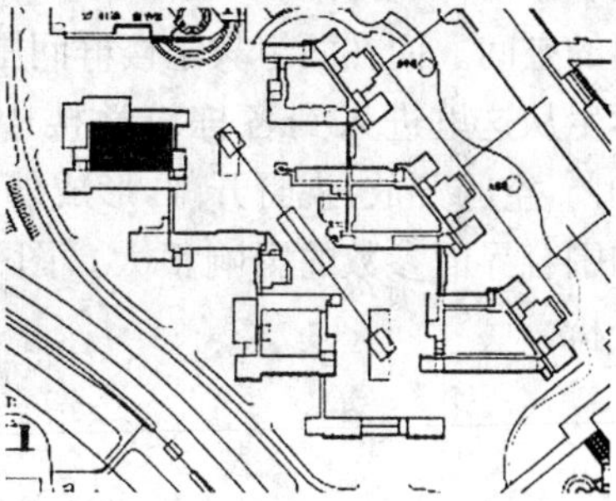
4	L=48 m B=27 m H≈22 m	教学楼围合内院	1.8	1.23	75%	空间内聚、安定，限定感较强，但不压抑	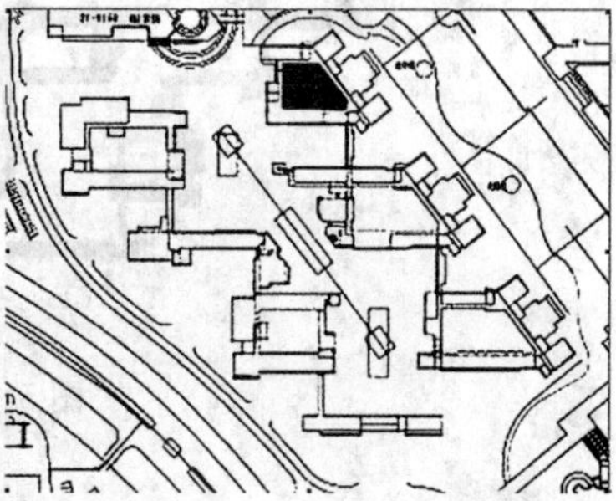

项目	尺寸	空间性质	L/B值	D/H值	界面参数 F	尺度感受	简图示意
5	$L=44\ \mathrm{m}$ $B=27\ \mathrm{m}$ $H\approx22\ \mathrm{m}$	教学楼围合内院	1.6	1.23	80%	空间内聚、安定，限定感较强，但不压抑	
6	$L=30\ \mathrm{m}$ $B=25\ \mathrm{m}$ $H\approx22\ \mathrm{m}$	教学楼围合内院	1.2	1.14	75%	空间内聚、安定，限定感较强，但不压抑	

通过表 5-19 的统计可以看出，教学楼群内每个教学单元围合院落 D/H 值较小，在 1.2 上下浮动，围合界面参数在 70%～80% 之间，这说明空间封闭性较强，围合度较高，是内向型的空间。而在两组教学楼群间围合的庭院是教学楼群的主入口空间，大量从宿舍区来的学生从这里进入到各栋教学楼中。该空间的 D/H 增加为 2.73，围合界面参数减少为 60%，空间开放，视野开敞，形成外向型空间。因此可以看出空间性质的差异，对其 D/H 值和围合界面参数的影响很大。图 5-12，图 5-13 和图 5-14 是对这两种空间差异的对比分析。

总体布局关系

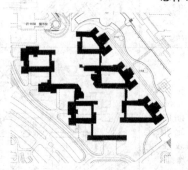

图 5-12　教学楼群与用地图、地关系

外向型主入口空间

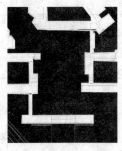
主入口庭院图、地关系

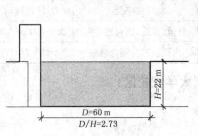
主入口空间剖面

主入口庭院

图 5-13　教学楼群主入口空间分析

内向型主围合庭院空间

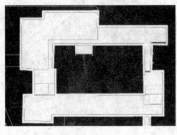
教学楼内庭院图、地关系

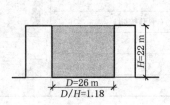
教学楼内庭院典型剖面

内庭院

图 5-14　教学楼围合内庭院空间分析

（4）调研小结

该校的整体化教学楼群由两组形态相似，尺度相近的教学楼群组成。建筑群体的尺度适宜，布局紧凑，教学楼与宿舍间距离合适（表 5-20）。该教学楼群的外部空间可以分为两种类型：(a)各教学楼群的单体间围合的内庭院；(b)两组教学楼群之间具有公共集会作用及交通的空间。其各自特征和相关量化指标如表 5-21 所示。

每栋教学楼内庭院 D/H 值较小，而围合界面参数较大，该空间封闭性强，对外联系较为薄弱，利于提供相对安静和稳定的学习场所，恰恰符合教学楼内环境的需求。而第二种类型的外部空间存在于教学楼之间，开敞的空间适合一定的公共集会，且不会过多影响教学楼内安静的学习环境，钟塔是该庭院内的制高点，使得该庭院成为教学楼的标志性空间。

表 5-20　　　　　　　广东外语外贸大学整体化教学楼群建筑尺度调研小结

项　目	数　值	
教学楼群的最大长度	250 m	
教学楼群的最大宽度	85 m	
教学楼群的高度及层数	22 m/5 层	
教学楼间最远直线距离及其步行时间	270 m/3.4 min	教学楼群的空间距离在步行时间
教学楼间最近直线距离及其步行时间	135 m/1.7 min	5 min 以内
教学楼与宿舍最远直线距离及其步行时间	660 m/8.3 min	宿舍与教学楼群间的空间距离在
教学楼与宿舍最近直线距离及其步行时间	260 m/3.3 min	步行时间 10 min 以内

表 5-21 　　　　广东外语外贸大学整体化教学楼群外部空间尺度调研小结

空间属性	位置	功能	尺度感受	D/H 值区间	界面参数区间
外向型空间	主入口	交通、集会、形象	开敞、流通、围合感不强	$2.5 < D/H < 3$	$F = 60\%$
内向型空间	单元内部	绿化、休息、交流	内聚、安定、围合感强	$1.1 < D/H < 1.3$	$70\% < F < 80\%$

2. 实例 2——广东药学院(广州大学城校区)

(1) 学校概况

学校基本概况如表 5-22 所示。

表 5-22 　　　　　　　　　　广东药学院学校基本概况

概 况	广东药学院总平面图
广东药学院位于广州大学城第二组团内,东接珠江,南接华南理工大学。其基地呈不规则的狭长五边形,丘陵起伏,东西向狭长。规划采用建筑整体化布局模式。	

总占地面积	38.1 hm²(不计生活区)(小型校园)
总建筑面积	24.43 万 m²
学生规模	8000 人
教职工	940 人

图表来源:建筑学报,2005.11.

(2) 功能区空间距离分析

　　校园基地面积不大,地块狭长,而建筑面积需求较多,用地紧张。建筑布局采用相对集中的整体化模式,便于设施的共享使用和管理;具有更大的弹性,可根据学科的发展灵活调整各院系用房;联系更加便捷,师生可以通过连廊方便到达各处。同时也为校园留出更多绿化环境和外部空间。

　　该校主教学楼为巨构式建筑,依地势而建,其沿东西方向的纵轴展开,长度有 400 多米。根据大学城组团二的总体规划,该校与广州中医药大学共用一个生活区,因此教学楼与宿舍楼距离相对较远。教学楼出入口的最近与最远距离、耗费步行时间、教学楼与学生宿舍楼间的最近与最远距离、耗费步行时间如表 5-23 所示。

表 5-23 　　　　　　　　　　广东药学院空间距离分析表

项目	教学楼间最远直线距离	教学楼与宿舍楼最远距离	教学楼与宿舍楼最近距离
度量	$A \longrightarrow B$	$A \longrightarrow C$	$B \longrightarrow D$
距离	400 m	900 m	1750 m
耗时	5 min	11.3 min	22 min
分析	该教学楼两端入口间最远直线距离为 400 m,耗时至少为 5 min。教学楼与宿舍楼入口间最近直线距离为 1750 m,耗时 22 min,考虑学生的行走路线与道路设置,其实际步行时间约为 25 min		
示意图			

通过以上分析可以看出,该校巨构式教学楼较长,两个入口端步行时间至少为5分钟,是适宜距离的上限,尚在可以接受的范围之内。宿舍区与教学区距离过远,但步行25分钟的距离已经达到1700多米,相当于行走2～3站公交车的长度,如此长的距离会使学生倍感疲惫,宿舍与教学楼的距离不合理。

（3）整体化教学楼群外部围合空间尺度分析

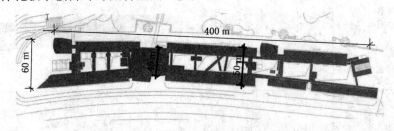

图 5-15　广州药学院教学楼总平面

广州药学院整体化教学楼是集各个类型公共教室、大型讲堂、研讨室、实验室、办公室、若干个学院教学空间等于一体的综合教学建筑。从图5-15、图5-16可以看出教学楼东西向长轴长度为400多米,南北向宽度在40～60 m之间,是典型的巨构式教学建筑。教学楼除两端的主要入口外,中间间隔1/3处有横向出入口,因此教学楼的外部空间是由主入口空间和被次入口分隔开的庭院构成。教学楼群所形成的外部各个空间的 D/H 值和围合界面参数值的量化值,及实地空间尺度感受见表5-24、表5-25 所示。

图 5-16　广州药学院教学楼外观

表 5-24　　　　　　广州药学院整体化教学楼围合内庭院尺度分析

项目	尺寸	空间性质	L/B 值	D/H 值	界面参数 F	空间感受	简图示意
1	$L=30\text{ m}$ $B=25\text{ m}$ $H\approx22\text{ m}$	教学楼群主入口空间	1.2	1.25	66%	空间三面围合、外接入口广场、空间相对开放	
2	$L=62\text{ m}$ $B=23\text{ m}$ $H\approx22\text{ m}$	教学楼围合内院	2.7	1.1	81%	空间狭长、内聚、安定、限定感强,但不压抑	

项目	尺寸	空间性质	L/B值	D/H值	界面参数 F	空间感受	简图示意
3	L=95 m B=25 m H≈22 m	教学楼围合内院	3.8	1.2	81%	空间狭长、聚定，限定感强，但不压抑	
4	L=37 m B=19 m H≈22 m	教学楼围合内院	1.9	1.3	60%	空间狭长、聚定，限定感强，但不压抑	
5	L=90 m B=25 m H≈22 m	教学楼围合内院	3.6	1.2	81%	空间狭长、聚定，限定感强，但不压抑	

表 5-25   广州药学院整体化教学楼外部空间关系及典型剖面分析

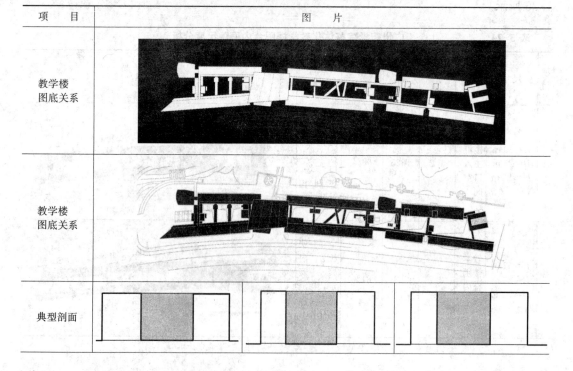

项 目	图 片
教学楼图底关系	
教学楼图底关系	
典型剖面	

续 表

项目	图 片		
	教学楼主入口处剖面 $D/H=1.25$	教学楼庭院剖面 $D/H=1.1$	教学楼庭院剖面 $D/H=1.2$
实景照片	主入口处实景	庭院内实景(架空连廊)	庭院内实景

（4）调研小结

该校的整体化教学楼建筑体量巨大，是典型的巨构建筑。建筑体长度达到400多米，两端步行时间至少为5 min，已达到可容忍的上限。而教学楼内庭院的尺度较小，空间狭长，但有架空廊架划分，空间较为舒适宜人。每栋教学楼内庭院 D/H 值较小，而围合界面参数较大，该空间封闭性强，对外联系较薄弱，利于提供相对安静和稳定的学习场所，恰恰符合教学楼内环境的需求。教学楼主入口处的外部空间，虽然 D/H 值也较小，但因其是第三面围合并于广场衔接，因此较为开敞。因规划原因，教学楼与宿舍楼距离过远，不尽合理。具体小结如表5-26所示。

表5-26　　　　　　　　广东药学院整体化教学楼群建筑尺度调研小结

项 目	数 值	
教学楼群的最大长度	400 m	
教学楼群的最大宽度	60 m	
教学楼群的高度及层数	22 m/5层	
教学楼间最远直线距离及其步行时间	400 m/5 min	教学楼群的空间距离是适宜长度的最大值
教学楼与宿舍最近直线距离及其步行时间	900 m/11.3 min	宿舍与教学楼群间的空间距离过远，步行时间约为25 min
教学楼与宿舍最远直线距离及其步行时间	1750 m/22 min	

表5-27　　　　　　　　广东药学院整体化教学楼群外部空间尺度调研小结

空间属性	位置	功能	尺度感受	D/H值区间	界面参数区间
外向型空间	主入口	交通、集会、形象	三面围合，较开敞、流通	$1<D/H<1.5$	$60\%<F<70\%$
内向型空间	单元内部	绿化、休息、交流	内聚、安定、围合感强	$1.1<D/H<1.5$	$60\%\leqslant F<85\%$

3. 实例3——华南理工大学(广州大学城校区)

(1) 学校概况

学校基本概况见表5-28所示。

(2) 功能区空间距离分析

华南理工大学宿舍楼群沿中环路与教学楼群呈东西方向并排布置,而因此从任意宿舍到距其最近的教学楼出入口的距离可控制在400~900 m范围内。从宿舍到教学区基本可以控制在5~15 min的步行距离。教学区沿校园纵轴展开(沿水系方向)设置,虽然纵轴较长,但教学楼是开放式的,出入口较多,因此联系比较便捷。公共教学楼群与各院系教学楼群间的空间距离见表5-29所示。

表5-28　　　　　　　　　　　　　　华南理工大学基本概况

基本概况		华南理工大学总平面图
该校位于广州大学城第二组团内,规划充分保留原有地形地貌,形成三段轴线系统。建筑采用组团化、整体化的布局模式。		
总占地面积	111.8 hm²(大型校园)	
教学区占地面积	81.1 hm²	
学生生活区占地面积	30 hm²	
总建筑面积	46.9万 m²	
学生规模	20 000人	

资料来源:建筑学报,2005.11.

表5-29　　　　　　　　　　　　　　华南理工大学空间距离分析表

华南理工大学空间距离分析图

项目	公共教学楼间入口最远直线距离	公共教学楼与院系楼间最近直线距离	公共教学楼与院系楼间最远直线距离
度量	$A \longrightarrow B$	$B \longrightarrow C$	$A \longrightarrow D$
距离/m	170	150	580
耗时/min	2.1	1.9	7.3

分析:公共教学楼群两个入口间最远直线距离为170 m,耗时2.1 min。公共教学楼与各院系楼入口间最远直线距离为580 m,耗时7.3 min,最近为150 m,耗时1.9 min。学生在教学区内各教学楼间转换教室所需时间在3~10 min内

（3）整体化教学楼群外部围合空间尺度分析

所调研的教学楼群是位于校园轴线上水景两侧的公共教学楼群和学院教学楼群。公共教学楼群是工整理性的鱼骨式布局，与水面对岸的自由灵活组团式布局的学院楼群相得益彰（图 5-17 和图 5-18）。公共教学楼群与图书馆及实验楼均以连廊相接，方便交往和联系。组团布局的学院楼群即相对独立又方便联系。公共教学楼群内部庭院及其与学院楼群形成的外部空间的尺度分析见表 5-30。

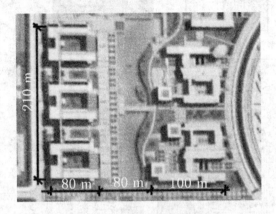

图 5-17　调研教学楼群总平面

图 5-18　教学楼外观（建筑学报，2005，11）

表 5-30　　　　　　　　　　　　　华南理工大学公共教学区群空间尺度分析

项目	尺寸	空间性质	L/B 值	D/H 值	界面参数 F	空间感受	示意简图
1	$D=100$ m $H\approx22$ m	校园轴线空间	—	4.5	—	空间开敞，视野开阔，可以看清两侧建筑物全貌，没有围合感	
2	$L=39$ m $B=24$ m $H\approx18$ m	教室单元内庭院	1.6	1.8	80%	空间内聚，一面开放，不压抑	
3	$L=65$ m $B=26$ m $H\approx18$ m	教室单元间庭院	2.5	1.4	74%	空间内聚、安定，（限定感强，且不压抑）	

公共教学楼群与学院楼群分别位于校园景观轴线两侧,由两组建筑群山墙形成的空间宽高比达到 $D/H=4.5$,两个界面彼此分离,相互影响已经很小。教学单元内围合的庭院空间尺度宜人,其中一个围合界面完全打开利于通风,院内有绿化及小型活动场地兼交通集散,空间具有活力,归属感较强(图5-19)。

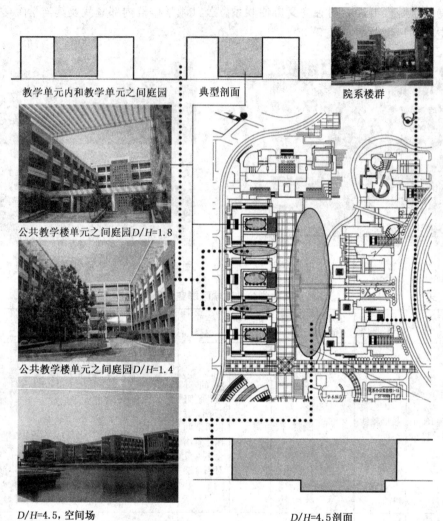

图5-19 教学楼群外部空间分析

(4)调研小结

因总体规划原因,宿舍区与教学群距离稍显过远,步行需15 min左右。各类教学楼群空间距离控制良好,在3~10 min以内。教学楼群内部围合空间,尺度良好,空间舒适,有内聚感,$1<D/H<2$。公共教学楼群与学院楼群间的外部空间,开敞外向,与轴线的景观需求相一致(表5-31和表5-32)。

表5-31　　　　　　　　华南理工大学整体化教学楼群建筑尺度调研小结

项　目	数　值
教学楼群的最大长度/m	210

项　目	数　值	
教学楼群的最大宽度/m	80	
教学楼群的高度及层数	18~22 m，4~5 层	
教学楼间最远直线距离及其步行时间	580 m，7.3 min	教学楼群的空间距离在适宜长度的最范围内，步行 10 min 以内
教学楼与宿舍最远直线距离及其步行时间	900 m，11.3 min	宿舍与教学楼群间的空间距离过远，步行时间约为 15 min

表 5-32　　　　　　华南理工大学整体化教学楼群外部空间尺度调研小结

空间属性	位置	功能	尺度感受	D/H 值区间	界面参数区间
外向型空间	景观轴线	交通、景观、形象	开敞、没有围合感	D/H=4.5	—
内向型空间	单元内部	绿化、休息、交流	内聚、安定、围合感强	1<D/H<2	75%<F<80%

4. 实例 4——浙江大学紫金港校区(东区)

（1）学校概况

学校基本概况见表 5-33 和图 5-29 所示。

表 5-33　　　　　　　　浙江大学紫金港校区基本概况

概　况		总平面图
校区位于杭州市西湖区塘北，东区为基础部，为低年级学生使用。学校以"现代化、网络化、园林化、生态化"为建设目标，2002 年建成使用		
总占地面积	213.3 万 m²(超大型校园)	图表来源:建筑学报,2004,(2):46
总建筑面积	59.2 万 m²	浙江大学紫金港校区总平面
东教学楼组群建筑面积	17 万 m²	
学生规模	25 000 人	

（2）空间距离分析

该校占地规模庞大，是超大型校园，由于将教学区与学生宿舍区设在学校的南北两端，中间设行政区、运动区、图书馆等，使得教学楼与宿舍楼的距离拉远。两者相距平均 1500 m，单程步行需 20 多分钟，借助自行车需 10~15 min。功能分区造成两者的分离，过远的交通距离已对学生的学习和生活造成不便影响①。

教学楼群位于校园主干道两侧，成为东西两个大组团，共同形成学校的主教学空间。楼

---

① 于文波."紫金港"实证. 建筑学报,2004,2:45.

群采用组团式布局,根据日照间距和建筑进深计算,采用 70 m×70 m 和 55 m×55 m 两种网格,灵活结合。教学楼群最长为 428 m,最远端两个入口步行时间约 5.5 min,距离较为适宜(图 5-20)。

(3) 整体化教学楼群外部围合空间尺度分析

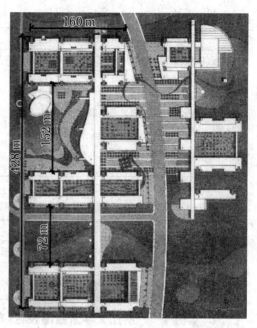

图 5-20、教学楼群总平面

西侧的教学楼群中连接各排教室的连廊宽 10 m,长约 500 m,高两层,串联起 4 个内部庭院,沿廊布置学生活动中心、展览厅、休息厅、咖啡室、小型会议室及各种交往活动场所。东侧教学楼组团的连廊宽 6 m,长约 340 m。各围合空间的尺度分析见表 5-34。

通过分析可以看出,基础部教学楼群的外部空间由组团内的庭院和组团间的空间构成。组团内庭院 D/H 在 2.2 上下浮动,最小值最小为 1.65。而组团间的空间 D/H 值较大,分别为 4.8 和 6.9,空间已没有围合感,离散感增加。该空间面向校园中心水景,可获得良好的景观效果。

表 5-34 浙大紫金港校区教学楼群外部空间分析

项目	尺寸/m	空间性质	D/H 值	L/B 值	界面参数 F	空间感受	示意简图
1	$L=43$ $B=38$ $H\approx18$	教学楼围合内院	2.2	1.1	75%	空间四面围合,内聚、安定,限定感较强,且不压抑	
2	$L=54$ $B=38$ $H\approx22$	教学楼围合内院	2.1	1.4	75%	空间四面围合,内聚、安定,限定感较强,且不压抑	

项目	尺寸/m	空间性质	D/H值	L/B值	界面参数F	空间感受	示意简图
3	$L=45$ $B=41$ $H\approx26$	教学楼围合内院	1.65	1.1	76%	空间四面围合、内聚、安定、限定感较强，且不压抑	
4	$L=D$ $=152$ $H\approx22$	对外围合空间	6.9	—	66%	空间开敞、视野开阔，可以看清两侧建筑物全貌，空间离散	
5	$L=D$ $=107$ $H\approx22$	对外围合空间	4.8	—	51%	空间开敞、视野开阔，可以看清两侧建筑物全貌，空间离散	
6	$L=D$ $=43$ $H\approx18$	教学楼围合内院	2.4	—	66%	空间狭长、内聚、安定，限定感强，但不压抑	

（4）调研小结

因总体规划原因，宿舍区与教学群距离设置不合理，步行需 20～30 min。各类教学楼群内部空间距离控制良好，步行约 5 min。教学楼群内部围合空间，尺度良好，空间舒适，有内聚感,1<D/H<2。公共教学楼群与学院楼群间的外部空间,开敞外向,与轴线的景观需求相一致(表5-35和表5-36)。

表5-35　　　　　　　浙大紫金港校区整体化教学楼群建筑尺度调研小结

项　目	数　值	
教学楼群的最大长度/m	428	
教学楼群的最大宽度/m	160	
教学楼群的高度及层数	18~22 m/4~5层	
教学楼间最远直线距离及其步行时间	480 m/5.5 min	教学楼群的空间距离在适宜长度的最佳范围内,步行约5 min
教学楼与宿舍平均直线距离及其步行时间	1500 m/20 min	宿舍与教学楼群间的空间距离过远,步行时间为20~30 min

表5-36　　　　　　　浙大紫金港校区整体化教学楼群外部空间尺度调研小结

空间属性	位置	功能	尺度感受	D/H值区间	界面参数区间
外向型空间	单元外部	景观、绿化、休息	开敞、离散	4.5<D/H<7	—
内向型空间	单元内部	绿化、休息、交流	内聚、安定、围合感强	1.5<D/H<2.5	65%<F<80%

5. 实例5——沈阳建筑大学浑南校区

(1)学校概况

学校基本概况如表5-37所示。

表5-37　　　　　　　　　　沈阳建筑科技大学基本概况

基本概况		沈建大校园鸟瞰总平面图
学校为典型的网格式布局,所有教学设施以整体性设计思路,用方格网的形式集中设置。教学区、生活区、运动区呈"品"字形布局。		
总占地面积/hm²	66(中型校园)	
总建筑面积/万 m²	30	
教学用房面积/万 m²	17	
学生规模/人	20 000	

(2)功能区空间距离分析

教学区建筑平面以80 m×80 m的网格为基本单元,呈网络状布局,各学院各教学设施均布置在其中。四通八达的走廊使得教学用房连接方便,相互渗透、相互交叉,同时网格所形成的内院又将其划分出相对独立的空间。在教学楼群的网格之内,最远两端相距不到400 m,步行时间在5 min以内,距离适宜。

一条总长756 m的长廊,将教学楼与生活区连接起来(图5-31)。教学楼与学生宿舍楼之间的距离在1000 m以内,步行时间在10 min以内。室内走廊的连接为在寒冷地区使用带来了方便。大部分学生都通过这条室内长廊步行上课。

(3)整体化教学楼群外部围合空间尺度分析

教学楼所形成的内部围合空间是整齐划一的方格网空间,其轴线尺寸为80 m×80 m。

图 5-21 连接教学区与宿舍区的长廊

近十余个"方院",占了教学区近一半的面积。这些院落本应成为学生活动的空间,但因考虑到气候及管理的原因,很多院落底层连廊封闭,学生难以进入,仅成为观赏型的空间。因空间形态和尺寸类似,书中仅以其中一个典型空间进行研究(表 5-38)。

表 5-38　　　　　　　　　　　沈阳建筑大学教学楼群外部空间分析

项目尺寸/m	空间性质	D/H 值	L/B 值	界面参数 F	空间感受	示意简图
$L=70$ $B=65$ $H\approx22$	教学楼围合内院	3.1	1.1	72%	空间四面围合,内聚、安定,限定感较强,且不压抑	

可以看出,围合庭院的 D/H 值约为 3,界面参数为 72%。由于空间是 5 层高的建筑四面围合,因此空间既有一定的围合限定感,又相对开敞,可以看清两侧建筑全貌(图 5-22)。

图 5-22　沈阳建筑大学教学楼围合庭院

(4) 调研小结

网格式布局使得校园建筑紧凑、集中、整体。该校各楼之间出入口最远不过 400 m,步行时间约 5 min,教学楼与学生宿舍楼之间的距离在 1000 m 以内,步行时间在 10 min 以内,尺度适宜。由于地处北方寒冷地区,对建筑朝向及采光要求较高,教学楼建筑间距较大,约为 70 m。教学楼围合庭院 D/H 值相对较大，$D/H>3$，界面参数为 72%。

5.3.3 深度调研实例分析

1. 实例 1 ——西安电子科技大学长安校区

(1) 学校概况

该校新区采用整体化的设计理念，从建筑物的集群布置为出发点，以大体量、集约化的巨构建筑群来满足功能、联系、交往的多重需要。校园总体规划主体结构可以概括为"一环、两轴、多组团"。"一环"即围绕校园主环路两侧的绿地所形成的绿环，环内为教学区域，环外为师生生活区域及体育运动所形成的区域。"两轴"即纵贯南北的景观主轴及横贯东西的教学主轴，其中景观主轴是一条连绵绿廊，教学主轴则是以公共教学楼、图书馆、公共实验楼组合形成的线型巨构式建筑复合体，是整个校区的主体骨架。"多组团"是指各功能区的组团状布局。学科系群呈点状布局，呈卫星放射状围绕公共教学区自由排列，各学科教学用房即可联通又彼此独立。学校基本概况如表 5-39 所示。

表 5-39　　　　　　　　西安电子科技大学长安校区基本概况

概　况	西安电子科技大学 长安校区总平面图
该校是一所以信息和电子学科为主的综合类全国重点大学。该校前身有军事背景，校风校纪严谨朴素。新校区位于市郊，主要为普通本科生使用。2005 年投入使用，现一期已经基本完成	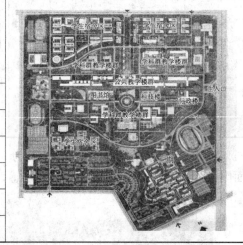

总占地面积/hm²	200(超大型校园)
总建筑面积/万 m²	71.05
教学用房面积/万 m²	10
实验用房面积/万 m²	14
学生宿舍面积/万 m²	20
学生规模/人	30 000(远期)

(2) 功能区空间距离分析

校园规划格局以 90 m×90 m 的网格展开，院系群建筑以 60 m×60 m 的矩形布局。教学区与学生宿舍区呈南北平行布置，联系便捷，平均空间距离相对较近。根据宿舍区布置区位的不同，其步行时间也有所差别，最近的大约需 5 min，最远的大约需 15 min，但基本均在适宜范围之内。因该校的院系教学楼尚在建设之中，本次调研以公共教学楼群为主。

该公共教学楼是巨构式布局，建筑是单一方向发展，因此位于最远两端的出入口距离较远，相距 1150 m，耗时约 15 min。紧凑集中的建筑布局，使得最近的出入口相距步行时间仅需 1 min。因此学生在教学区内各教学楼间转换教室所需的平均时间约为 8 min，最远控制在 15 min 以内(表 5-40)。

表 5-40 　　　　　　　　　　　西安电子科技大学长安校区空间距离分析表

西安电子科技大学空间距离分析图	基本概况		
	项目	公共教学楼间入口最远直线距离	公共教学楼间最近直线距离
	距离/m	1150	50
	耗时/min	14.4	0.6
	分析：公共教学楼群两个入口间最远直线距离为1150 m,耗时14.4 min,最近为50 m,耗时0.6 min。学生在教学区内各教学楼间转换教室所需的平均时间为8 min,最远控制在15 min以内		

（3）整体化教学楼群外部围合空间尺度分析

两排相距约25 m的教学楼沿东西方向纵深布置,限定出若干个深远狭长的外部空间。为了减少狭长空间的单调感,教学楼有的局部底层架空,增加庭院宽度;有的在两排楼体间设有连廊或平台,以增加空间的丰富性和层次感;在纵深庭院的中部还设有高耸的钟塔,形成庭院的视觉中心(图5-23)。由于该围合空间的长度和宽度相差悬殊,因此其高宽比主要由宽度决定。两排教学楼间的 D/H 值不大,仅为1.1,空间限定感强烈,在建筑体内部突向庭院的部分,空间则会有压抑感(表5-41)。

纵深的庭院

庭院中的钟塔

教学楼局部底层架空

图 5-23　西安电子科技大学长安校区教学楼群围合的庭院空间

表 5-41 　　　　　　　　　西安电子科技大学长安校区教学楼外部空间分析

项目尺寸/m	空间性质	D/H 值	L/B 值	界面参数 F	空间感受	示意简图
$L=520$ $B=25$ $H\approx22$	教学楼围合内院	1.1	21	54%	空间狭长,内聚、安定,限定感较强,局部有压抑感	公共教学楼群　行政楼

（4）调研问卷分析

为进一步了解在校师生对新校区教学楼的使用状况、满意程度、需求、评价、建议等内容,对其进行了 POE 研究,具体调研手法包括问卷调研、访谈等。问卷共发出 50 份,收回有效问卷 48 份。调研对象中,低年级(1—2 年级)学生占 52%,中高年级(3—4 年级)占 48%。问卷内容及结果如表 5-42 所示。

表 5-42　　　　　　　　　　西安电子科技大学长安校区问卷调研分析

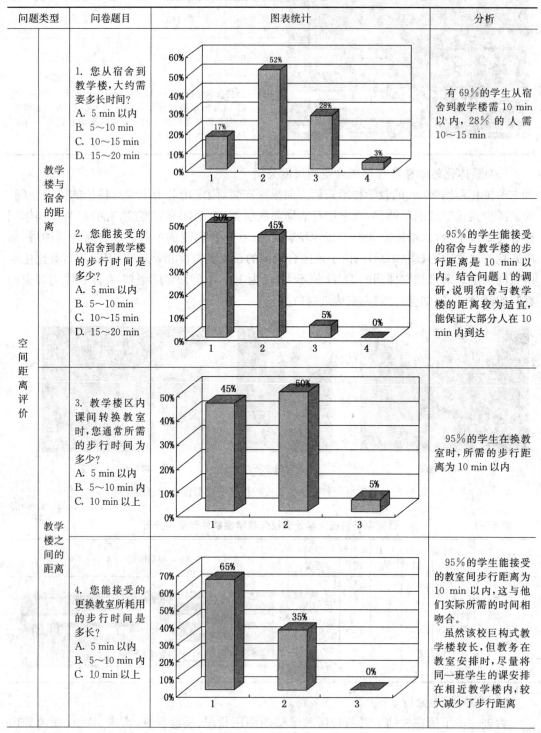

问题类型		问卷题目	图表统计	分析
空间距离评价	教学楼与宿舍的距离	1. 您从宿舍到教学楼,大约需要多长时间? A. 5 min 以内 B. 5～10 min C. 10～15 min D. 15～20 min		有 69% 的学生从宿舍到教学楼需 10 min 以内,28% 的人需 10～15 min
		2. 您能接受的从宿舍到教学楼的步行时间是多少? A. 5 min 以内 B. 5～10 min C. 10～15 min D. 15～20 min		95% 的学生能接受的宿舍与教学楼的步行距离是 10 min 以内。结合问题 1 的调研,说明宿舍与教学楼的距离较为适宜,能保证大部分人在 10 min 内到达
	教学楼之间的距离	3. 教学楼区内课间转换教室时,您通常所需的步行时间为多少? A. 5 min 以内 B. 5～10 min 内 C. 10 min 以上		95% 的学生在换教室时,所需的步行距离为 10 min 以内
		4. 您能接受的更换教室所耗用的步行时间是多长? A. 5 min 以内 B. 5～10 min 内 C. 10 min 以上		95% 的学生能接受的教室间步行距离为 10 min 以内,这与他们实际所需的时间相吻合。 虽然该校巨构式教学楼较长,但教务在教室安排时,尽量将同一班学生的课安排在相近教学楼内,较大减少了步行距离

普通高校整体化教学楼群优化设计策略研究

问题类型	问卷题目	图表统计	分析
	5. 您在平时课余期间是否会经常到教学楼之间的庭院或休息平台上活动? A. 从不 B. 偶尔 C. 经常	1: 32% 2: 59% 3: 9%	有近 1/3 的学生从不使用庭院或平台,有 59% 的人会偶尔使用。 　这说明庭院及休息平台的使用率并不高。这里既有管理的原因,也有设计的原因。校方为了管理方便,封锁了多个通往庭院及平台的出口,是主要原因。而与出入口相连的几个庭院或平台,往往又因为环境缺少私密性、缺少硬件设施,导致其使用率较低
教学楼外部环境评价	6. 请您对教学楼间的庭院感受如何? A. 很舒适 B. 不舒适 C. 无所谓	1: 56% 2: 44% 3: 0%	对于教学楼间外环境的评价好坏参半。狭长的外部空间中,步行交通空间占很大一部分,不利于庭院的空间围合,缺少停留感和私密性
	7. 您会选择什么时间在教学楼群的室外庭院中活动? A. 晨读时间 B. 课间时间 C. 中午 D. 下午课后时间 E. 其他时间	1: 5% 2: 5% 3: 11% 4: 77% 5: 2%	教学楼外环境的使用时间与学生的生活学习模式相关。77% 的学生会选择一天的课程结束后的下午使用。 　因此该庭院应当尺度宜人,能满足学生休闲交往的需求
教学楼评价	8. 在新教学楼寻找上课教室时,你是否曾经迷路过? A. 很少 B. 从来没有 C. 经常 D. 初次使用时迷路	1: 7% 2: 2% 3: 13% 4: 78%	由于该巨构式的教学楼体量较大,70% 的同学在初次使用时,都会有迷路找不到教室的现象。 　规模越大,交通流线越复杂的教学楼,这种情况就越明显

（5）调研总结

该校巨构式教学楼沿东西向轴线单一方向发展，体量很大，建筑布局集中紧凑。最远两端的出入口相距 1150 m，耗时近 15 min。教学区与学生宿舍区呈南北平行布置，联系便捷，步行时间最近 5 min，最远 15 min 左右，平均 10 min，尺度适宜。两排教学楼相距约 25 m，形成了若干个深远狭长的外部空间。教学楼围合典型庭院的 D/H 值较小，为 1.1，界面参数 54% 左右。

结合问卷调研结果可以看出，教学楼与宿舍的布局模式较好，二者距离控制良好。教学楼体量巨大，70% 的学生在初次使用时都会迷路，其内部空间的标识性有待改善。虽教学楼很长，两端相距很远，但教学管理中将学生安排在相近的教室中上课，减少了步行距离过长带来的弊端。狭长的外部空间较大程度起到步行交通空间的作用，降低了其作为休闲交往空间的使用效率。

2. 实例 2——西北工业大学长安校区

（1）学校概况

校园概况和总平面图如表 5-43 所示。

（2）教学区布局分析

该校教学区采用组团式布局，公共教学楼群、各二级学院的学科群教学楼群、科研实验楼群各成组团，以图书馆为核心相邻布局。其教学区功能布局图如图 5-24 所示。

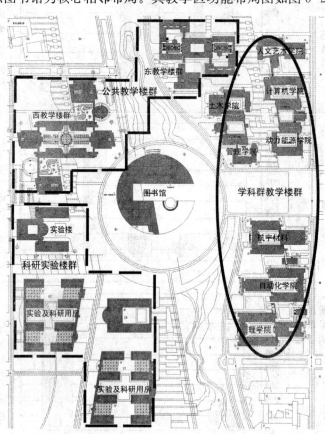

图 5-24　西北工业大学长安校区教学区功能布局分析

表 5-43	西安工业大学长安校区基本概况	
基本概况		西北工业大学长安校区总平面
西工大新校区位于西安市长安区东大镇,距老校区约 30 km。校区南面为终南山,景色秀丽,校区分为东西两块,东部为教职工家属区,占地 990 亩,西部为教学区及学生生活区,占地 2920 亩。校区南北各有占地 120 亩和 50 亩的湖面,和一条纵贯教学区南北的生态绿化带。2006 年 9 月长安校区正式启用		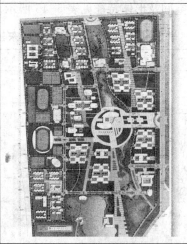
总占地面积	260 hm²(3910 亩,超大型校园)	
总建筑面积	一期:25 万 m² 二期:32 万 m² 总计:57 万 m²(不含教工生活区)	
学生人数	8000 人(2009 年)	
实验用房面积	14 万 m²	
学生宿舍面积	20 万 m²	
学生规模	30 000 人	

公共教学楼群中的西教学楼群主要是大中型教室,一、二年级的本科生使用较多。其中西楼 B 座 4 层、5 层分别为建筑系和工业设计系的专业教室。东教学楼群小教室数量较多,主要为 3 年级、4 年级本科生及研究生所使用。各学院楼主要为院系办公、科研及实验用房。

(3)功能区空间距离分析

教学区设在用地中央,便于各个区的学生方便简捷到达。学生生活区分布于教学区周边,学生区与教学区两者之间设运动区,使学生生活区、教学区、运动区之间距离最短。学生生活区的分块设置,使得量大集中的人流,分为多股不同方向的人流,便于疏散,也缓解上下课交通压力。功能区间的空间距离分析如表 5-44 所示。

表 5-44　　　　　　西北工业大学长安校区空间距离分析表

西北工业大学长安校区空间距离分析	基本概况				
	项目	公共教学楼间最近距离	公共教学楼间最远距离	宿舍到教学楼间最近距离	宿舍到教学楼间最远距离
	距离/m	200	330	200	600
	耗时/min	2.5	4	2.5	7.5
	分析:该校公共教学楼与学生宿舍距离适宜,步行时间在 10 分钟以内。本科生使用最多的教学东楼与西楼位置靠近,步行距离在 5 分钟以内。但两楼有水系相隔,仅靠水面上的景观桥相连,高峰期时交通不便,建议拓宽水面上的连接通道				

（4）整体化教学楼群外部围合空间尺度分析

东、西教学楼群的布局模式和外部空间尺度各有其特点，以下将分别研究。东教学楼群的空间及形体特征见表 5-45 所示。西教学楼群的空间及形体特征见表 5-46 所示。

表 5-45　　　　　　　　　　　　　　　东教学楼群形体及空间特征分析

东教学楼群围合空间总平面	东教学楼群典型外部空间剖面图	实景图
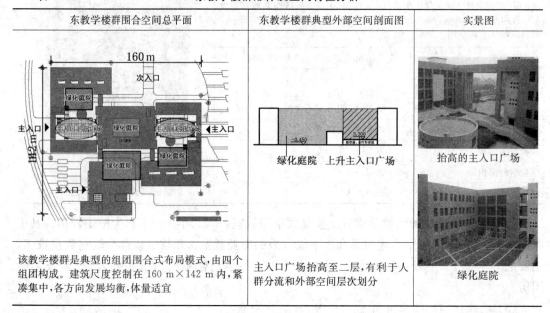		
该教学楼群是典型的组团围合式布局模式，由四个组团构成。建筑尺度控制在 160 m×142 m 内，紧凑集中，各方向发展均衡，体量适宜	主入口广场抬高至二层，有利于人群分流和外部空间层次划分	

表 5-46　　　　　　　　　　　　　　　西教学楼群形体及空间特征分析

东教学楼群外部空间总平面	实　景　图

分析：该教学楼群是典型的组团串接式布局模式，建筑总尺度控制在 215 m×235 m 内，布局舒展，各方向发展均衡，体量较大。建筑群的外部空间由两个开放式的入口广场，一个内部围合式入口广场和两个内庭院构成	

抬高的主入口广场

绿化庭院

开放式入口广场

围合式入口广场

分别选取两组教学楼群中最主要和典型的外部空间进行调研。所调研的东教学楼群的典型外部空间,由绿化庭院和抬高至 3.3 m 高的入口广场构成。外部空间经过局部地面抬升后,空间层次更丰富,功能划分更加明确。同时将主入口广场引入建筑围合空间,将学生的行为引入到外部空间之中,使其利用率得以提高,更具有吸引力和动态感。西教学楼群中,由两组教学楼群所围合成的外部空间也与入口广场相结合,形成内聚性强、使用效率很高的积极空间。具体的空间尺度数据分析如表 5-47 所示。

表 5-47　　　　　　　　　　　东、西教学楼群典型外部空间尺度分析

项目	尺寸/m	空间性质	D/H 值	L/B 值	界面参数 F	空间感受	示意简图
东教学楼群	$L=50$ $D=B$ $=36$ $H\approx20$	入口广场(抬高)、围合内院	1.8	1.39	58%	空间立体化、层次丰富围合感较强、抬高的入口广场具有动感,绿化庭院具有安静感。引入使用者的行为,是积极空间	
西教学楼群	$L=108$ $D=B$ $=35$ $H\approx16$	教学楼围合内院	2.2	3.1	86%	空间狭长、内聚、限定感、围合感较强,具有动感。引入使用者的行为,是积极空间	

（5）调研问卷分析

为进一步了解在校师生对新校区教学楼的使用状况、满意程度、需求、评价、建议等内容,对其进行了 POE 研究,具体调研手法包括问卷调研、访谈等。问卷共发出 83 份,收回有效问卷 83 份。由于该新校区主要为近两年入学的新生,因此本次调研中低年级学生很多,其中低年级(1—2 年级)学生占 90%,中高年级(3—4 年级)占 10%。问卷内容及结果如表 5-48 所示。

（6）调研总结

该校教学楼群是典型的组团式布局模式,建筑形体各个方向发展均衡。公共教学楼群与学生宿舍区距离适宜,步行时间在 10 min 以内。使用最频繁的教学东楼与西楼位置虽步行距离在 5 min 以内,仅靠水面上景观桥作为交通通道不方便,建议拓宽。

表 5-48　　　　　　　　　　西北工业大学长安校区教学楼问卷调研分析

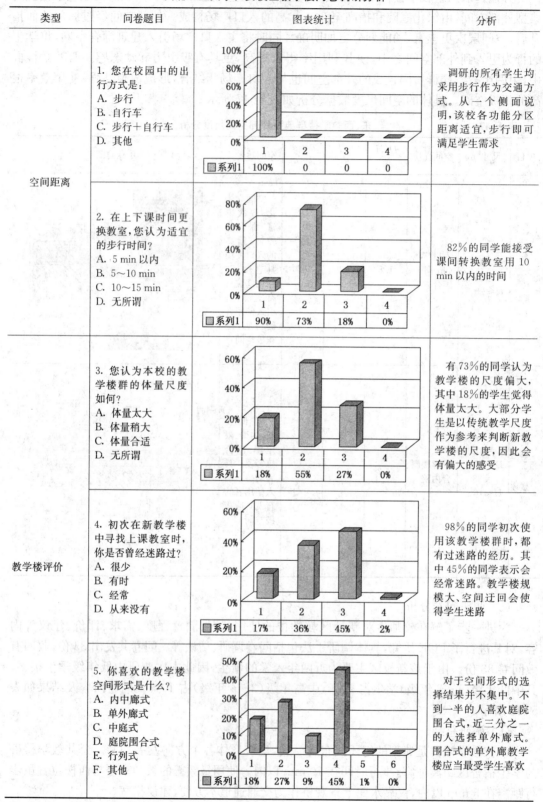

类型	问卷题目	图表统计	分析
空间距离	1. 您在校园中的出行方式是： A. 步行 B. 自行车 C. 步行＋自行车 D. 其他	系列1：1为100%，2为0，3为0，4为0	调研的所有学生均采用步行作为交通方式。从一个侧面说明，该校各功能分区距离适宜，步行即可满足学生需求
	2. 在上下课时间更换教室，您认为适宜的步行时间？ A. 5 min 以内 B. 5～10 min C. 10～15 min D. 无所谓	系列1：1为90%，2为73%，3为18%，4为0%	82%的同学能接受课间转换教室用 10 min 以内的时间
教学楼评价	3. 您认为本校的教学楼群的体量尺度如何？ A. 体量太大 B. 体量稍大 C. 体量合适 D. 无所谓	系列1：1为18%，2为55%，3为27%，4为0%	有73%的同学认为教学楼的尺度偏大，其中18%的学生觉得体量太大。大部分学生是以传统教学尺度作为参考来判断新教学楼的尺度，因此会有偏大的感受
	4. 初次在新教学楼中寻找上课教室时，你是否曾经迷路过？ A. 很少 B. 有时 C. 经常 D. 从来没有	系列1：1为17%，2为36%，3为45%，4为2%	98%的同学初次使用该教学楼群时，都有过迷路的经历。其中45%的同学表示会经常迷路。教学楼规模大、空间迂回会使得学生迷路
	5. 你喜欢的教学楼空间形式是什么？ A. 内中廊式 B. 单外廊式 C. 中庭式 D. 庭院围合式 E. 行列式 F. 其他	系列1：1为18%，2为27%，3为9%，4为45%，5为1%，6为0%	对于空间形式的选择结果并不集中。不到一半的人喜欢庭院围合式，近三分之一的人选择单外廊式。围合式的单外廊教学楼应当最受学生喜欢

东教学楼群是组团围合式,建筑最长边为 160 m。该组建筑群外部空间最显著的特点是将两组教学楼入口广场抬高至二层,形成多层次、立体化、富有活力的外部空间。其 D/H 值为 1.8,界面参数 58%。西教学楼群是组团串接式,建筑最长边为 235 m。其外部空间将原本内向型的围合空间结合教学楼入口,转化为动态的、外向的、利于交往的入口广场。提高了广场的使用率,也削弱了其狭长感。其 D/H 值为 2.2,界面参数 86%。

通过问卷调研可以看出,各功能区间距离尺度良好,教学楼群尺度稍大,内部空间复杂,学生有迷路的现象,学生偏爱的教学楼群模式为外廊围合式。

5.4 整体化教学楼群尺度控制方法研究

从以上的调研可以看出,根据学生使用教学楼的方式特点,使用者对整体化教学楼群空间尺度感受评价可分为 3 个层次。第 1 层次是整体化教学楼群与宿舍区的空间距离,第 2 层次是整体化教学楼群建筑型体尺度,第 3 层次是整体化教学楼群外部空间尺度。以下将从这 3 方面研究整体化教学楼群的空间尺度控制方法。

5.4.1 整体化教学楼群与宿舍区空间距离控制方法

1. 距离控制与校园规模匹配

随着高校招生规模的不断扩大,校园用地规模在不断扩大,从而会直接导致教学楼群与宿舍区之间距离加大。因此教学楼群与宿舍的距离控制不能一刀切,而应与校园现状结合,使之与校园规模相匹配,才是距离控制的根本思路。

基于在 5.3 节中所做的调研可知,90% 左右的学生可接受的宿舍与教学楼的距离为 10 min 以内的步行距离,10% 左右的学生可接受 15 min 以内的步行距离。以学生步行速度 80 m/min 计算,则该距离范围宜为 800 m,最大不应超过 1200 m。从 5.1.3 节表 5-5 中可知,人舒适的步行可达距离为 400 m,即 5 min 步行距离,也是学生最乐于接受的步行距离范围。因此在校园规划进行教学区和宿舍区布局时,应结合各校规模,选择适宜的距离尺度(表 5-49)。

表 5-49　　　　　　　　不同规模下的教学楼与宿舍距离控制

规模	校园占地/亩	步行时间/min	最大距离/m
小型	300 以下	5 以内	400
中型	300～1500	5～10	400～800
大型	1500～3000	10	800
超大型	大于 3000	15 以内	1200

2. 布局模式与校园规模匹配

教学区与宿舍区适宜的布局模式,能保证其距离尺度合理,便于学生使用,提高教室利用率,满足学生的使用需求,有助于改善学生对校园空间的尺度感受。不同规模的校园,其教学区和宿舍区应采用不同的布局模式。对于中小型规模的校园来讲,教学楼与宿舍的距离较好控制,一般都能满足要求。而对于大型和超大型校园,布局模式的优化就显得尤为重要了。

教学区与宿舍区适宜的布局模式,按其相互位置关系可分为:平行式、核心式、组团式(书院式)。平行式是最为常见的布局方式,宿舍区与教学区呈平行布局。规模较大时,宿舍区可与教学区南北双向平行设置。该模式适合中小型或大型校园。核心式是将宿舍区分为若干个组团,每个组团都以教学楼群为核心分散布置,以保证每个组团与教学楼群都有适宜的距离。该模式适合大型或超大型校园。组团式又称书院式,每个组团内都是以教学楼群为核心,生活单元围绕其布置,形成教学、生活紧密结合的书院式单元。该模式适合大型或超大型校园。不同布局模式的教学区与宿舍区空间尺度控制方法如表 5-50 所示。

表 5-50　　　　　　　　　　教学区与宿舍区布局模式及适宜的校园规模

布局模式	图示	特点	适宜校园规模
平行式	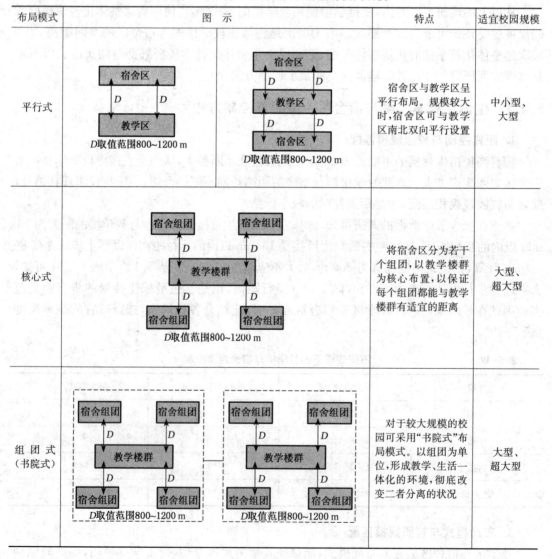	宿舍区与教学区呈平行布局。规模较大时,宿舍区可与教学区南北双向平行设置	中小型、大型
核心式		将宿舍区分为若干个组团,以教学楼群为核心布置,以保证每个组团都能与教学楼群有适宜的距离	大型、超大型
组团式(书院式)		对于较大规模的校园可采用"书院式"布局模式。以组团为单位,形成教学、生活一体化的环境,彻底改变二者分离的状况	大型、超大型

5.4.2 整体化教学楼群建筑型体尺度控制方法

与传统教学楼相比,整体化教学楼群的尺度在长度和宽度上要大出很多。通过5.3节的问卷调研可以看出,很多同学都感觉教学楼尺度偏大,内部空间不易辨认,容易迷路。建筑尺度的控制是一个复杂问题,既有建筑规模、指标、用地、形体要求等客观原因,也有使用者行为特征、使用方式、心理感受等主观原因。因此教学楼群的形体尺度因综合考虑这两者因素。

学生在教学区的交通主要为步行,上下课间转换教室是必要性行为,因此应以适宜的步行距离作为教学楼群建筑形体的控制尺寸。根据5.1.3节中表5-4和表5-5可知,适宜的步行距离为200 m,步行可达性距离为5 min步行距离,即400 m。同时结合教学楼自身的特点和各不同形态教学楼群的特点,确定各类型教学楼群适宜的外形尺寸范围。

整体化教学楼群常见的线型、组团式、网格式、巨构式等类型的适宜建筑尺度如表5-51所示。但总体来说,无论何种单一类型的教学楼群,或多种类型组合而成的教学楼群,其建筑群的最长边都不应大于400 m。

表 5-51   **整体化教学楼群形体尺度控制**

类型	图示	适宜外形尺寸	依据
线型		W: 70~100 m L: 200~250 m	70~100 m是能确认人的性别、年龄及活动的距离。该长度可排8~12间教室,便于辨认; 200 m是人舒适的步行距离; 250 m是步行3 min的距离
组团式		W: 140~200 m L: 140~250 m	组团式的宽度取线型宽度的两倍; 组团式的最大长度不应超过250 m,即控制在3 min步行距离
网格式		W: 250~400 m L: 250~400 m	250 m是步行3 min的距离; 400 m是步行5 min的距离,即步行可达性距离

类型	图　示	适宜外形尺寸	依　据
巨构式	L	$L:\leqslant 400$ m	巨构式的最大长度不应超过400 m,即5 min 的步行距离,是步行可达性距离
其他形态	——	最长边:≤400 m	任何类型的整体化教学楼群,无论其为何种形态,外形的最大长边不应超过400 m,即5分钟的步行可达性距离

5.4.3　整体化教学楼群外部空间尺度控制方法

　　整体化教学楼群所形成的外部空间的尺度,是随着建筑楼群尺度而变化的。外部空间尺度过大或过小都会直接影响到使用者的行为和感受。衡量外部空间尺度的量化指标主要有围合空间的高宽比和围合界面参数。通过5.3节中对部分高校的外部空间高宽比、界面参数的调查与分析,以及对学生空间尺度感受问卷调查的分析,同时结合外部空间所处的位置、类型、及其所发挥的作用的不同,确定其外部空间尺度控制的适宜方法,及相关指标的量化范围(表5-52)。

表 5-52　　　　　　　　　整体化教学楼群外部空间尺度控制

类型	位置	示意图	适宜高宽比 D/H	适宜界面围合参数 F	空间特点
内向型空间	教学单元内部围合空间		$1\leqslant D/H\leqslant 2.5$	$55\%\leqslant F\leqslant 85\%$	尺度宜人亲切、空间有限定感、封闭感、但不压抑,空间安静、内向、领域感较强,多以绿化为主
外向型空间	教学楼群入口广场或教学楼组团间的空间		$2\leqslant D/H\leqslant 4$	—	空间开阔、没有封闭感、限定感且领域感弱、空间外向,若与入口广场结合则多为硬质铺地

　　需要说明的是,围合的外部空间可以通过透空的连廊、底层架空、局部空间打开、设置构架等多种手段来调整界面参数,调节空间的封闭感或围合度,形成既有围合感又有层次的外部空间。有时内向型空间也可转换为外向型空间,例如5.3.3节中西北工业大学的教学楼群,是将教学楼主入口与围合的内部空间相结合,使其具有外向型空间的特点。在这种情况下,内向型空间的高宽比可适当放宽,可参考外向型空间的 D/H 值。

5.5 小结

客观存在的建筑和建筑体块之间的关系和其在人的大脑主观意识中的反映是空间尺度存在的基础。建筑体块之间的关系包括建筑高度、建筑间距、建筑围合程度等客观因素,而尺度却是人的主观感受,它往往受到人的生理因素、心理因素、行为因素等多方面的影响。本章首先分析了影响整体化教学楼群空间尺度的因素,主要包括"92 指标"与建设规模、用地规模、大学生行为方式、气候条件等因素。虽然空间尺度可以千变万化,但都可以对其相关尺寸进行量化分析,形成尺度控制要素的适宜范围,即围合空间的高宽比和围合界面参数的适宜范围。

与传统教学楼及早期的整体化教学楼群相比,当前整体化教学楼群空间尺度的显著特征就是尺度增大,无论是建筑群的外形尺度还是外部空间的尺度。当然建筑尺度的控制既有建筑规模、指标、用地、形体要求等客观原因,也有使用者行为特征、使用方式、心理感受等主观原因。因此,教学楼群的形体尺度应综合考虑这两者的因素。

校园和教学楼的主要使用者是学生,因此尺度控制必须要考虑学生的行为特征。步行是学生在校园最适宜的交通方式,适宜的步行距离为 200 m,步行可达性距离为 5 min 步行距离,即 400 m。通过对国内不同地区的 5 所高校整体化教学楼群的广度调研,以及西安地区 2 所高校新校区教学楼群的深度调研,使用者对教学楼群尺度方面的评价,分析整体化教学楼群的适宜尺度范围。

最终总结出整体化教学楼群的尺度控制方法,并形成基于量化的尺度控制范围,包括以下 3 个层面的尺度控制:①整体化教学楼群与宿舍区距离控制;②整体化教学楼群建筑型体尺度控制;③整体化教学楼群外部空间尺度控制。

6 整体化教学楼群使用面积系数(K 值)研究

本章首先分析了影响教学楼 K 值的各种因素,通过对整体化教学楼群及传统教学楼 K 值的调研,以及对假设模型理论 K 值的分析,提出了整体化教学楼群 K 值控制的适宜范围。本章内容框架简图如图 6-1 所示。

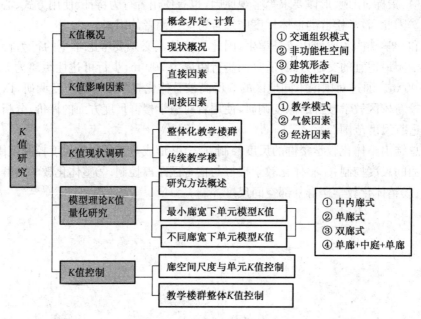

图 6-1 第 6 章内容框架简图

6.1 整体化教学楼群使用面积系数(K 值)现状概述

6.1.1 概念界定

使用面积系数,也叫平面利用系数或平面系数,一般作为建筑设计的一项技术经济指标,它等于使用面积和总建筑面积之比,可用百分数表示。其计算公式为:使用面积系数＝总使用面积/总建筑面积×100％。使用面积系数一般以 K 表示,K 值愈大,表明建筑的公共交通及结构面积越小,即建筑的使用面积越大,建筑的经济性越好。

由于建筑的类型不同,建筑空间组织方式不同,其 K 值也不一样。在评价建筑的经济指标时,也不能单纯看使用面积系数大小而决定其是否经济合理,应根据建筑方案的特点,全面考虑衡量建筑的经济性。设计时既要防止面积铺张浪费,也不可片面追求低标准而降低建筑质量。

6.1.2　整体化教学楼群 K 值概述

1. 计算方法

根据 K 值的概念界定,整体化教学楼群的使用面积系数(以下简称 K 值),为教学楼中主要功能用房面积与总建筑面积的比值。其中,主要功能用房包括:各类教室、办公室、教师休息室、会议室、管理用房等用房。K 值是对整体化教学楼群进行评估的一个不可缺少的衡量指标,但通常不受重视。近年来随着整体化教学楼群中非功能性空间的逐渐扩大,K 值的不断降低,建筑经济性的下降,K 值的合理范围越来越被关注。教学楼中 K 值相关内容及计算方法如表 6-1 所示。

表 6-1　　　　　　　　　　教学楼 K 值相关内容及计算方法

项　目	符　号	组成内容	空间属性
使用面积系数	K		
K 值计算公式	$K=S_1/S$		
总使用面积	S_1	主要功能用房:各类教室、办公室、教师休息室、会议室、管理用房等	功能性空间
非使用面积	S_2	辅助及交通空间:楼梯间、走廊、连廊、门厅、休息平台、交往空间、开放空间、卫生间、结构面积等	非功能性空间、多义空间
总建筑面积	S	$S=S_1+S_2$	

K 值可直接反映教学楼中各类教室、办公室等主要功能性用房面积,和交通空间、交流空间等非功能性空间面积的面积比值。K 值越大,说明教学楼中的各类教室、办公室等所占面积越多,而交通空间、交流空间较少,经济性高,但空间往往缺少变化、不利于师生交流和多样化教学。K 值越小,说明交通空间、交流空间、开放空间等多义空间越多,空间层次丰富、更能满师生多元化交往的需求,但同时经济性下降。因此片面追求 K 值的过大和过小都不合理,而应结合具体情况,使得 K 值在合理的优化区间范围内。根据国家规定的相关建设标准,目前我国各类教学楼的 K 值如表 6-2 所示。

表 6-2　　　　　　　　　　我国各类教学楼 K 值指标

学　校	K 值	指标来源	实施时间	备　注
普通高校教学楼①	65%	普通高等学校建筑面积规划指标(92 指标)	1992 年 8 月 1 日	含卫生间使用面积

---

① 普通高等学校建筑面积规划指标[M].北京:高等教育出版社,1992:45.

学　校	K 值	指标来源	实施时间	备　注
中等师范学校教学楼①	61%	中等师范学校校舍规划面积定额（参考指标）	1992 年	不含卫生间使用面积
技工学校教学楼①	65%		1992 年	不含卫生间使用面积
城市普通完全中学②	60%	城市普通中小学校舍建设标准	2002 年 7 月 1 日	不含卫生间使用面积
城市普通完全小学②	60%		2002 年 7 月 1 日	不含卫生间使用面积

2. 整体化教学楼群 K 值概况

整体式教学楼由于其内部增加了很多交流空间及交通面积,其 K 值比传统式教学楼普遍要低很多。"92 指标"中规定教学楼的 $K=0.65$(含厕所使用面积)①,传统式教学楼的使用系数相对较高,一般都在 0.75 以上,当前整体式教学楼的 K 值普遍在 0.6 以下,甚至部分整体式教学楼的 K 值仅为 0.4。

表 6-3　　　　　　　　　　　　**我国部分高校整体化教学楼群 K 值**

学校	教学楼项目	形态	K 值	空间特点
浙江大学紫金港校区	东教学组团	组团型	42.5%	单外廊、中内廊、局部底层架空、局部双廊、10 m 宽主连廊
广州大学城中山大学	公共教学楼群	线型	59%	单外廊,外廊宽 2.8 m,主连廊宽 4 m
	北学院楼群	线型	63.5%	单外廊,廊宽 2.5 m,局部设中庭
广州大学城华南理工大学	学院楼	组团型	50%	单外廊、中内廊、局部底层架空
沈阳建筑大学浑南校区	教学楼群	网格型	59.3%	中内廊、局部底层架空、局部单廊、8 m 宽主连廊
同济大学嘉定校区	公共教学楼群	组团型	54%	中内廊、单廊+中庭+单廊、局部底层架空
南京河海大学江宁校区	第二教学楼群	线型	53%	单外廊、局部底层架空
海南大学	第四教学楼群	线型	49%	单外廊、主连廊局部通高、局部双廊
西北工业大学长安校区	西教学组团	组团型	51%	单廊+中庭+单廊、单外廊

6.2　整体化教学楼群 K 值的影响因素

整体化教学楼群 K 值的影响因素较多,可将其分为直接因素和间接因素,以便于分析。

6.2.1　直接影响因素

1. 建筑单元交通组织方式

整体化教学楼群的交通空间组织方式直接决定教学楼中交通面积的多少,从而直接影响使用面积和建筑面积的比值,即 K 值的高低。交通空间越紧凑,交通面积越少,K 值就越高,反之则越少。为说明交通空间对 K 值的影响,在表 6-4 中采用单外廊作为标准单元,其

---

①　中等师范学校校舍规划面积定额(参考指标).民用建筑规划设计定额指标[M].北京:中国计划出版社,1995.

②　城市普通中小学校舍建设标准[M].北京:高等教育出版社,2002,55-79.

廊宽度为 b，各类不同的教室单元分别以标准单元为母题，并对廊宽进行调整，最后再转化为标准单元，并进行 K 值比较（表 6-4）。

通过比较可以看出在假设模型中，同样的标准教学单元下，中内廊的教学楼 K 值最大，双外廊 K 值最小，单廊＋中庭＋单廊和单外廊教学楼 K 值介于其间。需要说明的是表 6-4 中是在假设条件下对不同的教室单元 K 值进行比较。就现实而言，整体化教学楼群内部空间交通组织可能是多种模式的组合，K 值表现出一定的复杂性，同时 K 值还受到建筑单元间的连廊长度、宽度等的影响。

表 6-4　　　　　　　相同教室单元面积下的不同交通组织方式的交通面积比较

类型	图示	转化为标准单元的交通面积	K 值
单外廊	（标准单元）	（标准单元）	K
中内廊	$1.5b$	$0.75b$	$1.33K$
双外廊	$0.5b$ / b	$1.5b$	$0.66K$
单廊＋中庭＋单廊	中庭 $2b$ / b / b	中庭 b b 1 层 b 2~4 层	$0.5K$ K

注：▨表示相同面积的教室单元，▩表示走廊。

6　整体化教学楼群使用面积系数（K 值）研究 **123**

2. 非功能性多义空间

随着设计理念的更新,教学楼不再仅仅要满足课堂教学的需求,同时也日益重视作为"第二课堂"的交流空间、交往空间等非功能性多义空间的设计。整体化教学楼群的非功能性空间构成要素主要有中庭、扩大的走廊、连廊、敞廊、多功能展厅、平台、架空层以及开放空间等。作为交往空间的非功能性空间,在现代教学楼设计中具有举足轻重的地位,但在设计中其面积可多可少,灵活机动,具有很大的不确定性。其不确定性表现在构成要素的多样性和面积的可变性,这一点与传统教学楼形成较大差别。

非功能性多义空间对 K 值的影响起到决定性作用,其多少直接决定了 K 值的高低。在总建筑面积不变的情况下,非功能性空间越多,K 值就越小。目前还没有一个明确的可供参考的指标或规范来对非功能性空间的面积进行限定,一般都根据设计理念来确定其形式和面积,因此不同的设计方案会产生较大差异,面积变化幅度较大,可变性强,从而成为调节 K 值高低的重要因素。

3. 建筑形态

整体化教学楼群的建筑形态可以反映出其内部空间的组合模式和交通联系方式。各种形态的整体化教学楼群,其各建筑单元连接方式及其所需的交通面积各不相同,从而直接影响 K 值的大小(表 6-5)。

表 6-5 整体化教学楼群建筑形态与 K 值

形态类型	图 示	交通空间特点	交通组织方式	单元体连接方式	K 值
线型		较长	内廊/外廊/中庭	较长的线型连廊贯穿整体	交通面积多,K 值相对低
组团型		曲折、较长	内廊/外廊/中庭	各组团间连廊相连	交通面积多,K 值相对低
网格型		网格状	内廊/外廊	连廊成网格状相连	交通面积少,K 值相对高
巨构型		集中、紧凑	内廊/外廊/中庭	内(外)廊贯穿	交通面积少,K 值相对高

注:▢相同的建筑单元 ▨建筑单元的连接部分。

4. 功能性空间

教室、办公室等功能性空间是教学楼的主要组成部分,其面积的多少直接决定 K 值的高低。在"92 指标"中对各类教室、办公室等功能性空间的面积定额有明确的规定。就教室而言不同类型、不同规模的高校,其教室生均面积有所差别。同时在同一所高校中,不同类型的教室如多媒体教室、普通教室、语音室、制图教室等,其教室生均面积也有所差别(图6-2、图6-3、表6-6)。

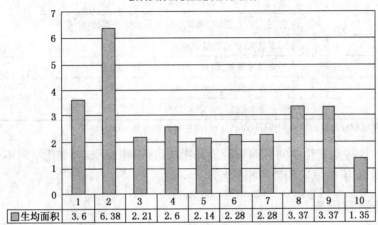

图 6-2　普通高校按照科类分教室建筑面积生均指标①

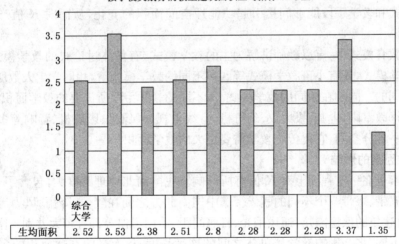

图 6-3　普通高校按学校类别分教室建筑面积生均指标①

表 6-6　　　　　　　　　各类教室设计指标(使用面积 m²/座)

教 室 类 别			设计指标 (使用面积 m²/座)
普通 教室	1	30 人以下外语专业小班教室(用课桌椅)	1.8
	2	30 人左右讲课、辅导、习题课小班教室(用课桌椅)	1.6

---

① 图表来源:作者根据《普通高等学校建筑面积规划指标》中相关数据改绘。

	教室类别		设计指标 （使用面积 m²/座）
普通教室	3	60人以上各类合班教室（用连式固定桌椅或活动桌椅）	1.0
	4	理、工、农、林、医各科普通教室平均数	1.2
	5	文、法、财经、艺术、体育各科普通教室平均数	1.3
特殊教室	6	制图教室、课程设计教室	3.0
	7	毕业设计教室（用900 mm×1100 mm图板）	4.0
	8	毕业设计教室（用700 mm×900 mm图板）	3.0
	9	毕业论文教室	1.6

图表来源：普通高等学校建筑面积规划指标[M]. 北京：高等教育出版社，2002：45。

总体来讲，这些功能性空间其面积设置有指标可依，相对稳定，变化空间不会太大，与其他因素相比，对 K 值的影响和制约相对较小。

6.2.2　间接影响因素

1. 教学模式的影响

教学模式的不同，影响功能性空间面积的大小，从而对 K 值的大小产生影响。现代高校随着教育体制的不断改革，教学模式也相应地不断改革，从而产生了多种不同的教学模式。教学模式和教学手段能够间接引起功能性空间面积的变化，从而对 K 值产生一定的影响。

在现代教育模式中，有以教师讲解为主的教学模式，有集体讨论式的教学模式，有分组讨论式的教学模式，还有小班教学模式等。在不同的教学模式下，相同学生人数所需的教学面积是不相同的。同时在相同的教学模式下，不同的教学手段所需要的教学面积有所不同。例如在多媒体教室中，电脑、投影仪、幻灯机、有线电视、录像机、影碟机、音响等多种电子化设备会占用一部分空间，它比传统教学需要更大的教学面积。

2. 气候因素的影响

气候因素也在一定程度上对 K 值有所影响。我国南北地理跨度大，包含了热带、亚热带、暖温带、温带、寒带5个不同的气候带。中国南北方之间在气温、降雨、风力等方面差异很大，南北方建筑的保温隔热，通风采光、日照间距、使用习惯等具有较大差别。南北方建筑日照间距的不同，将会影响教学楼单体之间的连廊长度，从而影响交通面积的多少以及 K 值的大小。

在建筑形体上，北方教学楼以封闭围合为主，建筑相对规整，连廊多为封闭空间，非功能性空间也多设置在室内。而南方教学楼相对开敞通透，敞厅、开敞连廊、底层架空等运用较多，非功能性空间布置灵活，形式多样，很多都是开敞空间，室内外空间联系紧密。由于气候带来的差异，将会引起非功能性空间设计的不同，从而间接影响 K 值的大小。

3. 经济因素的影响

经济因素会影响教学楼建设的资金投入，制约设计理念，限定使用面积的比例，从而对 K 值产生影响。一般来讲经济发达地区的高校，更注重教学楼的空间品质。除基本教学空间外，注重通过交流、交往空间的创造，满足师生多元化的行为及心理需求，因此多义空间被广泛运用,K 值相对较低,同时设计师也有较大的创作余地。经济发展较慢地区的高校,因投资所限要在有限的投入下创造更多的使用面积,更看重教学楼的实用性,满足教学的基本需求。因此教学楼较多采用紧凑的内中廊形式,因此 K 值相对较高。

从某些方面说,经济实力会制约教学楼中的面积分配比例和非功能性空间的多少,以及教学楼的空间组织形式,进而对 K 值的大小产生影响。

6.3　教学楼 K 值调研分析

传统式教学楼与整体化教学楼群是目前国内并存的两种教学楼模式。由于其空间组织方式的差异,这两种模式的 K 值也差别较大,各有其特点。以下将对这两种模式的教学楼各选取两个代表实例进行研究。

根据各调研对象的不同特点,分别对其各层 K 值、各单元 K 值、总体 K 值、空间特点、空间组成、空间效果等方面进行计算与分析研究。通过对 K 值的量化计算,并将其与"92指标"进行对比,分析其影响因素。同时也将这两种教学楼模式的 K 值进行对比分析,使两者互为借鉴,为整体化教学楼群的 K 值优化提供帮助。

6.3.1　实例1——浙江大学紫金港校区东教学组团西教学楼群 K 值调研

1. 基本概况

调研对象基本概况如表 6-7 所示。该教学楼群大量运用连廊、休息厅、架空层、敞厅等多种形式,创造丰富的交往空间,同时加强室内外空间的联系。而这些非功能性多义空间,会对教学楼群的 K 值产生举足轻重的影响。

表 6-7　　　　　　　　　　　　　　东教学组团基本概况

概况	东教学组团总建筑面积 170 000 m²,采用"网络结构,组团布局"的整体布局模式。规划上采用 70 m×70 m, 55 m×55 m 两种网格,灵活结合。东西组团各以一条南北向交通主轴,将各教学和试验功能单元串联起来,再在交点处东西向延伸横轴。每个单元以教学或试验室、交通和连廊组成	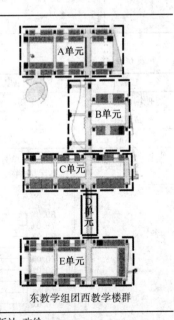
总建筑面积	11 万 m²	
功能	50 座、80 座、120 座、150 座、200 座、300 座普通教室、专业教室(建筑系)、报告厅、实验室、展厅、管理用房等	
调研内容	各教学单元的 K 值,西教学楼群整体的 K 值	
单元空间组织形式	中内廊、单外廊、局部双廊	
层数	5 层,局部 6 层	
走廊、连廊宽度	纵向交通主轴连廊:10 m,长 500 m;其他连廊:4 m, 3 m;中内廊:3 m;单外廊:3 m, 2 m(局部)	东教学组团西教学楼群

图表来源:作者根据《浙江大学紫金港校区东教学组团设计》,山东科学技术出版社,改绘。

为方便研究,将该整体化教学楼群按其空间组织方式分为相对完整的 A、B、C、D、E 共 5 个教学单元。先分别计算各教学单元的各楼层的 K 值,以及其单元整体的 K 值,分析比较其内在规律及特点,再计算该教学楼群的整体 K 值。通过单元 K 值与建筑群整体 K 值的比较分析,进一步研究影响 K 值的因素。在计算中,不计算半地下层部分的面积。按照"92 指标"的计算方式,教学楼卫生间面积计入使用面积。

2. 教学楼单元 K 值调研

　该教学楼群的五个组成教学单元的各楼层的 K 值,及各单元的整体 K 值如表 6-8—表 6-12 所示。

表 6-8　　　　　　　　　　　　　　　　A 单元 K 值统计

A 单元	1层	2层	3层	4层	5层	单元整体
使用面积/m²	1590	3380	3430	3350	1980	13 730
建筑面积/m²	8132	7157	6915	5834	4820	32 858
K 值	19.6%	47.2%	49.6%	57.4%	41.1%	41.8%
空间形式	局部架空、通高门厅、交往长廊	中内廊、开敞休息厅、连廊、交往长廊	中内廊、开敞休息厅、教室外侧休息廊、连廊			
小结	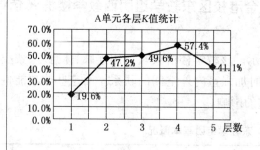		分析: K 值随着各层空间组织形式的不同而变化,整体趋势为逐层增加。底层由于有架空层,K 值最低,不到 20%。4 层为中内廊布局,空间紧凑,仅局部打开为休息厅,K 值最高。二、三、五层由于有连廊、休息厅,K 值居中。 该单元有较丰富的交往空间,整体 K 值不高,为 42%			

表 6-9　　　　　　　　　　　　　　　　B 单元 K 值统计

B 单元	1层	2层	3层	单元整体
使用面积/m²	1977.5	1397.5	1147.5	4522.5
建筑面积/m²	4978	3708	1576	10 262
K 值	39.7%	37.7%	72%	44%
空间形式	局部架空、单外廊、连廊、休息厅、交往长廊	单外廊、休息厅、连廊、交往长廊	单外廊	
小结	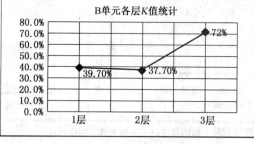		分析: K 值在一、二层基本持平,不到 40%,到三层激增为 72%。一、二层设有交流长廊、景观楼梯、连廊等导致 K 值较低。而三层均为外廊式大型阶梯教室,K 值很高。该单元有较丰富的交往空间,整体 K 值不高,为 44%	

表 6-10　　　　　　　　　　　　C 单元 K 值统计

C 单元	1 层	2 层	3 层	4 层	5 层	单元整体
使用面积/m²	2100	3060	2620	1900	1180	10 860
建筑面积/m²	5428.7	5559.6	4979.6	3316	1583	20 867
K 值	38.6%	55%	52.6%	57.3%	74.5%	52%
空间形式	局部架空、单外廊、交往长廊	单外廊、休息平台、连廊、交往长廊	单外廊、休息平台、教室外侧休息廊、连廊		单外廊、休息平台	

小结	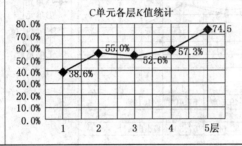 C 单元各层 K 值统计	分析： K 值随着各层空间组织形式的不同而变化，整体趋势为逐层增加。底层由于有架空层，K 值最低，不到 40%。五层为单外廊，且无连廊，仅局部打开为休息厅，K 值最高。二、三、五层由于有连廊、休息厅，K 值居中。 该单元有较丰富的交往空间，整体 K 值适中，为 52%

表 6-11　　　　　　　　　　　　D 单元 K 值统计

D 单元(连接体)	单元整体	小　结
使用面积/m²	0	
建筑面积/m²	1200	该部分为整体化教学楼群中各教学单元间的交通连接部分，宽 10 m，同时作为交流长廊。没有功能用房，K 值为 0
K 值	0%	
空间形式	交往长廊	

表 6-12　　　　　　　　　　　　E 单元 K 值统计

E 单元	1 层	2 层	3 层	4 层	5 层	6 层	单元整体
使用面积/m²	2646	3596	3496	3476	2570	950	16 734
建筑面积/m²	9449.6	9449.6	8669.6	8549.6	4646	1928	42 692.4
K 值	28%	38%	40%	40.6%	55.3%	49%	39.2%
空间形式	局部架空、中内廊、单外廊、交往长廊	单外廊、双外廊、中内廊、连廊、休息平台、交往长廊	单外廊、双外廊、中内廊、休息平台、连廊		单外廊、双外廊、中内廊、连廊		

小结	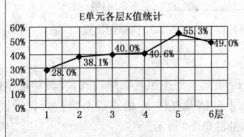 E 单元各层 K 值统计	分析： K 值随着各层空间组织形式的不同而变化，整体趋势为逐层增加。底层由于有架空层，K 值最低，仅为 28%。五层主要教室为单外廊，东西向教室为双外廊，且无连廊及休息厅，K 值最高。二、三、四层由于有连廊、休息厅，K 值居中。 该单元有较丰富的交往空间，整体 K 值较低，不到 40%

从统计数据可看出,随着教学楼各层空间组织形式的不同,各层 K 值发生明显变化。由于教学楼底层较多运用底层架空的处理方法,以及门厅、出入口、休息大厅等要占一定的面积,在各单元不同的楼层中,一层的 K 值均为最低。例如教学楼 A 单元的一层 K 值最低,仅为 19.6%。随着楼层的增加,减少了门厅、连廊等交通空间的面积,K 值显著提高,大部分在 40%～60% 之间。其中 C 单元的 5 层 K 值最高,达到 74.5%(图 6-4)。

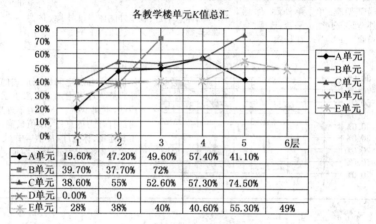

图 6-4 各教学单元各层 K 值统计汇总

为了提高教学楼的空间品质,创造丰富的交往空间以及更符合师生心理及行为需求的空间,在各层平面中都设有休息厅、交往平台等非功能空间。受此影响,各单元的 K 值并不高,分布在 39.2%～53% 之间,远低于"92 规范"中的 K 值为 65% 的规定(图 6-5)。这一点说明在提高空间品质的同时,K 值会有一定的损失。

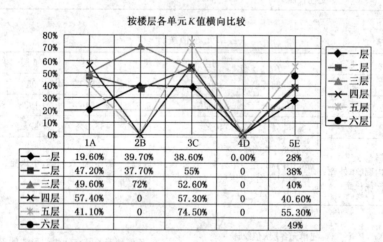

图 6-5 按楼层各教学单元各层 K 值横向比较

3. 整体化教学楼群的 K 值调研

由于该教学楼群是组团串联型的,因此以上是按照其布局模式,将教学楼整体划分为五个单元,按照单元分别研究各单元的分层 K 值及整体 K 值。以下将按照教学楼群整体,对其 K 值进行研究,统计数据见表 6-13 和表 6-14 所示。

表 6-13 　　　　　　　　　　　教学楼群 K 值统计（按层数计）

项目	1层	2层	3层	4层	5层	6层	教学楼群体
使用面积/m²	8313.5	11 433.5	10 693.5	8726	5730	950	45 846.5
建筑面积/m²	28 588.3	26 474.2	22 140.2	17 699.6	11 049	1928	107 879
K 值	25.6%	43.2%	48.3%	49.3%	51.8%	49%	42.5%

小结	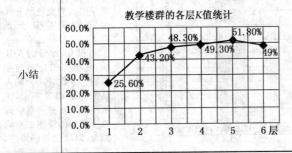	分析： K 值随着层数逐层上升。底层由于有较多的架空层，K 值较低，仅为 25.6%。2～6层，K 值升高，且变化幅度不大，在 43%～52% 之间。 为了提高教学楼内的空间品质及教学楼群的整体性，在设计中创造了较多交流空间、休息平台等非功能性空间，大量使用连廊。因此教学楼群 K 值不高，为 42.5%

表 6-14 　　　　　　　　　　　教学楼群 K 值统计（按单元计）

项目	A 单元	B 单元	C 单元	D 单元(连接体)	E 单元	教学楼群体
使用面积/m²	13 730	4522.5	10 860	0	16 734	45 846.5
建筑面积/m²	32 858	10 262	20 867	1200	42 692.4	107 879
K 值	41.8%	44%	52%	0	39.2%	42.5%

小结	 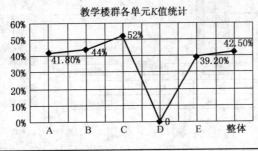	分析： 由于各单元的空间组织方式及其内部功能不同，各单元的 K 值也有所差异。除去作为连接体的 D 单元 K 值为 0 外，其余 4 个教学单元 K 值分布在 39%～52% 之间。交通空间及非功能性空间对 K 值的影响较大。教学楼群 K 值不高，为 42.5%

4. 问卷调查

以上是对教学楼群 K 值所作的客观调研，以下将对教学楼的使用者对空间的主观感受作相关的问卷调研。问卷主要涉及影响 K 值的主要因素如走廊、开放空间等。问卷调研基本概况如表 6-15 所示，问卷调查结果见表 6-16。

从表 6-16 的分析可看出，在整体化教学楼群中各类廊空间是必需和必要的，也是受学生所喜欢的。采用合理的走廊宽度、长度、适宜走廊形式，虽会对 K 值有所降低，可以丰富教学楼空间，同时为师生提供更多的交流空间。

表 6-15 　　　　　　　　　　　浙大紫金校区东教学组团问卷调查基本概况

调研对象	调研时间	调研形式	发放数量	有效收回	问卷有效率
浙大紫金校区东教学组团	2008.9	实地发放问卷、访谈、网络调查	75 份	73 份	97.3%

表 6-16　　　　　　　　　　　浙大紫金校区东教学组团问卷调查结果统计表

问　　题	统　计　图	结果分析
1. 您觉得教学楼内的交通及开放活动空间能否满足您的活动需求？ A. 满足，但空间过多，有些浪费 B. 能够较好满足 C. 能够基本满足 D. 不能满足	 比例　25%　18.80%　37.50%　18.80%	因该教学楼内的空间变化较多，有底层架、敞厅、平台等，所以81.3%的学生认为交通及开放空间能满足其活动需求。 　　但其中25%的人认为，此类空间过多面积浪费。少数18.8%的人认为不能满足需求，主要是由于有些开放空间缺少相应的设施或空间划分，以增强其停留感，满足多种学生的需求
2. 您觉得教学楼内教室单元的走廊宽度如何？ A. 宽度过宽 B. 宽度适中，感觉宽敞 C. 宽度稍窄，偶尔有拥挤感 D. 宽度过窄，经常感觉拥挤	 比例　12.50%　81.30%　6.20%　0.00%	该教学楼的走廊包括中内廊和外廊基本均为3 m宽，81.3%学生认为该宽度适中，12.5%的人觉得有些宽。仅有少数6.2%认为过窄，主要是在上下课高峰时有拥挤感，特别是对于中内廊的教学楼。 　　由此可见，3 m宽的外廊较合适，中内廊尺寸可相对放宽
3. 您认为东教学组团500 m长的交通主轴长廊的宽度及使用效率如何？ A. 宽度过宽，使用率较低 B. 宽度稍宽，使用率一般 C. 宽度稍窄，使用率较高 D. 宽度不够，过于拥挤	 比例　56.30%　37.50%　6.20%　0.00%	该长廊宽10 m，大部分的同学（93.8%）都认为该交通主廊过宽，使用率不高。 　　通过调研了解到，学生的课程通常安排在一个建筑单元间，较少分散在几个建筑单元间，一定程度上降低了交通轴的使用率。同时，主廊虽较宽，但缺少空间划分及休息设施，因此也降低其利用率和停留感

问　题	统　计　图	结果分析
4. 您经常使用 500 m 长交通主轴长廊的哪几层？（可多选） A. 一层 B. 两层 C. 三层（屋顶层）	 比例：A 75%　B 31.30%　C 25%	该主廊共 2 层，屋顶层可走人，即有 3 层可供活动。一层交通便捷且与庭院相连，使用者最多，为 75%。二层使用率骤减，且和三层的使用率相差不大。屋顶空间开阔，视线良好，顶部波浪形的玻璃顶棚造型优美，因此使用人数与 3 层接近
5. 您认为教学楼之间的连廊应设几层？ A. 一层 B. 两层 C. 三层 D. 每层都设 E. 没必要设连廊	 比例：A 0.00%　B 31.30%　C 31.30%　D 37.50%　E 0.00%	连廊的设置方便各教学单元间的联系。连廊的层数越多，对 K 值影响就越大。 认为应设置 2 层、3 层和每层均设的基本各占三分之一，每层均设的人数略多。说明学生更多的是从便捷性考虑
6. 您是否喜欢教学楼中的平台、连廊、走廊等空间？ A. 喜欢 B. 不喜欢 C. 无所谓	 比例：A 68.80%　B 6.20%　C 25%	各类廊空间及开放空间可为学生提供交流、休息、观赏等多种活动的空间，因此高达 68.8% 的学生喜欢此类空间。 教学楼中合理设置此类空间，虽会对 K 值有所降低，但可丰富空间，满足学生的交往需求

5. 调研总结

浙大紫金港校区的整体化教学楼群，其建筑形态、空间组织方式带有一定典型性和普遍性。其内部空间形式包括了单外廊、双外廊、中内廊、局部通高、连廊、底层架空等整体化教学楼群中常用的设计方法，以其作为研究对象，具有一定的代表意义。

通过按照教学单元划分逐层分析其 K 值，和按教学楼群整体研究其各层 K 值，可以总结出以下结论。

（1）该整体化教学楼群 K 值为 42.5%，仅为"92 指标"中规定的"$K=65\%$"一值的 65%。

（2）整体化教学楼群 K 值相对较低，但空间更加丰富和舒适。

（3）由于教学楼群的各单元的空间组织方式、内部功能各不相同，其 K 值也不同。但空间的基本尺度和组织方法接近，四个教学单元 K 值差异并不明显，分布在 39%～52% 之间。

（4）教学楼群的 K 值，随着层数逐层上升。一层由于设有底层架空、门厅等非功能空间和交通空间，对 K 值影响很大，其 K 值较低，仅为 25.6%。2—6 层，K 值升高，且变化幅度不大，在 43%～52% 之间。

（5）整体化教学楼群中起整体连接作用的连廊，对 K 值影响较大。连廊越宽、越长、层数越多，所占面积越多，教学楼群的 K 值就越小。10 m 宽的交通主廊学生评价其过宽，利用率不高。3 m 宽的外廊被学生评价为适宜。

（6）非功能性空间如：休息平台、交流空间等，能够改善教学楼空间品质的同时，对 K 值影响较大。此类空间较受师生喜欢，其所占面积比例越多，教学楼群的 K 值就越小。

6.3.2　实例 2——沈阳建筑大学新校区教学楼群 K 值调研

1. 概况

沈阳建筑大学浑南新区的教学楼，是我国国内近年来最为典型的网格式整体化教学楼群。教学楼群由教学用房和试验中心两部分组成，平面以 80 m×80 m 的网格为基本单元，呈网络状布局。建筑内部相互连通，走道可抵达建筑的任何部位。南北向的教学楼高 6 层；东西向高五层，建筑一层局部架空。教学楼群中的一条长 756.31 m，宽 8 m 的长廊将教学区、实验区、办公区、生活区连接在一起，被誉为"亚洲第一的长廊"。长廊在教学楼群部分的长度为 370 m，底层局部架空并设有教室及服务设施，2 层封闭为交通及开放的学习空间，3 层为屋顶平台，形成三个层面的交通动线。

2. 教学楼群 K 值计算分析

贯通全校的长廊在教学楼群部分的长度为 370 m，其功能具有学习性、共享性、交通性、展示性。底层局部架空并设有教室及服务设施，2 层封闭为交通及开放的学习空间，3 层为屋顶平台，形成 3 个层面的室内交通动线。该长廊不仅长度较长，而且宽度较宽，会对 K 值产生较大的影响。

为进一步分析该长廊对 K 值的影响，以下将分别以计入长廊面积和不计入长廊面积，两种方式计算 K 值，并比较其差异性。教学楼群的 K 值应以计入长廊的为准。以下计算中采用"92 指标"中将厕所计入使用面积的算法。该教学楼群各层平面图及其各层 K 值、教学楼群整体 K 值如表 6-17、图 6-6 所示。

表 6-17　　　　　　　　　　沈阳建大教学楼群 *K* 值统计

图　　示	层数	不计入长廊			计入长廊		
		建筑面积/m²	其中使用面积/m²	*K* 值	长廊面积/m²	建筑面积/m²	*K* 值
空间特点：东西向用房底层架空、中内廊、交往长廊	1层平面	19 550	9200	47%	2960	22 510	41%
空间特点：中内廊、单廊、交往长廊	2层平面	18 730	12 450	67%	2960	21 690	57.4%
空间特点：中内廊、单廊	3层平面	19 550	12 450	63.7%	—	—	—
空间特点：中内廊、单廊	四至五层平面	33 740	22 500	66.7%	—	—	—
总　　计		108 440	67 850	62.5%	114 360	67 850	59.3%

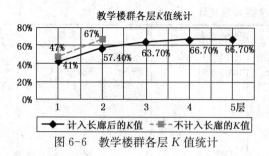

图 6-6　教学楼群各层 K 值统计

分析:该教学楼群各层 K 值随着楼层的增加而增加。一层由于有底层架空,K 值受到影响,仅为 41%。2—5 层,K 值逐层增加,由于教室主要为中内廊和局部单廊,且除了一、二层的长廊外,各教学单元间没有单纯的连廊,因此其 K 值相对较高,分布在 57%～67% 之间。

若不计入长廊,则一、二层 K 值会分别提高 6%～10%。说明长廊对 K 值影响较大。

该教学楼群布局紧凑、规律性强,交通空间主要为中内廊。其整体 K 值较高,为 59.3%。

3. 问卷调研

以上是对教学楼群 K 值所作的客观调研,以下将对教学楼的使用者对空间的主观感受作相关的问卷调研。问卷主要涉及影响 K 值的主要因素如走廊、开放空间等。问卷调研基本概况见表 6-18 所示,问卷调查结果见表 6-19。

表 6-18　　　　　　　　沈建大浑南校区教学楼问卷调查基本概况

调研对象	调研时间	调研形式	发放数量	有效收回数量	问卷有效率
沈建大教学楼群	2006 年 10 月	实地发放问卷、访谈	55 份	55 份	100%

表 6-19　　　　　　　　沈建大浑南校区教学楼问卷调查结果统计表

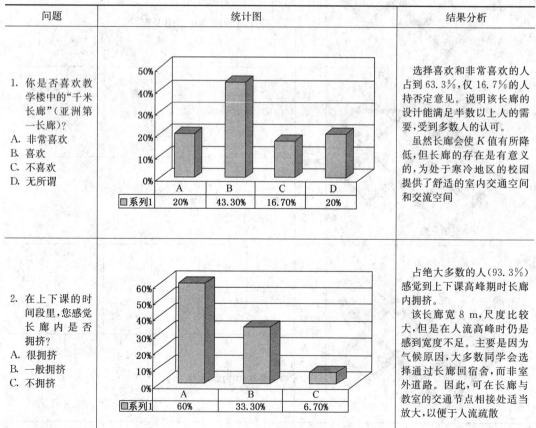

问题	统计图	结果分析
1. 你是否喜欢教学楼中的"千米长廊"(亚洲第一长廊)? A. 非常喜欢 B. 喜欢 C. 不喜欢 D. 无所谓	系列1：A 20%，B 43.30%，C 16.70%，D 20%	选择喜欢和非常喜欢的人占到 63.3%,仅 16.7% 的人持否定意见。说明该长廊的设计能满足半数以上人的需要,受到多数人的认可。 虽然长廊会使 K 值有所降低,但长廊的存在是有意义的,为处于寒冷地区的校园提供了舒适的室内交通空间和交流空间
2. 在上下课的时间段里,您感觉长廊内是否拥挤? A. 很拥挤 B. 一般拥挤 C. 不拥挤	系列1：A 60%，B 33.30%，C 6.70%	占绝大多数的人(93.3%)感觉到上下课高峰期时长廊内拥挤。 该长廊宽 8 m,尺度比较大,但是在人流高峰时仍是感到宽度不足。主要是因为气候原因,大多数同学会选择通过长廊回宿舍,而非室外道路。因此,可在长廊与教室的交通节点相接处适当放大,以便于人流疏散

问题	统计图	结果分析
3. 您认为长廊的利用率高吗？ A. 很高 B. 一般 C. 不高		长廊的利用率较高得到了广泛认可。经调研发现，除骑自行车的同学外，绝大多数的人上下课均走此长廊，特别是在寒冷季节
4. 您经常使用500 m长交通主轴长廊的哪几层？（可多选） A. 一层 B. 两层 C. 三层（屋顶层）		长廊二层为封闭的玻璃廊空间，78%的学生选择走该层长廊。一层长廊局部架空，且有教室和服务设施，有近三分之一的人选择。三层由于没有屋顶，在天气较好的时候才会有人通行
5. 您觉得教学楼内教室单元的走廊宽度如何？ A. 宽度过宽 B. 宽度适中 C. 宽度稍窄，偶尔有拥挤感 D. 宽度过窄，经常感觉拥挤		84%的学生认为教室单元的走廊窄，其中48%的人认为很窄并感觉拥挤。 该教学楼大部分教室为中内廊，廊宽3 m。虽然K值较高，但部分空间感觉封闭，上下课时较拥挤。其中内廊可适当加宽，局部可考虑打开

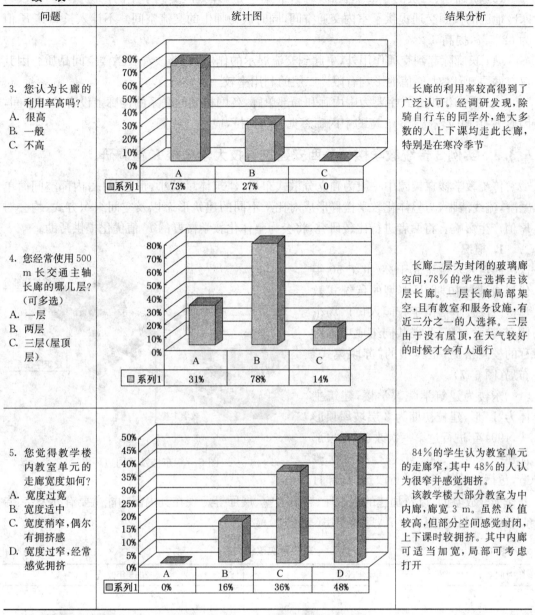

4. 调研总结

该校的教学楼群为典型的整体合一的整体化教学楼群。其内部空间形式主要为中内廊、单廊、贯通长廊（1—2层）、底层架空等。通过逐层分析其 K 值，和计入长廊和不计入长廊计算 K 值，可以总结出以下结论。

（1）该整体化教学楼群的 K 值为 59.3%，为"92 指标"中规定的"$K=65\%$"一值的 92%，总体来说，其 K 值较高。

（2）教学楼群的各层 K 值，随着层数逐层上升。一层由于设有底层架空、门厅等非功能空间和交通空间，对 K 值影响很大，其 K 值为 41%。2—6层 K 值升高，各单元的空间组织方式相近，K 值变化幅度不大，在 57%～67% 之间。

（3）贯通一、二层的 8 m 宽长廊，对 K 值有一定影响，但受到学生的广泛认可。不仅为寒冷地区的校园交通提供了室内交通空间，同时成为师生的交流空间。不计入长廊其 K 值为 62.5%，提高 3.2%。

（4）长廊除起到交通作用外，更起到交流展示的作用，能够改善教学楼空间品质。因其仅有两层，所以对 K 值的影响有限。二层的利用率较一层高。

（5）空间组织方式主要为中内廊和局部单廊，各网格间的联系的连廊上设有使用空间，因此 K 值相应较高。3 m 宽的中内廊感觉有些拥挤，应适当放宽。

6.3.3 实例 3 传统教学楼——西安建筑科技大学东楼 K 值调研

传统教学楼在校园中一般为独立分散式布局，建筑体量较小，形态单一，内部空间简单紧凑，流线清晰，与整体化教学楼群形成对比。不同的建筑形态以及空间组织方式，均会对 K 值产生影响。将两者进行比较研究，将会为整体化教学楼群的 K 值优化提供帮助。

1. 概况

西建大东楼建成于 20 世纪 50 年代该校建校初期，是典型的传统式教学楼。该教学楼位于校园入口广场东侧，与教学主楼、西楼共同组成中轴对称的校园格局，是典型的"苏联模式"布局（图 6-7）。

东楼为建筑学院教学楼，建筑主体为"L"形，建校初期为 3 层坡屋顶形式，1994 年进行过第一次改造，在顶部加建了一层。2005 年进行第二次改造，包括对内部空间进行改造，局部打

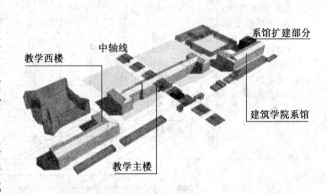

图 6-7 东楼及其周边环境

开作为开放空间，以及加建的报告厅、合班教室、展厅等。现在其内部功能主要有办公室、专业教室、资料室、报告厅、展厅等用房（表 6-20）。

表 6-20 东楼两次改造内容

时间	1994 年改造	2005 年改造
图示		
改造内容	1—3 层原有部分不变，加建第 4 层，包括报告厅、展厅、资料室	东北部加建报告厅、合班教室、实验室等。对 1—4 层原有空间进行改造、调整

2. 教学楼 K 值调研

（1）东楼第一次改造 K 值计算分析

东楼第一次改造是在原老楼基础上加建一层，对老楼的空间格局没有改动。其交通组织方式为中内廊，各用房布局紧凑，交通空间与使用空间划分明确，没有面积浪费，因此其总体 K 值很高，高达 82%。1—3 层由于各层的空间组织方式一致，空间形式单一，其各层 K 值基本一致，K 值为 84%～85%。仅四层因设有大空间用房，交通格局有所变化，其 K 值较 1—3 层有所变化，下降为 73%（表 6-21）。从其总计 K 值为 82% 这一结果来看，加建层虽对 K 只有影响，但影响力不大。

表 6-21　　　　　　　　　　　　　东楼第一次改造 K 值计算

图示		
	1 层平面	2 层平面
K 值	85%	84%
空间特点	中内廊	中内廊
图示		
	3 层平面	4 层平面
K 值	84%	73%
空间特点	中内廊	中内廊、交通厅
东楼 K 值总计		82%

（2）东楼第 2 次改造 K 值计算分析

东楼第 2 次改造除在其东南部加建体块外，并对其内部空间调整和重新划分，分别在 2 层、3 层、4 层中形成小、中、大不同等级的开放空间，使其更适应于现代教育理念。在 2 层，设置了 4 个开放的交流空间——自由空间（free box），将展厅、自习交流空间、咖啡厅形成一个开放的大空间，形成一个具有浓郁建筑氛围的建筑广场（图 6-8）。

空间格局的变化、空间的开放打开，非功能性空间的增多，这些都会对 K 值产生影响。从表 6-22 中可以看出，随着各层开放空间设置的不同，K 值产生明显变化。1 层与 3 层，是单纯的中内廊空间，没有非功能性空间，其 K 值基本一样，为 75% 与 76%。2 层因设有门厅及 4 个开放的学习交流空间，K 值有所下降为 66%。4 层因整层设有开放的大空间，形成多义空间，因此 K 值迅速下降为 28%，但空间灵活、学习氛围浓厚，使用率很高，深受师生喜爱。

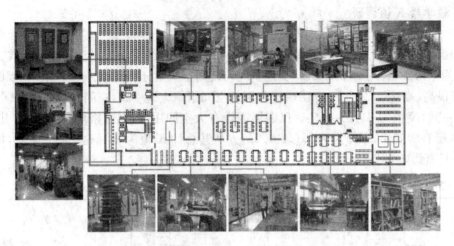

图 6-8　改造后东楼 4 楼平面图及内景

表 6-22　　　　　　　　　　　　　东楼第 2 次改造 K 值计算

图示	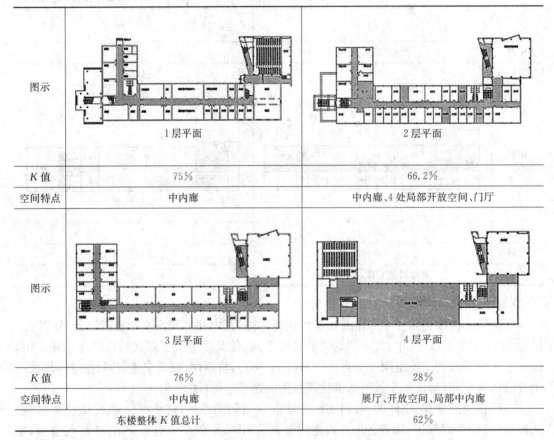	
	1 层平面	2 层平面
K 值	75%	66.2%
空间特点	中内廊	中内廊、4 处局部开放空间、门厅
图示		
	3 层平面	4 层平面
K 值	76%	28%
空间特点	中内廊	展厅、开放空间、局部中内廊
东楼整体 K 值总计		62%

（3）东楼两次改造 K 值对比分析

东楼的两次改造重点各有不同，对 K 值产生不同的影响。两次改造后东楼的 K 值如图 6-9 所示。改造后东楼内部各类空间所占的比例差异，也直接影响 K 值的高低，如图 6-10 所示。

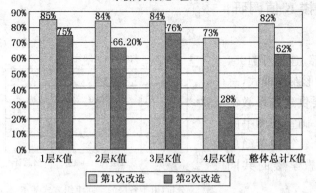

图 6-9　东楼两次改造 K 值比较数据

分析:第 1 次改造对内部空间模式没有改变,仅为顶层加建。各层基本一致的中内廊交通模式,使得 K 值很高,分布在 85%～73%之间。与之相比,第 2 次改造除加建体块外,对 2 层、4 层的内部空间进行改造,局部空间打开形成交流空间,增加了空间的流动性和丰富性,但同时 K 值明显降低,其中 4 层 K 值仅为 28%

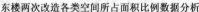

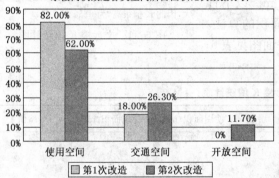

分析:使用空间所占面积比率越高,开放空间和交通空间面积越少,其 K 值就越高。第 2 次改造后,开放空间占到 11.7%,而第 1 次改的开放空间为 0,因此第 1 次改造后的 K 值高达 82%,而第 2 次为 62%,降低 20%

图 6-10　东楼两次改造 K 值比较数据

4. 调研总结

该校教学东楼是典型的传统式教学楼,其内部交通组织方式主要为中内廊。通过顶部加建 1 层的第 1 次改造,以及局部空间改造和扩建的第 2 次改造,其 K 值有所不同,可以总结出以下结论。

(1) 东楼第 1 次改造后的 K 值为 82%,为"92 指标"中规定的"$K=65\%$"一值的 1.26 倍,K 值很高。第 2 次改造后的 K 值为 62%,为"92 指标"中规定的"$K=65\%$"一值的 95%,K 值适中。

(2) 第 1 次改造,由于各层基本空间没有变化,各层 K 值变化不大。第 2 次改造,由于 2、4 层增加了开放空间,因此该 2 层 K 值较低。

(3) 第 1 次改造,教学楼完全采用中内廊模式,可节约交通面积,用房布局紧凑,K 值很高,但空间单一、封闭,不利于交流。第 2 次改造,将中内廊上部分用房打开,形成开放空间,供师生交流学习。虽使 K 值有所降低,但空间灵活、丰富、有利于交流。

(4) 如第 2 次改造,将四楼大空间融合展厅、自习、交流等功能于一个开放空间,虽使 K 值有所降低,但可提高空间的使用率,增强学习氛围,利于教学和交流。

(5) 不应单纯追求 K 值的高值,而应结合空间效果、空间品质而综合评价。

6.3.4 实例4——同济大学文远楼 K 值调研

1. 概况

文远楼位于同济大学校园东北部,建造于 1954 年,为 3 层框架结构建筑,平面采用"L"形布局模式,总建筑面积约 4900 m²。文远楼最初主要供建筑系教学使用,其内部设有专业教室、阶梯教室、画室和图书阅览室等,现作为该校的公共教室。整个建筑内容简单紧凑,流线清晰明畅,具有这一时期教学楼的共同特点。

2. K 值计算分析

该教学楼建筑平面紧凑、空间变化不大、流线简洁,没有空间浪费,其内走廊宽度为 2.2 m。以下计算中采用"92 指标"中将厕所计入使用面积的算法。该教学楼的各层 K 值、总体 K 值、各层平面图见表 6-23 和图 6-11 所示。

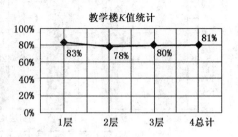

分析:由于各层的空间组织方式基本相同,该教学楼 K 值随楼层变化不大,基本为 80% 上下浮动。教学楼为中内廊,且走廊不宽,布局紧凑,仅在楼梯间处交通空间放大,因此 K 值很高,为 81%

图 6-11 文远楼 K 值统计图

表 6-23 文远楼 K 值统计表

平面示意图	层数	使用面积/m²	建筑面积/m²	K 值
	一层	1835	2226	83%
		空间特点:中内廊、单廊		
	二层	1375	1766	78%
		空间特点:中内廊、单廊、门厅通高		
	三层	725	908	80%
		空间特点:中内廊、单廊		
总　计		3935	4900	81%

3. 调研总结

文远楼是典型的传统式教学楼,过去作为系馆,现今作为公共教学楼来使用。其内部空间形式主要为中内廊、局部单廊、门厅通高。通过逐层分析其 K 值,可以总结出以下结论。

(1) 该教学楼 K 值为 81%,为"92 指标"中规定的"$K=65\%$"一值的 1.25 倍,K 值很高,空间利用率很高。

(2) 该教学楼各层 K 值,基本不随着楼层的变化而变化。由于各层的空间组织方式一样,因此 K 值接近,分布在 78%~83% 之间。

(3) 建筑单体体量较小,交通空间紧凑,仅在楼梯位置处空间放大。同时中内廊和局部外廊的空间形式也使得交通面积压缩到最小,因此 K 值高达 81%。

(4) 空间形式单一、明确,走廊不宽不长,非功能性空间很少,这些都为提高 K 值发挥了作用。

6.3.5 调研小结

通过以上对两种类型教学楼 K 值的调研可以看出,整体式教学的 K 值比较小,如浙江大学紫金港校区东教学组团西教学楼群的 K 值为 42.5%,沈建大教学楼 K 值为 59.3%。传统式教学楼的 K 值相对较大,一般都在 70% 以上,甚至达到 80% 以上。整体化教学楼群的 K 值与传统式教学楼的 K 值相差很大,高达 20% 左右。引起这种差异的原因主要是:两者交通组织方式的不同,以及非功能性空间设置的不同。

在整体化教学楼群中,为了创造出适应现代高等教育理念的教学空间与交往空间,常常运用中庭、连廊、交流空间、展厅、休息平台、底层架空等设计手法。无形当中增加了非功能空间,降低了 K 值。在问卷调研中可以看出,以牺牲部分 K 值而设计了大量的非功能性空间,在实际使用当中也并非完全受到好评,部分空间使用效率不高而造成浪费。因此整体化教学楼群的 K 值应有一个适宜的范围,以保证设计的各个方面都能兼顾,不会有所偏颇。

6.4 基于理论模型的整体化教学楼群 K 值量化研究

6.4.1 研究方法概述

影响整体化教学楼群 K 值的因素较多,在研究中若考虑太多的变量,则会导致研究对象过于复杂,不利于对主要变量的研究以及基础数值的确定。研究的过程应当是由简入繁,先将复杂的研究对象进行简化,得到一定的结论后,进而再考虑各种复杂变量因素,一步步的把研究推入深层次的领域。

整体化教学楼群 K 值理论模型的简化,首先必须考虑哪些因素需保留,哪些因素可以暂时不予考虑。K 值的直接影响因素直接关系到 K 值的计算,是主要矛盾,需要保留。而其间接影响因素,只是从侧面间接影响,则可忽略。同时在这些必须考虑的保留因素中,还应区分哪些是相对固定的因素,哪些是主要的变量。这样才可使理论模型重点突出、简单明确、便于研究。

1. K 值理论模型研究要素组成

整体化教学楼群 K 值的直接因素,包括了交通组织方式、非功能性空间、建筑形态、功能性空间四个方面。其中功能性空间因有"92 指标"可循,各不同类型、规模的高校均有指标可依,因此可以将其视为定量考虑。整体化教学楼群的建筑整体形态和交通组织方式这两个因素,会因组合模式的不同而不同,变化幅度有限,因此可以分门别类地作为次要定量进行研究。非功能性空间最具有变化性,弹性较大,在任何模式下其大小均没有明确的限定,因此是研究 K 值的主要变量部分。定量、次要变量、主要变量共同作用于 K 值,调节 K 值的高低。K 值理论模型的研究要素如图 6-12 所示。

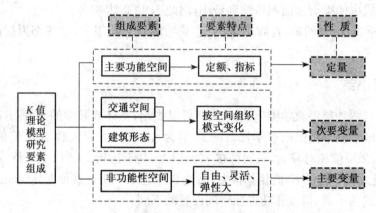

图 6-12 K 值理论模型研究要素组成及性质

2. 研究框架

整体化教学楼群的外在表现为各个教学单元通过不同的连接方式组合在一起的教学楼群体。无论是建筑单元的组成方式,还是建筑单元的连接方式,其模式都不是唯一和固定的,而是有多种模式,因此对其 K 值的研究,应分类别进行研究。同时整体化教学楼群是由各个建筑单元连接组合而成,因此对 K 值的研究可采用从单元到整体的研究方式。

从单元到整体进行研究,以及按组成模式研究,是对 K 值进行理论模型研究的两个主要的研究方式。在研究过程中,先对整体式教学楼的局部即建筑单元进行 K 值研究,再对整体形态的教学楼进行 K 值研究,同时通过对局部和整体进行分类,来细化研究内容。具体研究框架见图 6-13 所示。

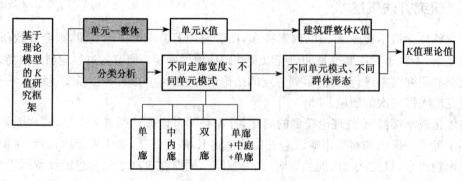

图 6-13 基于理论模型的 K 值研究框架

3. 理论模型设定

确定了整体化教学楼群 K 值理论模型的研究组成要素和研究方式,进而需要对 K 值计算的理论模型参数进行定量,以便研究得出量化结论。一般来讲,教学楼设计中常用的柱网尺寸为 $7.2 \sim 9$ m,考虑到建筑设缝长度、疏散距离等单栋教学楼长度一般在 70 m 以内,各教学单元间的连廊一般为 $4 \sim 6$ m,走廊宽度一般为 3 m,楼层多为 $3-5$ 层。依据相关规范和常用数据,对模型基本参数进行如下设定,见表 6-24。

表 6-24　　　　　　　　　　K 值计算的理论模型参数

项　目	设定数值	图　　　示/mm
建筑单元的长度	60 m	
教室柱网	8 m×8 m	
连廊宽	3 m 等	
教学楼层数	4 层	

以该单廊模型为基本模型,中廊、双廊等类型均在此模型基础上进行变化。模型中廊宽 D,根据研究方法而定,取常用数值或相关规范中规定的数值。在计算 K 值时,采用"92 指标"中规定的将卫生间计入使用面积的算法。以下计算中,所指廊宽均指净宽。

虽然整体化教学楼群的形态、尺寸各异,但通过确定基本参数,可以简化研究,并得到不同建筑形态下的整体式教学楼理论模型 K 值的最大值,同时可对各种不同建筑形态的整体式教学楼 K 值进行比较。将 K 值最大理论值与目前已建整体式教学楼 K 值的进行比较,从而对整体式教学楼的优化设计提供一定的参考依据。

6.4.2　最小廊宽下的教学单元模型 K 值量化值研究

整体化教学楼群是由教学单元通过各种组合方式叠加而成的,因此应先研究各单元的 K 值,进而再研究教学楼群的 K 值。同时,通过对各模式教学单元 K 值的量化研究,也有助于在教学楼设计时,选择适宜的单元模式。常用的单元模式有:单外廊、中内廊、双廊、单廊加中庭 4 种模式,以下将分别对其进行研究。

1. 四类单元模型最小廊宽的确定

由于目前高校没有相应的建筑设计规范,因此参照《城市普通中小学校舍建设标准》的相关规定。该建设标准中规定:教学楼外廊净宽度不应小于 2.1 m,中内廊净宽不应小于 3.0 m[①]。依此规定,整体化教学楼群的四种单元模式的最小走廊净宽值见表 6-8。四类教学单元设定其层数为四层,其中一层设有门厅,占一个柱网,2—4 层平面一样。各单元的 K 值如表 6-25 所示。

表 6-25　　　　　　　　　　四类单元模式最小走廊尺寸值

单元模式	走廊最小	备　　注
1. 单廊	2.1 m	参照《城市普通中小学校舍建设标准》中对走廊宽度的规定
2. 中内廊	3.0 m	

---

① 中华人民共和国教育部. 城市普通中小学校舍建设标准[M]. 北京:高等教育出版社,2002:21.

单元模式	走廊最小	备注
3. 双廊	2.1 m，2.1 m	在"单廊＋中庭＋单廊"模式中，中庭的宽度取单廊净宽的 2 倍，
4. 单廊＋中庭＋单廊	2.1 m＋4.2 m＋2.1 m	即4.2 m

2. 4 类单元模型最小廊宽下的 K 值计算

在规定的最小廊宽的条件下，四类单元模型的 K 值排序及分析见表 6-26、图 6-14。

表 6-26　　　　　　　　　根据模型四类单元模式最小走廊尺寸下的 K 值

单元模式	图　　示	廊宽净值	1层 K 值	2—4层 K 值	总计 K 值
单廊		2.1 m	58%	68.6%	66%
中内廊		3.0 m	68%	73%	72%
双廊		2.1 m，2.1 m	48%	57%	55%
单廊＋中庭＋单廊	通高中庭	2.1 m＋4.2 m＋2.1 m	53%	67%	63%

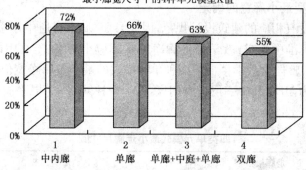

分析：① 中内廊由于交通面积最紧凑，其 K 值最高，比"92 指标"中的 K 值为 65% 高出了 7%。

② 单廊模式与中庭模式 K 值居中，基本符合"92 指标"。中庭模式除底层中庭占有一定面积外，其余各层与单廊模式相同，因此仅略低于单廊的 K 值。

③ 双廊由于占有双倍的交通面积，因此 K 值最低，比"92 指标"低了 10%。

图 6-14　最小廊宽尺寸下的四类单元模型 K 值排序

3. 四类单元模型最小廊宽下的 K 值小结

通过以上在最小廊宽条件下,对各单元模型 K 值得分析,可以得出以下结论。

(1) 4 类单元模型的 K 值从高到低依次是:中内廊＞单廊＞"92 指标"K 值(65%)＞单廊＋中庭＋单廊＞双廊。

(2) 中内廊 K 值最高为 72%,是"92 指标"K 值的 1.1 倍。中内廊最为经济、节约,是传统教学楼最常用的模式,但其空间单调、封闭、缺少变化、走廊较黑、拥挤,不利于交流。

(3) 单廊模式与单廊＋中庭＋单廊模式 K 值接近,分别为 66% 和 63%,基本符合"92 指标"。单廊在传统教学楼与整体化教学楼群中都很常用,较为经济、走廊明亮、便于疏散。单廊＋中庭＋单廊模式在整体化教学楼群中使用较多,它具备单廊的优点,同时空间更加灵活丰富,中庭形成多义空间便于交流,其 K 值并未明显降低。

(4) 双廊模式 K 值最低,在同等规模教室下,其经济性最差。若增加教室面积,将教室设为阶梯教室,则其 K 值可提高。

6.4.3 不同廊宽下的教学单元模型 K 值量化值研究

1. 计算条件

随着近年来教学楼设计理念的不断更新,走廊空间被赋予了新的含义。随着廊宽的加大,除了单纯的交通功能外,还是师生交流、交往、停留、休息、展示等的场所。在我国已建成的整体化教学楼群中,各类廊空间的宽度基本均大于《城市普通中小学校舍建设标准》中走廊宽度的最小尺寸,并呈现出宽度增加的趋势。廊宽的增加对 K 值会产生直接的影响,因此现实中整体化教学楼群的 K 值会小于表 6-26 中的 K 值。

以下将对四种单元模式的模型,在不同廊宽下的 K 值进行分析研究。廊宽的取值采用在设计中的常用尺寸。为了便于研究不同廊宽下的 K 值,以下均以标准层平面为准进行计算。其中"单廊＋中庭＋单廊"模式除外,分底层和标准层计算 K 值后,再按总体 K 值进行统计,中庭宽度按一条单廊宽度的 2 倍计算。双廊模式在计算时采用一条廊宽不变,按最小值 2.1 m 计算,另一条廊宽则按不同宽度计算。

2. 各单元模式不同廊宽 K 值分析

各模型在不同廊宽下的 K 值如图 6-15—图 6-18 所示。

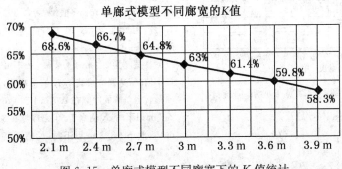

图 6-15　单廊式模型不同廊宽下的 K 值统计

分析:随着廊宽从最小值按 0.3 m 的模数增加,外廊式模型 K 值呈斜直线下降。廊宽每增加 0.3 m,K 值减少 1.9%～1.5%,走廊越宽,K 值下降的幅度就越小。

在走廊为 2.1 m 的最小值时,达到该模式的 K 值最高值,为 68.6%。当单廊的净宽在 3.6 m 以下时,K 值高于 60%;净宽在 2.7 m 以下时,K 值可高于 65%。

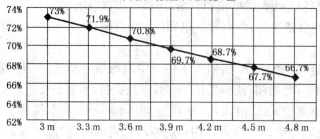

图 6-16 中内廊式模型不同廊宽下的 K 值统计

分析：随着廊宽从最小值按 0.3 m 的模数增加，外廊式模型 K 值呈斜直线下降。廊宽每增加 0.3 m，K 值减少 1.1%～1.0%，走廊越宽，K 值下降的幅度就略微减小。

由于紧凑的交通空间，该模式 K 值很高。在走廊为 3 m 的最小值时，达到该模式的 K 值最高值，为 73%。当内廊的净宽在 3.6 m 以下时，K 值高于 70%；净宽在 4.8 m 以下时，K 值可高于 65%。

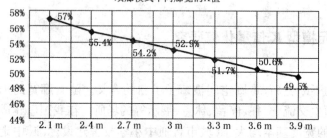

图 6-17 双廊式模型不同廊宽下的 K 值统计

分析：随着廊宽从最小值按 0.3 m 的模数增加，外廊式模型 K 值呈斜直线下降。廊宽每增加 0.3 m，K 值减少 1.6%～1.1%，走廊越宽，K 值下降的幅度就越小。

由于双条交通空间，使得该模式 K 值较低。在走廊为 2.1 m 的最小值时，达到该模式的 K 值最高值，为 57%。当双廊的净宽在 2.4 m+2.1 m 以下时，K 值高于 55%；净宽在 3.6 m+2.1 m 以下时，K 值可高于 50%。

分析：由于中庭交往空间的存在，其 K 值明显低于标准层。随着单廊宽度增加 0.3 m，中庭宽度增加 0.6 m，一层 K 值比标准层 K 值下降 10.2%～11.9%，且随着宽度的增加，K 值下降的幅度也增加。

就该模式的总计 K 值而言，随着廊宽从最小值按单廊 0.3 m、中庭 0.6 m 的模数增加，其 K 值呈斜直线下降。廊宽每增加 0.3 m/0.6 m，K 值减少 2.3%～1.6%，走廊越宽，K 值下降的幅度就越小。

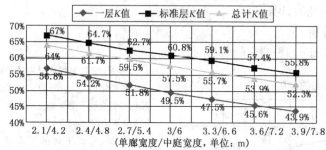

图 6-18 单廊＋中庭＋单廊模型不同廊宽下的 K 值统计

在宽度为 2.1 m+4.2 m+2.1 m 的最小值时，达到该模式的 K 值最高值，为 64%。当单廊的净宽在 2.7 m+5.4 m+2.7 m 以下时，K 值高于 60%；净宽在 3.3 m+6.6 m+3.3 m 以下时，K 值可高于 55%。

3. 不同廊宽下的教学单元模型 K 值小结

通过以上对 4 种典型教学单元模型在不同廊宽下的 K 值分析，可以得出以下结论。

（1）4 类单元模型的 K 值都随着廊宽的增加，成斜向直线下降趋势。除"单廊＋中庭＋

单廊"式外,其余 3 种模型均随廊宽的增加,K 值下降幅度略减缓(图 6-19)。

(2)4 类单元模型的 K 值在不同廊宽下,以最小值为起点依次增加 0.3 m 宽,共 6 次,其 K 值排序均为:中内廊式>单廊式>单廊+中庭+单廊>双廊式(图 6-20)。

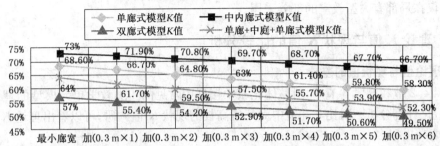

图 6-19　4 类单元模式模型不同廊宽下的 K 值统计(以最小宽度为基准,依次增加廊宽 0.3 m,共 6 次)

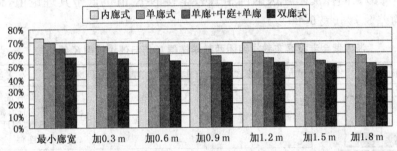

图 6-20　4 类单元模式模型不同廊宽下的 K 值统计柱状图(以最小宽度为基准,
依次增加廊宽 0.3 m,共 6 次)

(3)4 类单元模型的 K 值在不同廊宽下,其分布范围也不同,具体如表 6-27 所示。

表 6-27　　　　　　　　　4 类单元模型不同廊宽下 K 值分布范围

教学单元模式	不同 K 值范围下的廊宽					
	高于"92 指标"K 值(65%)			低于"92 指标"		
	$K \geqslant 70\%$	$65\% \leqslant K < 70\%$	$60\% \leqslant K < 65\%$	$55\% \leqslant K < 60\%$	$50\% \leqslant K < 55\%$	$K < 50\%$
中内廊/m	$D \leqslant 3.6$	$3.9 < D \leqslant 4.5$				
单廊/m			$D < 2.7$ m	$2.7 < D \leqslant 3.6$	$3.6 < D \leqslant 4.5$	
单廊+中庭+单廊/m				$2.1 \leqslant D \leqslant 2.7$	$2.7 < D \leqslant 3.3$	$3.3 < D \leqslant 4.2$
双廊/m				$2.1 \leqslant D \leqslant 2.4$	$2.4 < D \leqslant 3.6$	$3.9 < D$

(4)从表中可以看出,中内廊式模型的 K 值很高,在一般常用尺寸下,均能满足并高于"92 指标"K 值(65%)的要求。因此,为改善中内廊的单调、封闭、采光不佳的空间效果,可将内廊局部打开,形成开放的交流空间。这样虽 K 值只略有降低,但空间质量得以提高。

(5)单廊模式在一般常用尺寸下(2.7~3.6 m),K 值介于 55%~65%。因其 K 值适中,空间开敞、明亮,因此该模式在整体化教学楼群中应用最广。

（6）单廊＋中庭＋单廊模式一般常用尺寸下（2.7～4.2 m），K 值介于 50%～60%。近年来，虽该模式 K 值略有降低，但空间层次丰富、利于交流，因此在整体化教学楼群中被越来越多的得以运用。

（7）双廊模式 K 值普遍较低，一般在 55% 以下。该模式在整体化教学楼群中运用不多，一般仅在局部有大型教室的部分采用。

6.4.4　理论 K 值与现状 K 值的比较分析

1. 理论值与现状值的差异

在 6.4.2 节和 6.4.3 节中，对整体化教学楼群中常见的 4 类教学单元模型的理论 K 值进行了量化计算分析。对比 6.3 节中对几所高校的现状 K 值调研，可以看出理论 K 值比现状 K 值要高出很多。

以所调研的浙江大学紫金港校区东教学组团西教学楼群为例，就可以清楚地看出在同样交通模式和相同廊宽下，理论 K 值较实际 K 值要高出很多，平均高出 20%，最高可高出 33.8%（表 6-28）。同样沈阳建大的网格式教学楼的 K 值也低于其理论值，最多可相差 13.7%，平均差 8.7%（表 6-29）。

表 6-28　　　浙大紫金港校区东教学组团西教学楼群 K 值与理论模型 K 值比较

图示	单元	交通模式	廊宽	实际 K 值	理论 K 值	差值	差别原因
	A	中内廊	3 m	41.8%	73%	31.2%	设有底层架空、10 m 宽交往长廊、休息厅、休息廊、门厅面积大、单元间连廊
	B	单外廊	3 m	44%	63%	19%	设有 10 m 宽交往长廊、开敞休息厅、休息廊、门厅面积大
	C	单外廊	3 m	52%	63%	11%	设有 10 m 宽交往长廊、开敞休息厅、休息廊、门厅面积大、单元间连廊
	E	中内廊	3 m	39.2%	73%	33.8%	设有 10 m 宽交往长廊、开敞休息厅、休息廊、门厅面积大、单元间连廊、局部双廊
		单外廊	3 m		63%	23.8%	
		双廊	3 m或3～7 m		42%	2.8%	

表 6-29　　　沈阳建筑大学教学楼群 K 值与理论模型 K 值比较

交通模式	廊宽/m	实际 K 值	理论 K 值	差值	差别原因
中内廊	3	59.3%	73%	13.7%	设有底层架空、8 m 宽长廊、单元间连廊、局部通高
单廊	3		63%	3.7%	

从表中可以看出教学楼单元的理论 K 值与实际 K 值之间的差距较大，以以上两例来看平均相差 14%。造成两者差别的主要原因为，在实际中运用了底层架空、通高门厅、走廊

局部打开、设置休息厅、交流空间、设置较宽的连廊等设计手法来丰富空间。以沈建大为例，若 1—2 层不计入 8 m 宽长廊的面积则该层 K 值能提高 5%～10%。

2. 存在差异的原因分析

整体化教学楼群的实际 K 值与其理论 K 值相距较大，究其原因主要是有以下几方面原因。

（1）理论 K 值是在假设模型中，将非功能性空间压缩到最小，除教室等使用空间外，就是必要的交通空间。因此理论 K 值，应为同种单元模式，同等廊宽下的最大 K 值。

（2）计算理论 K 值的模型是以分别以 4 种常用的教学单元模式为模型来计算的。在现实的整体化教学楼群中，各教学单元间都设有连廊相接。连廊等起交通联结作用的线性空间的大量使用会使 K 值降低，此部分在单元模型 K 值计算时没有计入。

（3）整体化教学楼群的设计很注重教室以外内部空间设计。往往在其内部灵活设置交流交往空间、展示空间、休息空间等。此类非功能性空间的增加，使得其 K 值降低。

（4）在整体化教学楼群中往往包含有多种类型的教学单元，并非单一的某一类型。多种单元模式组织到一起，其 K 值有高有低，教学楼群总体 K 值可能会有所降低。

综上所述可知，理论 K 值是基于假设模型得到的最大值。为创造良好的内部空间品质，满足学生多元化需求，在整体化教学楼群中增加多义空间，实际 K 值会低于理论 K 值。因此合理设计非功能性空间以及交通空间的大小是得到合理 K 值的关键。

6.5 整体化教学楼群 K 值控制

通过以上对整体化教学楼群 K 值的调研分析，和对理论模型的 K 值的计算分析，可以看出 K 值的高低其实是一把双刃剑，具有两面性。K 值过高，虽经济性好，但难免空间单调、封闭、不利于交流，无法满足师生的多重需求。相反 K 值过低，则经济性差，效率低，但往往内部空间丰富、开敞、舒适、利于交流。

因此，单纯地追求 K 值的高低都有其问题，需要综合全面地看待 K 值，过高或过低都不应是设计的最终目标。针对当前整体化教学楼群 K 值普遍偏低，和传统教学楼 K 值的普遍偏高，则需要对教学楼 K 值进行优化研究，尤其要对其直接影响因素进行优化策略研究。

6.5.1 廊空间尺度与单元 K 值控制

教学楼中的各类走廊空间的尺度大小是影响 K 值高低的重要因素，廊空间的尺度优化对教学楼的 K 值优化起着至关重要的作用。走廊越窄，交通空间面积越少，K 值就越高，经济性就越好，但过窄的走廊会感觉拥挤，空间单调不利于交流。走廊越宽，交通空间面积越多，K 值就越低，经济性就越差，但较宽的走廊不会感觉拥挤，并且利于交流，也便于空间变化处理。因此廊空间过宽或过窄都有问题，而应有适宜的 K 值控制区间。

结合 6.4 节中的现状调研和 6.5 节中各类教学单元模型 K 值的计算，将廊空间按照教学单元内和教学单元间两种类型进行研究。

1. 四类教学单元中的廊空间尺度与 K 值

根据本书第 6.5 小节中对四种模型各类廊宽下 K 值的计算与比较，以及本书第 6.4 小节中实际调研对多种廊宽下使用者的感受和评价，可以总结出各模式适宜的廊宽范围，和该廊宽下的模型 K 值（表 6-30）。在本书第 6.4.4 小节中，可以看出实际当中由于具体设计手法的不同，单元模型 K 值和单元实际 K 值之间存在一定差别。以沈建大为例，二者差值在 $5\% \sim 10\%$。为便于研究单元实际 K 值在理论 K 值的基础上减少 5%。

表 6-30 　　　　　　　　　四类教学单元廊空间适宜尺度优化①

单元模式	适宜廊宽范围	理论 K 值范围	单元 K 值适宜范围	备 注
中内廊式	$3.3 \sim 4.5$ m	$72\% \sim 69\%$	$67\% \sim 64\%$	考虑到各单元实际中会采用多样化的设计手法，如局部打开、局部拓宽、连廊等实际情况，实际 K 值在理论 K 值的基础上减少 5%
单廊式	$2.4 \sim 3.3$ m	$67\% \sim 61\%$	$62\% \sim 56\%$	
单廊+中庭+单廊式	从 2.4 m$+4.8$ m$+2.4$ m 到 3.3 m$+6.6$ m$+3.3$ m	$62\% \sim 56\%$	$57\% \sim 51\%$	
双廊式	从 2.1 m$+2.4$ m 到 2.1 m$+3.3$ m	$55\% \sim 52\%$	$50\% \sim 47\%$	

2. 教学单元间连廊的尺度与 K 值

整体化教学楼群中连廊会常常出现在单元体之间，起到整体连接的作用。按连廊的位置和起到的作用不同，可分为主连廊和次连廊。主连廊一般是贯穿建筑群整体，起到整体串接的作用。次连廊是位于两个单元之间，仅起到局部连接的作用。主连廊往往长度较长，宽度较宽，因此对 K 值影响较大；次连廊长度较短，宽度适中，对 K 值影响较弱。当然主连廊的宽度与连廊的功能定位也有关系，仅起交通作用时，其宽度可减少，若要同时承担一定的交流功能，则宽度要适当放宽，但也不能过宽，否则 K 值会过低。

主连廊在平面布局上，为便于大多数学生的使用，更好地在建筑单元间起到联通的作用，应与每个教学单元交通节点相接，同时它应当与地面道路系统紧密相连，便于进入连廊提高其使用效率。通过 6.4 节的调研可以看出，大多数学生认为主连廊为 3 层通行较为合理。因此主连廊适宜建成两层，屋顶行人，从而最大的利用资源，节约面积，减少其对 K 值的影响。

对于次连廊，学生认为每层都建便于教学单元间的联系，但目前很多高校的课程安排，都会尽量将同一班学生一天内的课程安排在同一建筑单元内，或相邻的单元内。因此次连廊层数最多可为建筑单元的层数减去一层，这样顶层可以利用屋顶通行，减少交通面积，有利于提高 K 值。

总之，连廊的长度越长、宽度越宽、层数越多，对教学楼群的 K 值影响就越大。根据 6.4 节调研中对多种廊宽下使用者的感受和评价，可以总结出适宜的连廊宽范围（表 6-31）。该表中的数值是连廊适宜的宽度范围，在具体的设计中应结合连廊的具体位置、功能、长度等来决定其宽度。总体来说宽度越宽，连廊就具有更多的交通以外的功能，可起到交流空间的作用。为充分的利用空间，不浪费面积，较宽的连廊应加强内部空间的划分，并提供能够支持人们停留、交往的硬件设施，以提高连廊的利用率。

———————————————

① 注：此表中 K 值，仅保留整数，小数点后四舍五入。

表 6-31 整体化教学楼群中连廊的尺度优化

类型	作用	功能定位	适宜宽度	适宜层数
主连廊	建筑群整体连接	主要为交通空间	3～4.2 m	2层
		交通空间、交流空间	4～8 m，不宜超过 10 m	
次连廊	单元体局部连接	主要为交通空间	3～3.6 m	最多为单元体层数减一层

6.5.2 整体化教学楼群的整体 K 值控制

1. 控制原则

整体化教学楼群是由各教学楼单元,按照一定组合方式形成的教学楼群体建筑。整体化教学楼群中可能会含有多种类型的单元模式,因此整体其 K 值比单一模式的单元 K 值要复杂。即使是同一单元模式组成的整体化教学楼,因为有单元间的连接空间,所以整体 K 值要比单元 K 值要低,同时各单元间的连接方式的不同,其整体 K 值也不同。因此整体 K 值比单元 K 值更具有复杂性、多样性和不确定性,为其量化研究带来一定困难。

就现状来讲,整体化教学楼群的整体 K 值普遍不高,远低于传统教学楼和"92 指标"。整体 K 值的控制应为在保证空间品质的条件下,有效提高 K 值,将空间质量与 K 值兼顾,从而使空间效益和经济效益达到双赢。

2. 参考 K 值范围

根据 6.4.4 节中对单元理论 K 值与实际整体 K 值的比较研究可以看出,教学楼群的整体 K 值比单元 K 值要低很多。在 6.4.2 节和 6.4.3 节中所调研的浙江大学和沈阳建筑大学教学楼群为例,实际 K 值与理论 K 值两者平均相差 14%。调研表明 K 值受交通面积变化以及连廊层数的减少的影响,一般随着楼层的升高而增加。

考虑到以上变化因素,所以单一单元模式的整体化教学楼群 K 值的适宜范围可以在适宜廊宽下单元理论 K 值的范围基础上减少 10%左右。多种单元模式的整体化教学楼群 K 值适宜范围,则在单一模式的基础上,考虑到多种模式的综合运用,高低搭配,其 K 值应大于 50%。若为两种或三种模式组合在一起(不含双廊式),则整体 K 值应取该模式中的最低 K 值为其下限,含有双廊模式的则应取 50%为其 K 值下限(表 6-33)。在这里仅规定出 K 值的下限,即通常状况下,整体化教学楼群的 K 值不宜小于该最小值,除非空间有特殊的设计意图。

各种单元模式的整体化教学楼群的 K 值适宜范围见表 6-32 所示。

表 6-32 整体化教学楼群的适宜 K 值范围

教学楼群形态	单元模式	单元理论 K 值适宜范围	单元实际 K 值适宜范围	单一单元模式的整体 K 值适宜范围	多种单元模式的整体 K 值适宜范围
线型、组团型、网格型、巨构型等	中内廊	72%～69%	67%～64%	$K>60\%$	$K>50\%$
	单廊	67%～61%	62%～56%	$K>55\%$	
	单廊＋中庭＋单廊	62%～56%	57%～51%	$K>50\%$	
	双廊	55%～52%	50%～47%	$K>45\%$	
备注	不建议建筑群单一使用双廊式、或单纯的中内廊式				

表 6-33	整体化教学楼群不同单元模式组合的适宜 K 值范围
单元组合模式	适宜 K 值范围
中内廊与单廊	>55%
中内廊与单廊＋中庭＋单廊	>50%
中内廊与双廊	>50%
中内廊、单廊与单廊＋中庭＋单廊	>50%
中内廊、单廊、单廊＋中庭＋单廊与双廊	>50%

6.6 小　结

K 值是衡量建筑设计经济性的重要指标，但往往被设计者所忽略。影响 K 值的主要因素包括：交通组织方式、非功能性空间、建筑形态等。我国当前的整体化教学楼群的 K 值普遍偏低，远低于"92 指标"中 K 值大于 65% 的规定。与传统教学楼相比，两者由于两者交通组织方式的不同以及非功能性空间设置的不同，造成 K 值相差可高达 20% 左右。

在整体化教学楼群中，为了创造出适应现代高等教育理念的教学空间与交往空间，常常运用中庭、连廊、交流空间、展厅、休息平台、底层架空等设计手法。这些设计手段增加了空间的丰富性，但同时也无形当中增加了非功能空间，降低了 K 值。通过问卷调研可以发现，以牺牲部分 K 值而设计了大量的非功能性空间，有些也存在使用效率不高、面积浪费的现象。

因此，整体化教学楼群的 K 值不应过高或过低，而应当有一个适宜的范围，既能使教学楼有高质量的空间品质，又能使其具有一定的经济性。根据理论模型计算，可知常用的 4 类教学单元 K 值由高到低的排序为：中内廊式＞单廊式＞单廊＋中庭＋单廊＞双廊式。整体化教学楼群的 K 值控制，应从廊空间尺度影响下的单元 K 值控制和教学楼群整体 K 值控制两方面入手。

需要说明的是，在这里虽然给出了 K 值的优化区间，但是 K 值的大小并不是设计的唯一标准和目标。其目的是为了帮助设计者控制设计和优化设计，形成空间、造型、经济性、实用性、使用者用后评价等各方面综合质量较高的设计方案。

7 基于使用者行为需求的整体化教学楼群空间设计研究

本章主要研究基于使用者行为需求的整体化教学楼群中，多义空间的行为模式及其设计方法，以及精神需求层面下的空间设计方法。具体研究框架如图7-1所示。

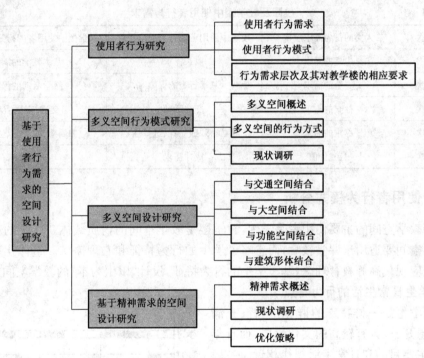

图7-1 第7章内容框架简图

7.1 教学空间中的使用者行为研究

7.1.1 使用者行为需求分析

美国著名的人本主义心理学家马斯洛提出了需求层次递进理论。他在《人的动机理论》一书中将人类需求细致地划分为五种层次：生存需要、安全需要、社交需要、尊重需要、自我实现需要。这五种需求,由低到高呈金字塔形分布(图7-2)。根据马斯洛的人的需要与心理发展的理论,需要的层次越高,就越涉及他人与社会。

相应的在校园环境中和教学楼中,其使用者即学生的行为需求也可根据所处环境的特点分为五个层次(表7-1)。在教学楼中,这五个层次中的第一、第二是基本功能需求,即保证教学楼中教学、自习、管理、科研等基本活动的实现。这要求教学楼设计应达到功能划分合理,交通组织便捷,教室有良好的采光通风等基本要求。第三、四、五是学生较高层次的行为需求,对教学楼设计提出了更高的要求。教学楼不仅要满足功能方面的需求,也要满足使用者心理、情感等多方面的需求。因此在教学楼空间环境设计上,应特别注重交往空间的塑造以及空间归属感的塑造。

个人需求金字塔(马斯洛)

图7-2 人类需求层次

表7-1   校园及教学楼中使用者行为需求

需求层次	人类的行为需求层次	校园中使用者的行为需求层次	教学楼中使用者的行为需求层次
第一层次	生理的需求	成长需求	基本教学的满足
第二层次	安全的需求	基本行为的保障	教学活动的保障
第三层次	社交的需求	交往活动	交流、交往活动
第四层次	尊重的需求	归属感、独立性、选择性	归属感、认同感、选择性
第五层次	自我价值	成才需求	成才需求

7.1.2 使用者行为模式分析

高校教学空间的主要使用者是学生,教学楼是教学空间的物质载体。传统的教学楼仅注重教学空间要适用于课堂教学,而忽略了学生的行为特征和心理需求。整体化教学楼教学群应适应现代高等教育理念,基于学生的行为特征,设计"以生为本"的教学空间。

1. 学生日常生活的行为特点

高校学生是一群特殊的群体,年轻、充满活力、思想开放、具有较高的文化素质,而且年龄相近,主要目的和日常生活规律相近。一般具有固定的线路及固定的时间,行为模式具有很强的规律性,具体有以下特点:

① 规律性:学生日常主要的活动是上课、自习、生活(就餐、睡眠、生活料理等)、运动等,其活动场所主要在教室、图书馆、实验室、宿舍、食堂、运动场、公共活动场地等,且不断往返于其间,具有很强的规律性(图7-3)。

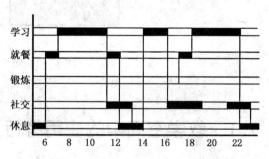

图7-3 学生行为模式的时间分析

② 多样性:大学生除了规律性的学习及生活基本内容之外,还在校内开展多种学术活动、社团活动及文娱体育活动,广泛参与各种社交。

③ 交往性:技术的革新、多学科领域的发展、学习方式的变革也会影响日常的行为活动。因而校园空间环境要考虑促进彼此间相互接近和向心作用力的行为产生,促进相互间的交流、交往。让他们通过交往拓宽知识面、丰富想象力、强化思辨能力,成为智能开发型人才。

④ 集体性与独立性:学生的集体行为活动是主要的,在满足集体活动前提下,还要兼顾个人行为,为单独学习、思考、活动提供空间场所。除了规律性的集体上课之外,自学与独立钻研的比重逐渐增加,并随着年级的提高独立性逐渐增强。

2. 学生在教学楼中的行为模式分析

(1) 学生在教学楼中的行为类型

扬·盖尔在《交往与空间》一书中,将外部公共空间的活动划分为 3 种类型:必要性活动、自发性活动、社会性活动。相应的,学生在教学楼中行为也可简化为以下 3 类,其特点及其与空间环境的关系如表 7-2 所示。

① 必要性活动 必要性活动是在各种条件下都会发生的。例如上课、下课、实验、答疑、交作业等学习活动。它们的特点是计划性很强,因为这些教学活动是必要的,其发生很少受到教学楼物质条件的影响。无论教学楼空间质量的好坏与否,基本教学活动还是会按照计划执行。

② 自发性活动 自发性活动只有在适宜的环境条件下才会发生。它只有在人们有参与的意愿,并且在时间、地点可能的情况下才会产生。教学楼中此类行为包括:自习、交流、谈论、休息、观赏等多种活动。它们的特点是没有计划性,是自发的行为,其发生有赖良好的空间环境和氛围。当教学楼的空间环境具有一定的吸引力时,才会激发出师生更多的自发性行为。

③ 社会性活动 社会性活动指的是在公共空间中有赖于他人参与的各种活动。例如作报告、展示、宣传、社团活动等。这类活动有时是"连锁性"活动,即是由另外两类活动发展而来的。一定的物质条件和空间环境就会间接地促成社会性活动的发生。

表 7-2　　　　　　　　学生在教学楼中的行为类型及其与环境条件的关系

行为类型	特点	行为内容	发生地点	环境条件	
				差	好
必要性活动	计划性很强	上课、下课、实验、答疑、交作业等	教室、实验室等	●	●
自发性活动	计划性弱	自习、交流、谈论、休息、观赏等	教室、走廊、门厅、过厅、楼梯、中庭、平台、阳台、敞厅等	·	●
社会性活动	计划性＋自发性	作报告、展示、宣传、社团活动等	报告厅、展厅、中庭、连廊、平台、敞厅等	●	●

(2) 学生在教学楼中的行为特点

① 时段性 教学楼使用人群的时段性是教学楼的显著特征。学生一天中的大部分时间都会在教学楼中度过,由于学校有固定的上下课以及吃饭的时间,使得学生在教学楼中的行为模式具有很强的时段性。在上课期间活动规律性强,瞬时人流量大而集中,并具有阵发性的规律,从而形成了教学楼在上下课交替的时间段出现学生流的波峰值,同时在其他的时

段出现人流的波谷值(图7-4)。行为的时段性次数会依据上下课的次数以及往返教学楼和宿舍之间的次数来决定。

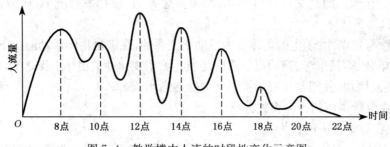

图 7-4　教学楼中人流的时段性变化示意图

② 高密度性　伴随着学生行为的时段性特征,在教学楼中学生在同一时段的行为模式还具有量上的高密度性。要在课间 10 分钟内完成教室的转换,同一方向的瞬时人群密度很高,特别是在规模较大的阶梯教室集中的区域更为明显。教学楼群的水平交通空间和垂直交通空间应考虑到这一特点,同时教学楼的层数也不应过多。

③ 交往性　在教学楼中除了上课、自习等基本学习行为外,还有讨论、交流、展示等更为丰富的交往行为。它利于学生个性的发展、师生间信息的沟通以及综合能力的培养。这种行为可发生在教学楼的任何地方,如楼梯、走廊、门厅、教室入口等。

④ 情感性　情感的产生主要依靠对物质环境整体氛围的感受,是空间环境的整体形象对人的情绪产生的一种情感调动,或者说是人对物质环境的一种文化上的感性直觉,一种对物质环境在精神上的直观感受而引起的心物共振。学生在教学楼中的行为潜移默化地受到周围环境的影响,一个良好的教学楼学习氛围可以正确的诱发和引导学生的行为,反过来学生的行为可以延续这样的空间氛围。因此,学生行为模式的情感性是建立在一种好的学习空间氛围的基础上,这需要教学楼在空间塑造上和设计细节上来形成这样的氛围。

7.1.3　使用者行为需求层次及其对教学楼的相应要求

学生所处的物质环境与其行为之间是双向互动的关系(图 7-5),互相制约、互为影响、互为促进。基于学生行为的整体化教学楼空间设计,就是要以学生为主体,针对学生的行为特点和心理需求,设计出符合现代高等教育理念的教学空间。

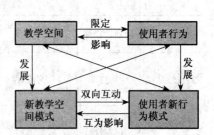

图 7-5　教学空间与使用者
行为的互动关系

结合以上对学生在教学楼中的行为特点分析,以及行为需求层次分析,其对教学楼也就提出了相应的要求(表 7-3)。其中第一、二层次是对教学楼的基本功能性要求,第三、四层次是基于使用者行为及心理的要求,第五层次是对教学楼设计提出的更高的要求,属于精神及文化层面的要求。以下各节内容,将重点研究第三、第四层次对教学楼提出的相关设计内容。

表 7-3　　　　　　　　　使用者行为需求层次及其对教学楼对应的要求

需求层次	教学楼中使用者的行为需求	对教学楼提出的相应要求	具体设计要求	要求属性		对应空间
第一层次	基本教学的满足	功能合理，交通便捷	分区合理、良好的采光通风、流线简洁	基本要求	功能性空间	教室、楼梯等
第二层次	教学活动的保障	良好舒适的环境、先进的教学设备	桌椅设施、多媒体等教学设备完善	基本要求	功能性空间	教室、报告厅等
第三层次	交流、交往活动	设有交往空间	设有休息、谈话、讨论、展示等多功能交往空间	基于使用者行为的要求	多义空间	门厅、过厅、楼梯、中庭、平台、阳台、敞厅、架空层等
第四层次	归属感、认同感	增强空间的归属感、认同感	空间限定、领域划分、文脉传承等			
第五层次	成才需求	文化性，能激发学生的学习欲望	空间的学术氛围、文化性和教育意义	精神及文化层面要求	整体空间氛围	

7.2 整体化教学楼群中的多义空间行为模式研究

7.2.1 多义空间概述

所谓多义空间是相对单一的功能性空间而言的。"多义"是指多种意义，"多义空间"是指超越通常的单一而固定的功能含义的空间，是具有多种功能意义的空间[①]。在设计中采取某些设计手法，可使空间兼容性增强，从而可能容纳多种功能，形成多义空间。

多义空间的多义性主要在于以下两个方面：首先，空间在同一时段可容纳不同的功能，也就是空间能够容纳或是鼓励多种活动的产生；其次，空间在不同的时段可容纳不同的功能，即空间具有适应性，空间的某些特质可随时用要求的变化而变化，从而容纳新的功能。本节中要研究的是多义空间第 1 个方面的内容，第 2 方面的内容将在其他章节中研究。

多义空间具有模糊性、包容性与开放性。它的模糊性与包容性体现了空间复杂性与矛盾性的特征，开放性则体现了人性化色彩，相对于功能空间，多义性非功能空间更具活力和亲和力。多义空间可以提供给人们灵活多样的选择，可以容纳人们的多种行为，并提供满足多种行为活动要求的空间环境。

7.2.2 整体化教学楼群中多义空间的行为方式研究

与传统教学楼内部空间相比，整体化教学楼群内部空间更加灵活丰富，能支持师生除基本教学外的多样化的交往行为，而这些交往行为也大都是在多义空间中完成的（表 7-4）。

---

① 戴志中，李海乐，任智劼. 建筑创作构思解析——动态·复合[M]. 北京：中国计划出版社，2006.

表7-4　　　　　　　　　　两种模式教学楼内部空间组成及行为比较

类型	功能	空间组成	行为内容			发生空间	交往方式
传统教学楼	单一功能	功能空间	单一行为		教学、自习、办公等	功能空间	浅层次交往 被动交往
整体化教学楼群	复合功能	功能空间+多义空间	多种行为	教学行为	教学、自习、办公	功能空间	深层次交往 主动交往 被动交往
				交往行为	讨论、交流、展示、休息、售卖、独处等	多义空间	

　　交往空间是人们相互交流、传递信息和情感的场所。教学楼中的交往空间是教学楼内部能够为师生提供交往以及其他活动的开敞性空间,往往以多义空间的形式出现。交往的涵义应该相应地拓展开来,交往在这里并不仅仅限于人与人之间的交流。在公共空间中,人的交往只是其中的一种元素,独自的休息、徘徊、思考等行为,也是构成公共活动的内容之一。教学楼中多义空间的存在目的就是为了促进交往活动,并为其提供场所。根据在教学楼内师生的活动特点,可以把在多义空间中发生的交往行为概括为以下几类:

　　(1)交流、讨论　信息时代的学习不局限在教室当中,师生间的交流和讨论是一种重要的学习方式,其发生不一定在教室中,而是随时、随地、以多种方式发生在多义空间中。这种行为多为2～4人的规模,适于较深入的交流,或5～9人的小群体规模,适于一般性的合作或交谈,组织性不高,成员关系密切,有一定的稳定性,其发生空间可相对随意。10～15人的小群体行为则组织性较高,一般为讨论会或小组活动等,其发生频率不高,需要一定的空间规模和空间限定。再大一些的规模,则为有组织的集会或社团活动等,一般需要固定的空间,因此往往会借用教室进行。

　　教学楼中多义空间的设计应以10人以下的小群体的行为为主,通过空间的合理设计,激发师生间较深层次的交流。同时空间也应具有多样性和选择性,兼顾到小群体的使用。

　　(2)展示、信息发布　教学楼中的展示一般是为了创造出良好的学术氛围,而进行的学术成果展示、作业展示、艺术品展示等,具有一定的主题。信息发布多是与学校或学术的最新发展动态相关,以及通知公告等内容。

　　此类行为可在教学楼内专设的展厅中进行,但是若在公共空间中发生,则更具有积极意义。因为这里经过的人多,往返的次数也多,展览效果也最好。因此此类空间通常与交通空间复合在一起,形成多义空间。例如可以结合门厅、走廊、连廊、中庭等空间设置。

　　(3)休闲、娱乐　休闲活动是师生课余进行的最基本、最普遍的、最丰富的活动,包括休息、聊天、喝咖啡以及购物(买书、杂志、文具、礼品)等商业服务活动。此类行为多为无计划、无组织,随意性较强,其发生有赖于良好的空间环境。

　　在多义空间的设计中,通过控制空间大小、开放与封闭程度,运用空间限定元素等,创造出轻松、具有亲和力和领域感的空间,可促进此类行为的发生。同时此类空间应具有易达性,因此通常与门厅、走廊、中庭等空间相结合。

　　(4)独处　独处是个人层级行为,是单个人活动,在教学楼群中很常见。包括看书、徘徊、打电话、用电脑、思考、等候等具体活动。因为是单个人的行为,因此空间需要具有领域感、安全感与私密性,以保证人们能够愿意在那里停留。

根据师生在教学楼中的各种行为方式,需要设计师综合考虑多义空间的各种功能,合理安排各构成要素,整合各种空间,为形式多样的交往行为创造良好条件。表7-5所示为各种行为方式及其发生对应的空间,这些构成了多义空间的构成要素。

表7-5　　　　　　　　　　　教学楼多义空间中的行为及其发生的空间

行为方式	规模	发生空间								
		门厅	中庭	走廊	连廊	楼梯	平台	敞厅	开放式房间	展厅
交流、讨论	小群体		√	√	√		√	√	√	√
展示、信息发布	个体、小群体	√	√	√		√		√		√
休闲娱乐	个体、小群体	√	√	√			√	√		
独处	个体		√	√	√	√	√	√		√

7.2.3　学生对多义空间需求及使用状况的调研与分析

1. 调研概况

学生对多义空间需求及使用方式,将直接决定多义空间的设计方法。对部分高校整体化教学楼群中的多义空间使用方式进行了问卷调研,调研概况见表7-6。

表7-6　　　　　　　　　　整体化教学楼群多义空间调研概况统计

学校	调研时间	发出问卷数	收回问卷数	问卷有效率
西安电子科技大学长安校区	2009.4	50	48	96%
西北工业大学长安校区	2009.10	83	83	100%
浙江大学紫金港校区	2008.9	75	73	97.3%
沈阳建筑大学浑南校区	2007.10	60	55	91%

2. 调研结果分析

问卷调研结果及分析如表7-7所示。

表7-7　　　　　　　　　　整体化教学楼群多义空间问卷调研统计

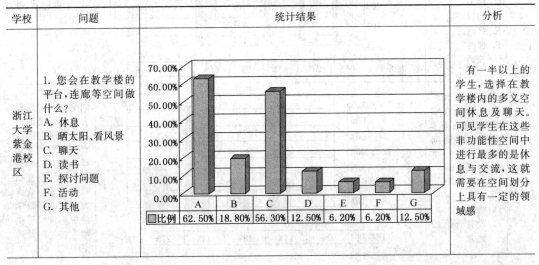

学校	问题	统计结果	分析
浙江大学紫金港校区	1. 您会在教学楼的平台,连廊等空间做什么? A. 休息 B. 晒太阳、看风景 C. 聊天 D. 读书 E. 探讨问题 F. 活动 G. 其他	A 62.50% B 18.80% C 56.30% D 12.50% E 6.20% F 6.20% G 12.50%	有一半以上的学生,选择在教学楼内的多义空间休息及聊天。可见学生在这些非功能性空间中进行最多的是休息与交流,这就需要在空间划分上具有一定的领域感

学校	问题	统计结果	分析
浙江大学紫金港校区	2. 您会在教学楼什么地方进行休闲活动？ A. 教室外的走廊 B. 教学楼间连廊 C. 休息平台 D. 展廊或展厅 E. 楼间花园 F. 底层架空层 G. 屋顶平台 H. 开放空间	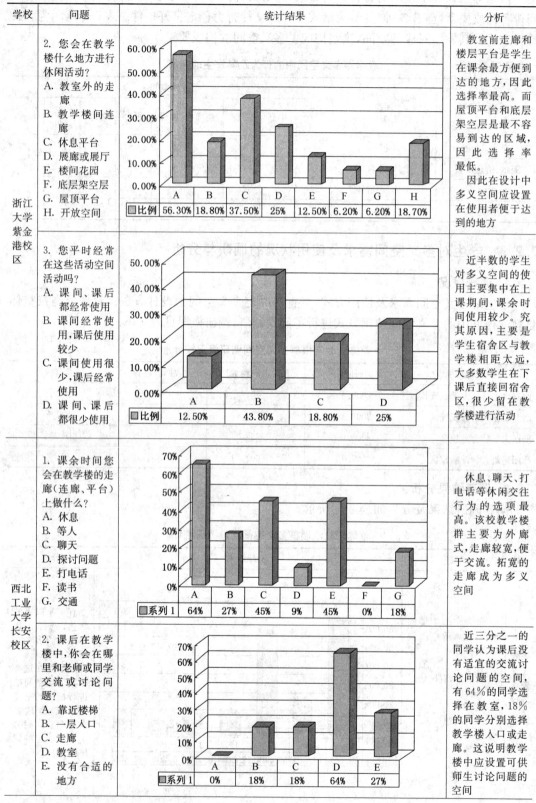	教室前走廊和楼层平台是学生在课余最方便到达的地方，因此选择率最高。而屋顶平台和底层架空层是最不容易到达的区域，因此选择率最低。 因此在设计中多义空间应设置在使用者便于达到的地方
	3. 您平时经常在这些活动空间活动吗？ A. 课间、课后都经常使用 B. 课间经常使用，课后使用较少 C. 课间使用很少，课后经常使用 D. 课间、课后都很少使用		近半数的学生对多义空间的使用主要集中在上课期间，课余时间使用较少。究其原因，主要是学生宿舍区与教学楼相距太远，大多数学生在下课后直接回宿舍区，很少留在教学楼进行活动
西北工业大学长安校区	1. 课余时间您会在教学楼的走廊（连廊、平台）上做什么？ A. 休息 B. 等人 C. 聊天 D. 探讨问题 E. 打电话 F. 读书 G. 交通		休息、聊天、打电话等休闲交往行为的选项最高。该校教学楼群主要为外廊式，走廊较宽，便于交流。拓宽的走廊成为多义空间
	2. 课后在教学楼中，你会在哪里和老师或同学交流或讨论问题？ A. 靠近楼梯 B. 一层入口 C. 走廊 D. 教室 E. 没有合适的地方		近三分之一的同学认为课后没有适宜的交流讨论问题的空间，有64%的同学选择在教室，18%的同学分别选择教学楼入口或走廊。这说明教学楼中应设置可供师生讨论问题的空间

问题2统计结果：A 56.30% B 18.80% C 37.50% D 25% E 12.50% F 6.20% G 6.20% H 18.70%（比例）

问题3统计结果：A 12.50% B 43.80% C 18.80% D 25%（比例）

西北工业大学问题1统计结果（系列1）：A 64% B 27% C 45% D 9% E 45% F 0% G 18%

西北工业大学问题2统计结果（系列1）：A 0% B 18% C 18% D 64% E 27%

学校	问题	统计结果	分析
西北工业大学长安校区	3. 在教学楼中，您希望的附加功能有哪些？ A. 书店 B. 文具店 C. 便利店 D. 打印、复印 E. 电话 F. 快餐店 G. 专用自习室 H. 电脑机房 I. 网线端口	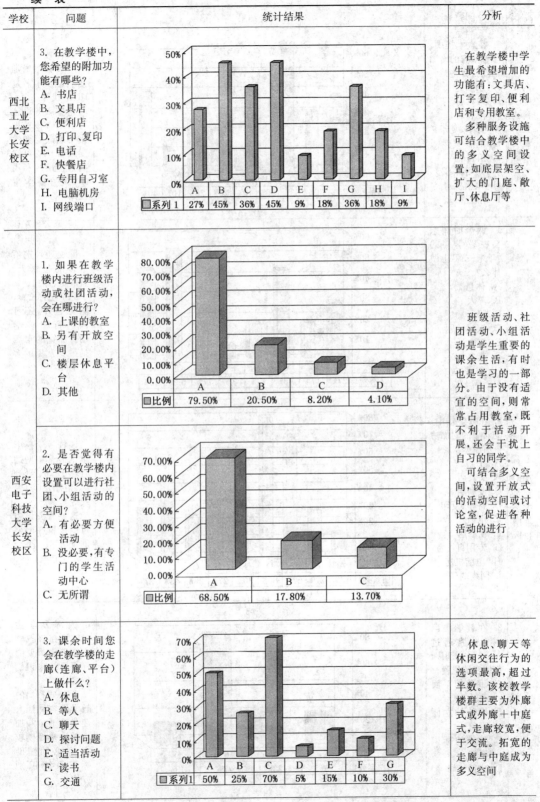	在教学楼中学生最希望增加的功能有：文具店、打字复印、便利店和专用教室。 多种服务设施可结合教学楼中的多义空间设置，如底层架空、扩大的门庭、敞厅、休息厅等
西安电子科技大学长安校区	1. 如果在教学楼内进行班级活动或社团活动，会在哪进行？ A. 上课的教室 B. 另有开放空间 C. 楼层休息平台 D. 其他		班级活动、社团活动、小组活动是学生重要的课余生活，有时也是学习的一部分。由于没有适宜的空间，则常常占用教室，既不利于活动开展，还会干扰上自习的同学。 可结合多义空间，设置开放式的活动空间或讨论室，促进各种活动的进行
	2. 是否觉得有必要在教学楼内设置可以进行社团、小组活动的空间？ A. 有必要方便活动 B. 没必要，有专门的学生活动中心 C. 无所谓		
	3. 课余时间您会在教学楼的走廊（连廊、平台）上做什么？ A. 休息 B. 等人 C. 聊天 D. 探讨问题 E. 适当活动 F. 读书 G. 交通		休息、聊天等休闲交往行为的选项最高，超过半数。该校教学楼群主要为外廊式或外廊＋中庭式，走廊较宽，便于交流。拓宽的走廊与中庭成为多义空间

系列1：A 27%　B 45%　C 36%　D 45%　E 9%　F 18%　G 36%　H 18%　I 9%

比例：A 79.50%　B 20.50%　C 8.20%　D 4.10%

比例：A 68.50%　B 17.80%　C 13.70%

系列1：A 50%　B 25%　C 70%　D 5%　E 15%　F 10%　G 30%

学校	问题	统计结果	分析
西安电子科技大学长安校区	4. 在教学楼中，您希望有的附加功能有哪些？ A. 书店 B. 文具店 C. 便利店 D. 打字、复印 E. 电话 F. 快餐店 G. 专用自习室 H. 电脑机房 I. 网线端口	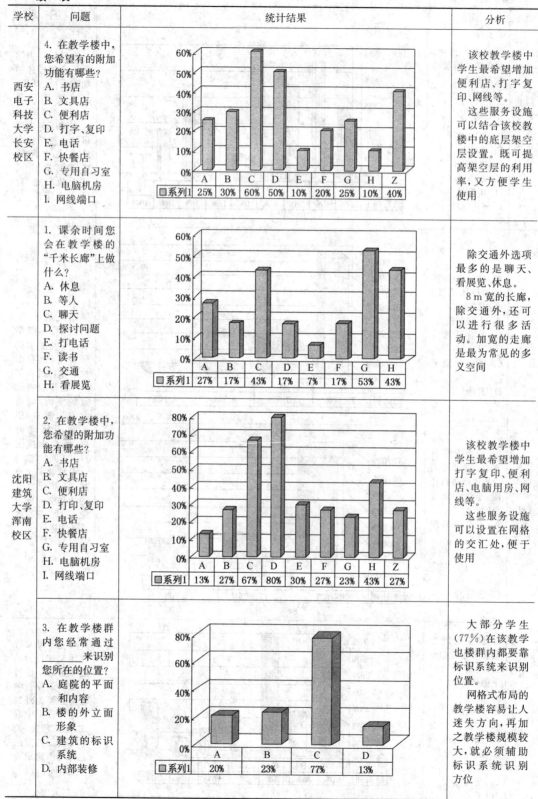	该校教学楼中学生最希望增加便利店、打字复印、网线等。 这些服务设施可以结合该校教楼中的底层架空层设置。既可提高架空层的利用率，又方便学生使用
沈阳建筑大学浑南校区	1. 课余时间您会在教学楼的"千米长廊"上做什么？ A. 休息 B. 等人 C. 聊天 D. 探讨问题 E. 打电话 F. 读书 G. 交通 H. 看展览		除交通外选项最多的是聊天、看展览、休息。 8 m 宽的长廊，除交通外，还可以进行很多活动。加宽的走廊是最为常见的多义空间
沈阳建筑大学浑南校区	2. 在教学楼中，您希望的附加功能有哪些？ A. 书店 B. 文具店 C. 便利店 D. 打印、复印 E. 电话 F. 快餐店 G. 专用自习室 H. 电脑机房 I. 网线端口		该校教学楼中学生最希望增加打字复印、便利店、电脑用房、网线等。 这些服务设施可以设置在网格的交汇处，便于使用
	3. 在教学楼群内您经常通过＿＿＿＿来识别您所在的位置？ A. 庭院的平面和内容 B. 楼的外立面形象 C. 建筑的标识系统 D. 内部装修		大部分学生（77%）在该教学也楼群内都要靠标识系统来识别位置。 网格式布局的教学楼容易让人迷失方向，再加之教学楼规模较大，就必须辅助标识系统识别方位

图表数据：
- 问题4（西安电子科技大学）系列1：A 25% B 30% C 60% D 50% E 10% F 20% G 25% H 10% Z 40%
- 问题1（沈阳建筑大学）系列1：A 27% B 17% C 43% D 17% E 7% F 17% G 53% H 43%
- 问题2（沈阳建筑大学）系列1：A 13% B 27% C 67% D 80% E 30% F 27% G 23% H 43% Z 27%
- 问题3（沈阳建筑大学）系列1：A 20% B 23% C 77% D 13%

3. 调研总结

通过对以上 4 所不同类型、不同地区高校的整体化教学群中的多义空间使用状况的调研，可以得出以下结论：

（1）多义空间是教学楼中最活跃、最受师生欢迎、包容性最强的空间。

（2）整体化教学楼群中，走廊是学生课间休息活动最常用和最便捷的空间。经过加宽的各种廊空间成为多义空间，可进行除交通外的多种交往行为，如休息、聊天是在走廊上最常发生的行为。当走廊较宽时（5 m 以上），应划分空间，增加领域性和停留感。

（3）课后师生交流、讨论是重要的学习手段，教学楼中应结合多义空间设置开放的、舒适的交流空间，或半封闭的可自由使用的讨论空间。

（4）为方便学生的使用，教学楼除教学功能外还应提供给学生一定的服务功能。学生最希望增加的功能有：打字复印、便利店、书店、网络接口、专用自习室等。这些辅助功能可结合多义空间设置。

（5）随着整体化教学楼群体量的增大，大部分人要通过楼内的标识系统来辅助识别方向。

7.3 整体化教学楼群中的多义空间设计研究

多义空间在整体化教学楼群中的设置一般呈现出边界模糊化，功能复合化的特征，其布局设置方式一般为：与交通空间结合、与大空间结合、与功能空间结合、与建筑形体结合四种方式（表 7-8）。

表 7-8　　　　　　　　整体化教学楼群中多义空间的设置方式

设置方式	特　点	具体形式
与交通空间结合	便捷、易达、使用率高	门厅、走廊、连廊、过厅、楼梯
与大空间结合	空间氛围好，吸引力高，功能多样，停留时间长	中庭、展厅等
与功能空间结合	便捷、易达、可供临时性交流	讨论室、教室入口处、教室之间的敞厅等
与建筑形体结合	半室外空间，与外部自然空间结合	底层架空、屋顶平台、挑台等

7.3.1 与交通空间结合的多义空间

交通空间是师生频繁使用，并且最容易到达的地点。将只起交通、疏散作用的交通空间，经过优化设计赋予其新的功能，既能够解决交通问题，又丰富了空间层次，提供给师生们交往活动的空间。同时与交通空间结合的多义空间在建设成本和使用效率方面具有较强优势。通过对门厅、走廊、连廊、过厅、楼梯等的优化设计，改变单层次的交通空间为多层次、多功能的信息交流与交往空间。同时还应注意到整体式教学楼群的交通联系以步行为主，人流疏散受制于教学时间的限制，具有"集中性"和"瞬时性"的特点。

1. 门厅、过厅

教学楼入口处的门厅、过厅是内部空间的交通联系枢纽，也是人进入建筑物内部后得到的最先印象。门厅人流量大，气氛活跃，是交通的汇聚点和信息的汇聚点，同时又是人们从较封闭性的教室到室外的过渡空间。因此它除了满足建筑内部交通联系的功能要求以外，也是人们进行交往和休息的重要场所。

若要增加人们在门厅的停留感，促发主动的深层次交往，形成多义空间，则需要在门厅中进行领域划分，此手法适用于面积较大的门厅。通过空间的围合、限定等手法，划分出交通区域和可停留区域，增强空间层次和领域界限。常用的设计手法有：地面划分，如地面抬高或下沉；空间划分，如利用墙体、隔断、家具、展板、植物等进行空间划分。

整体化教学楼群由于其体量较大、交通流线较长，门厅设置往往数量较多且分散，特别是鱼骨式的教学楼群尤为明显。对于面积紧凑的门厅，则可在门厅中设置信息栏、告示栏等吸引学生的主动停留。

有些整体化教学楼群没有明确的门厅，而是将其与底层架空层相结合，尤其是在南方地区高校中运用较多。与架空层的结合，拓展了门厅的交通集散空间，丰富了空间层次，与外部校园环境贯通，为学生交往提供了良好的条件。架空层若能结合绿化，增设休息设施和休闲服务空间，则能加强学生的主动交往。

常用的门厅、过厅与多义空间结合的设计方法见表 7-9 所示。

表 7-9　　　　　　　　　　门厅、过厅设计方法

优化设计方法	作用	适用对象	图示
空间限定	领域划分，增强停留感	面积较大的门厅	 西北工业大学长安校区教学楼
信息发布	吸引学生的主动停留，沟通信息，主动交往	各类门厅	 西北工业大学长安校区教学楼
与架空层结合	拓展空间，增加层次，提高架空层利用率	底层架空	 西安电子科技大学长安校区教学楼

2. 走廊、连廊等廊道空间

廊是水平向延伸的线形通道，主要供人流步行通过。教学楼中的内走廊、外走廊、单体间的连廊等都是最基本的交通空间。传统教学楼的设计往往是"重教室、轻走道"，受经济的制约，此类空间一般设计成能够满足功能的最小尺寸。整体化教学楼群由于其组成内容多，形体较大，因此各类廊道空间必不可少，尺度也有所放大。两种模式教学楼廊宽的常用轴线尺寸，见表7-10。基于对交往空间的需求，整体化教学楼群常常采用适当加宽走道、局部拓宽、端头放大、局部打开、局部突出等多种方式形成多义空间。

表 7-10　　　　　　　　　　两种模式教学楼廊道宽度常用轴线尺寸

类型	传统教学楼		整体化教学楼群	
	尺寸/m	空间属性	尺寸/m	空间属性
内廊	1.8~2.7		2.7~4.8	
外廊	1.5~2.1	交通空间	2.4~3.6	交通空间兼多义空间
连廊	1.8~2.4		3.6~6.0	

相比传统教学楼，整体化教学楼群的走廊不再只是交通的概念，它可以容纳更多的内容，成为积极的多义空间。加宽走道是在整体化教学楼群中形成多义空间的最常见做法，其运用基本不受建筑形式的影响。在这样的走道空间中，安排各种适合人们停留、小憩、谈话的场所，放置舒适的坐椅、沙发、自动售货机或小卖部，设置展品展示空间等，都可以为师生提供较多的交流机会，各种信息、情报、知识、思想在此相互交流、传递、碰撞。我国部分高校新建整体化教学楼群的教学楼廊宽轴线尺寸如表7-11所示。

表 7-11　　　　　　　　　　部分高校整体化教学楼群廊道宽度尺寸

学校	教学楼名称	形态	内廊/m	外廊/m	连廊/m
浙大紫金港校区	东区教学组团	组团式	4	3	10(500 长)
上海大学宝山校区	教学楼群	鱼骨式	2.7/3.9(阶梯教室)		3.9
沈阳建大新校区	教学楼群	网格式	3.3		8(756 长)
中山大学（广州大学城）	南学院教学楼群	鱼骨式		2.4/4.8	—
	公共教学楼群	鱼骨式		2.8/3.2	4.2
南京林业大学新校区	教学 5 楼	组团式	3.6		4.0
西安电子科技大学长安校区	A—F 座教学楼	巨构式		3.6	
西北工业大学长安校区	基础教学楼	组团式		3.6/3.3	8.4
西安工程学院新校区	公共教学楼群	鱼骨式	4.2(大教室)/3.0(小教室)	3.9(阶梯教室)	
大连海事大学校区	西山工科类教学楼群	鱼骨式	4.2(单内廊)	—	5.4
哈尔滨工业大学威海校区	教学楼	围合式	3.6		6

拓宽整个走道的同时，可有意识地在合适的地方挑出阳台或形成一个较大的开敞空间。例如靠近庭院、共享空间或走道的末端等，这样既提供了学生休憩、交流的空间，不被过往的

人群所影响，同时又有助于改善内走道的采光。廊道长度也应有一定限制，较长的走廊应在节点处放大尺寸，避免枯燥乏味，增加学生的可停留区域。同时走廊也不宜过宽，否则会造成面积浪费，经济性下降、使用系数(K值)降低、效率降低。因此整体化教学楼群中的各种廊道空间的宽度应根据条件综合考虑，而不是一味地单纯追求宽度。常用的廊道空间与多义空间结合优化设计方法如表 7-12 所示。

表 7-12　　　　　　　　　　　教学楼中廊道空间优化设计方法

类型	方法	图示
整体加宽	(1) 沿走廊外侧整体加宽。 (2) 靠近教室一侧成为交通空间，另一侧加宽部分则形成可供停留的交往空间	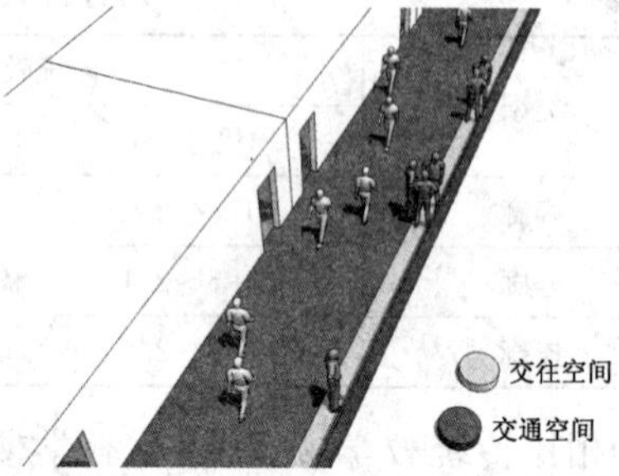
局部拓宽	(1) 走廊靠近教室入口或其他位置处局部放大； (2) 局部拓宽的空间形成可供停留的交往空间； (3) 这种做法既可节约面积，又可形成空间变化，创造交往空间	
端头放大	(1) 在走廊的尽端放大，形成独立、安静、不易被打扰的交往空间； (2) 放大部分可以是开敞或封闭空间	
局部突出	外廊局部向室外或中庭内突出； 突出部分形成可供停留的交往空间； 突出部分可打破线形走廊空间的单调，形成节点空间	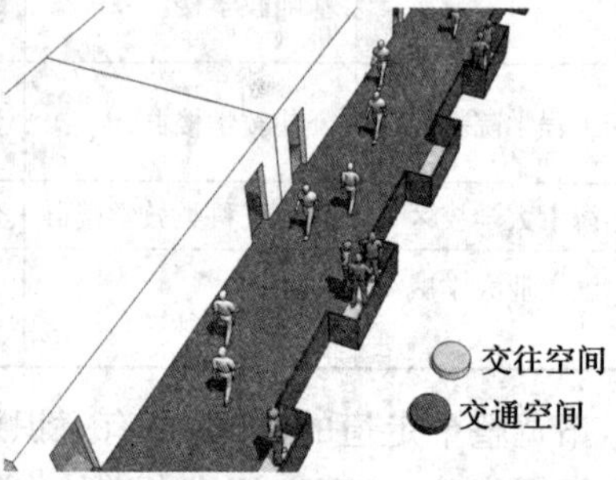

类型	方　法	图　示
局部打开	将教室部分局部打开，形成开敞通透的交往空间； 打开部分可给室内空间引入光线、空气、景观等； 打开空间的面宽不易过小，进深不易过大，否则空间效果不佳	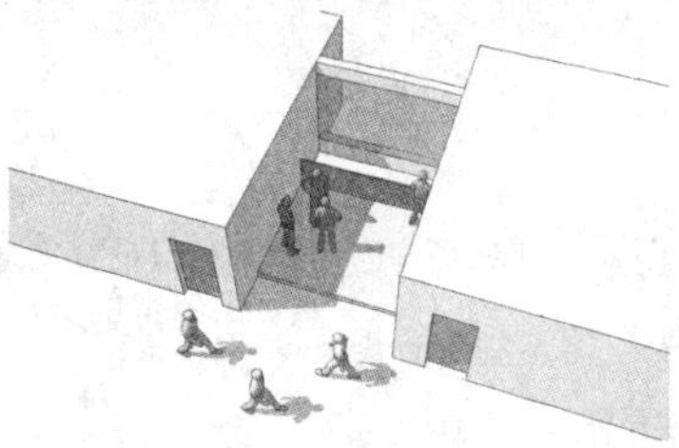

3. 楼梯

楼梯是教学楼中的垂直交通空间，是连通各层空间的枢纽，同时也是交往空间的重要组成部分。教学楼是人群密集的场所，楼梯的设计首先应该满足疏散宽度和疏散距离的要求。楼梯可引导人的活动，设计合理的楼梯能够引导人停留、交谈、休憩。要达到促进交往的目的，教学楼中的主要楼梯应尺寸适当放大。

楼梯中的休息平台往往可以设计成为人们交往的空间。例如将休息平台加宽，或是挑出一个小阳台，都可成为人们交往或独处的场所。教学楼中靠外墙设置的楼梯间，可以做得更开敞通透些，人们在上下楼梯的同时可以观赏外部环境，同时促发交往行为。楼梯还可以与中庭结合，成为共享空间的中心要素，形成动态景观。如果空间许可，则可以在楼梯间外侧附近设置一定面积的专属交往空间，可避免交通人流的干扰，为学生提供有效的交往空间。针对现实中很多教学楼的楼梯设计过于简单的现状，可将其与多义空间结合，常用的优化设计方法如表 7-13 所示。

表 7-13　　　　　　　　　　　教学楼中楼梯优化设计方法

优化设计方法	特点	图示
加宽平台	在楼梯的楼层平台处加宽，可单侧加宽或多侧加宽，为师生提供一个可以停留、交往的空间	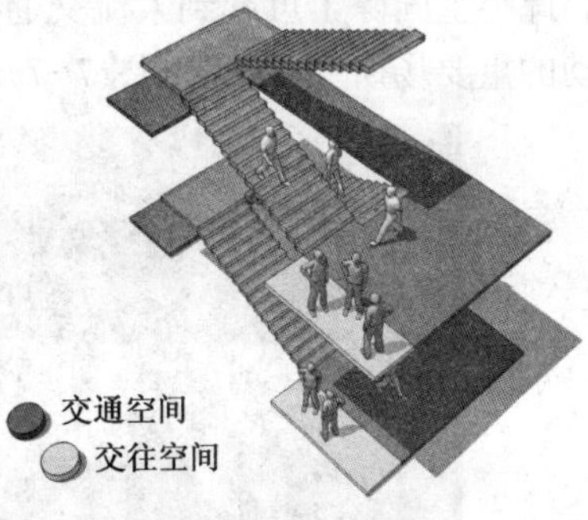 交通空间 交往空间
与中庭结合	将楼梯设在中庭内，使之成为中庭内的流动空间；将中庭内的围廊局部加宽，形成可供停留的交往空间；各层视线贯通，富有动感和活力	 交通空间 交往空间

优化设计方法	特点	图示
设置专属交通厅	在楼梯间的外侧专门设置交通过厅；既是交通集散的空间，又是可供停留的交往空间；应当采光充分，面积宽敞	西北工业大学长安校区西教学楼
开敞楼梯间	与室外环境紧密结合；视野宽敞、景观良好、空气清新、促进交往	广州大学城广东外语外贸大学

7.3.2　与大空间结合的多义空间

整体化教学楼群有时为创造出丰富的室内空间，或因其进深较大、建筑体量庞大，往往会设置中庭这样的共享大空间。中庭空间面积宽敞，视线流通，是适合交往、停留、展示的多义空间。教学楼中的大空间如报告厅、展厅等空间附近也往往会设置休息厅、中庭等多义空间。此类空间除了可起到人流交通集散的作用外，更是师生课余交流、展示、信息交换、休闲活动的重要场所（图7-6和图7-7）。

图7-6　可作为运动空间的中庭——
郑州大学新区教学楼

图7-7　可作为展厅的中庭——
郑州大学新区教学楼

根据各中庭空间设置方式和类型的不同,其设计要点也各有不同,具体如表 7-14 所示。有些教学楼的中庭,为增加使用面积,将顶层的中庭部分变为使用空间,使得下部的中庭没有采光,仅靠走廊端头的局部间接采光。这种做法使得昏暗的中庭缺少吸引力,很少会有人在那里停留交往。因此无论哪种类型的中庭,都需要有充足的自然采光和适宜的空间高宽比,否则就无法吸引人们停留、交往,无法形成真正意义上的积极的多义空间。

7.3.3　与功能空间结合的多义空间

为更好地适应现代教育理念,整体化教学楼群在设计中,会结合其主要功能空间如教室、报告厅、办公室等设置多义空间。此类多义空间既可成为功能空间使用者停留、等候、谈话等空间,也可通过空间限定与划分,形成讨论、独处、看书、学习等的空间。常用的与功能空间结合的多义空间特点及设置方法如表 7-15 所示。

无论是哪种方式与教室等功能空间结合的多义空间,都应满足以下几点:

(1)与功能空间结合紧密,便于使用,其功能与使用空间相近。

(2)不影响功能空间的正常使用,并有利于促进交往。

(3)空间可大可小,限定清晰,具有停留感。

表 7-14　　　　　　　　　　　整体化教学楼群中与中庭结合的多义空间

类型	行为特点	设计要点	图示
与展厅结合的中庭	观看展览、交流等。使用者会因观看展览而较长时间停留	需要充足的光线;中庭不宜过窄、过小;中庭高宽比宜介于 1 和2.5 之间	 西北工业大学长安校区西教学楼群中庭
与门厅结合的中庭	等候、集散、停留、浏览信息等。空间划分适当时,则会产生停留感	应有足够的面积作为等候、停留空间;空间应有一定的划分,避免大而不当	 西北工业大学长安校区学院教学楼群中庭

类型	行为特点	设计要点	图示
与交通空间结合的中庭	交通、停留、等待等,流动性较强,具有动感	光线明亮;交通空间不宜过窄;中庭高宽比宜介于1和2.5之间	 同济大学嘉定校区教学楼群中庭
与绿化空间结合的中庭	休息、等待、交流、看书等,空间流动性较小,适于停留	光线充足;绿化空间与休闲空间相结合,应划分空间,并可提供一定的服务设施;中庭高宽比宜介于1和2.5之间	 同济大学嘉定校区教学楼群中庭

表 7-15　　　　　整体化教学楼群中与功能空间结合的多义空间

类型	特征	图示(实例)
与教室结合的多义空间	与教室紧密相连,使用方便;空间限定清晰、有领域感;空间具有停留感	 教室间围合出的多义空间
与讨论室(自由空间)结合的多义空间	空间完整、相对封闭;适于进行讨论、小组开会、自习、独处等;空间安静,具有停留感	 西安建筑科技大学东楼自由空间

类　型	特　征	图示(实例)
与报告厅结合的多义空间	与报告厅结合紧密,使用方便;面积适宜,不妨碍报告厅人员集散;可结合咖啡、茶点、图书杂志等休闲空间	 西安建筑科技大学东楼报告厅外的咖啡厅

7.3.4　与建筑形体结合的多义空间

为了丰富建筑形体和空间层次,整体化教学楼群常常使用底层架空、屋顶平台、阳台等设计手法。这些手法不但可以丰富立面,同时更可以结合这些建筑形体形成多义空间,使之成为教学楼内具有活力和吸引力的交往空间。

1. 底层架空

(1) 意义　建筑的底层架空一般是把建筑物的底层的部分或全部空间,去掉其围合限定部分(如墙体),使之成为一个通透而延续的空间。其外在表现为由柱子支撑,有"顶"而没有围护墙体的空间。底层架空一般不具有固定的具体的功能,它主要是提供给使用者一个自由的、公共的活动空间。底层架空是建筑"灰空间"的一种,使校园外部空间与教学楼内部空间具有连续性、过渡性,为人们提供交往交流空间的同时,也使人们感到心理平衡与安全。

一般来讲教学楼底部架空的设计方法有以下作用和意义。

① 丰富建筑形态,丰富空间序列感,形成多层次交往空间。

② 扩大教学楼的交通和集散空间,对内便于使用,对外便于到达。

③ 底部架空层与校园环境相贯通,有利于外部环境相结合。

④ 避免了雨雪等不利天气的影响,可遮阳挡雨,便于全天候的活动。

(2) 类型　根据整体化教学楼群常用的底层架空设置用途及手法的不同,可以分为以下类型,见表7-16。不同类型和设计意图的底层架空空间各有其特点,无论是教学楼单体或教学楼群整体的底层架空,均应根据教学楼所处的地域、面积要求、学校环境、经济性等方面综合考虑,采用适宜的设计手法。

(3) 地域适用性　教学楼底层架空的做法最早出现在我国南方地区的高校,尤其是华南一带高校这种手法较为常见。由于南部地区常年雨水较多,且夏季炎热,建筑需要着重考虑遮阳与通风,因此底层架空的设计手法在该地区的各种建筑类型上均较为常见,实用性很强。

近年来,北方地区的部分高校也逐渐开始采用底层架空的做法。然而同样的做法,在不同的地区利用状况有所差异。以地处西北地区的西安电子科技大学长安校区的教学楼、西北工业大学长安校区教学楼和地处东南沿海的浙江大学紫金港校区教学楼为例,可以清晰地看出地域差别(表7-17)。通过相关问卷调查,也可以看出这种差别(表7-18)。

表 7-16　　　　　　　　　整体体化教学楼群底层架空的类型及其特点

实例 类型	用途	特点	西安电子科技大学长安校区实例
教学楼 单体底 层全部 架空	1. 交通，人流集散； 2. 交往及休闲活动； 3. 观景； 4. 自行车停放	空间开敞、通透、整体感强、对教学楼的 K 值影响很大	
教学楼 单体底 层局部 架空	1. 局部可用设置服务设施，如便利店、书店、打字复印、邮局、超市等； 2. 局部作为停车或设备用房	空间局部或单面开敞、对教学楼的 K 值影响较大大	

表 7-17　　　　　　　　　不同地区整体化高校教学楼群底层架空特点比较

学校	所处 地域	特点	利用状况	层高	图示
西安电子 科技大学 长安校区	西北地区	1. 整体架空和局部架空相结合； 2. 整体架空部分较为开敞、明亮； 3. 单面架空部分，与商业服务设施相结合，形成商业街； 4. 两边有用房时，架空部分光线不好	1. 总体利用率不高。 2. 有商业设施的部分，利用率稍高。 3. 为了节省面积，校方将部分架空面积围合成用房	3.9 m	 

学校	所处地域	特点	利用状况	层高	图示
西北工业大学长安校区	西北地区	1. 东教学楼群部分单体底部架空； 2. 架空部分层高不高，光线昏暗； 3. 架空层的设计目的主要为自行车停放； 4. 架空层入口不明显，不通往教学楼内部	利用率极低，几乎无人使用	3.3 m	
浙江大学紫金港校区	东南地区	1. 架空层开敞、明亮； 2. 设有桌椅等休息设施，便于使用和停留； 3. 与教学楼的内部交通相连通，便于到达与使用	利用率较高	3.9 m	
广州大学城广东外语外贸大学	华南地区	1. 架空层开敞、明亮； 2. 设有桌椅等休息设施，便于使用和停留； 3. 与教学楼的内部交通相连通，便遇到达与使用	利用率较高	3.9 m	

表 7-18　　　　　　　　　　　关于底层架空使用状况的问卷统计分析

问卷问题	统计数据	分析
您在课余时间经常到教学楼的底部架空空间进行交流或休闲活动吗？ A. 经常 B. 偶尔 C. 从不	 		A	B	C
西北工业大学	0%	3%	97%
西安电子科技大学	29.80%	44.60%	25.60%
浙江大学	56.30%	40.40%	5.30%		浙江大学的底层架空部分利用率最高，而西北工业大学则最低，西安电子科技大学居中。受设置方式、层高、光线、用途、经济性、使用者的习惯等因素影响，西北地区高校的底层架空利用率不高

　　(4) 优化设计　通过以上的分析，可以看出在教学楼中设置底层架空既有一定的优点也存在一定的问题，需要对其进行优化设计。优化设计的原则是加强实用性、注重适用性、提高利用率、按需架空、最大限度体现其优越性。具体的优化设计手法包括以下几点：

① 适宜层高　架空层的层高直接影响到其空间质量,层高过低,则光线不佳,会造成压迫感;层高太高,容易使空间变得冷漠,不亲切,同时经济性差。一般来说,底部架空层的层高在3.6～4.2 m为宜,这样既可引入光线,形成良好空间氛围,又不会造成空间浪费。

② 适宜进深　架空层若进深过大,则空间光线昏暗,空间不具有吸引力。若教学楼本身进深较大,则宜采用单面架空,减小进深,从而提高其利用率,避免造成空间浪费。

③ 按需架空　虽教学楼底层架空的做法会带来很多好处,但也不是面积越大越好,做得越多越好。是否底层架空、架空多少面积,都应结合地域特点、各校校情、经济状况而定。若不根据实际需求盲目的采用架空层,则会造成不必要的浪费,空间闲置或不得不重新改造为其他使用空间。

④ 交通便捷　架空层不应是孤立的,而应与教学楼形成整体。对内来讲,架空层中应设有楼梯与上部的教室相连;对外来讲,架空层部分应与教学区道路直接相连。这样对教学楼内外均便于到达,可提高其利用率。

⑤ 提供休闲及服务设施　要提高架空层的利用率和实用性,则不应仅提供一个架空的空间,更应注重相应服务设施的设置,以形成停留感。例如可在其中设置坐椅、桌子、花坛等休闲设施,或各类不影响教学的商业服务设施,或乒乓球、展览等活动设施。

⑥ 地域差异　由于我国南北方在气候条件、经济条件、生活习惯上的差异,底层架空更适用于南部地区,北方地区在使用时应注意架空层面积不宜过大,可结合服务设施提高其实用性。

2. 屋顶平台

充分利用教学楼群中层数较低部分的屋顶,使其成为可以交往、休息、交通、观景的室外平台,既可提高教学楼的利用率,又可丰富建筑空间。屋顶平台往往具有视野广阔、空气清新、光线充足、便于达到、空间独立、不易干扰等优点。屋顶平台是室内与室外的过渡空间,师生可从教学楼室内空间进入到屋顶平台。利用一、二层建筑的屋顶平台形成交往空间,其可达性较好,再融入绿化的手法,可以形成比其他交往空间更有特点、更优美的开敞环境。

如同济大学嘉定校区教学楼的屋顶平台(图7-8),通过简单的绿化以及铺装的变化,形成了一个简单、干净的休闲场所,增加了教学建筑的空间丰富性,也提供给学生一个气氛优美的交流场所。也可以仅利用屋顶平台作为交通通道(图7-9)。

与绿化相结合的屋顶平台

作为通道的屋顶平台

图7-8　同济大学嘉定校区教学楼屋顶平台　　　　图7-9　广州大学城广东工业大学教学楼屋顶平台

7.4 基于精神需求的整体化教学楼群空间设计研究

7.4.1 精神需求概述

教学楼作为学生在日常生活当中使用最频繁的场所,除了提供给学生学习空间外,还应满足学生的精神需求,这一点在教学楼的设计中常常被忽略。在对"学校建筑设计对学生和教师焦虑心理影响"的研究中,国外专家曾探讨学生在不同建筑设计形式的学校中"行为—环境"的关系。研究表明,在学生焦虑方面,大致可以分为三种类型①:

(1) 无规范性和无导向性 例如刚参加高考进入高等院校的大学生不知道做什么或到哪里去、不清楚学校的规定、走错教室,以及不知道教师的名字等。

(2) 学业焦虑心理 例如课程压力大、考试及作业多、就业压力、学业竞争等。

(3) 情感焦虑 例如与家人分离、人际关系难处、感情受挫等。

在我国,对于刚刚参加完高考进入高等院校的大学生来说,学习模式发生了巨大的转变。由于学习活动上的相对灵活和自由支配的时间增多,对身边、学校、社会的关心也相应增加。塑造良好的教学空间对学生形成健康的心理、健全的人格具有重要意义。尤其对于整体化教学楼群,满足学生精神方面的需求显得尤为重要。因为往往处于学校的新校区,学校地理位置偏远,规模较大,同时整体化教学楼群本身建筑体量偏大,空间复杂,容易使学生产生畏惧、恐慌、孤独、冷漠等负面情感。本节将从精神要求层面上探讨整体化教学楼群的空间设计方法。

1. 归属感、领域性的需求

归属感也称为归宿感,是指使用者对自己在某一场景中自身资格和地位的确认,和他对这一团体的依赖感。归属感是具有高级心理活动的人共有的特殊感觉,是由人的寻求安全庇护的本能决定的。归属感产生的前提是对外的区别和对内的认同。

在环境设计上如果要加强人群的归属感,就必然要加强领域性和向心性。这种向心性并非仅指形态上的向心,更重要的是文化上、社会上、心理上的向心与趋同。人类领域性是个人有效利用个人空间的基础,是人的空间需求特性之一。阿尔托曼(Altman)提出以下定义:领域性是个人或群体为满足某种需要,拥有或占用一个场所或一个区域,并对其加以人格化和防卫的行为模式②。该场所或区域就是拥有或占用它的个人或群体的领域。在该定义包含有领域性的三点含义:一是领域性具有排他性;二是领域性具有控制性;三是领域性具有一定的空间范围。增强领域性,无疑会对加强空间归属感起到促进作用。

在我国高校,除某些特殊专业的学生外,大部分学生都没有自己的固定教室。这一点对于已经有 12 年在固定班级中生活学习经历的学生来说,是大学与高中学习的巨大差别,它

---

① 吉志伟.高校教学建筑设计研究[D].武汉理工大学硕士学位论文。

② 李志民,王琰. 建筑空间环境与行为[M].武汉:华中科技大学出版社,2009。

使刚进入大学的学生有些难以适应。庞大的教学楼群、非固定使用的教室，对很多学生来讲都会造成归属感的缺失。

2. 方向感、识别性的需求

心理学家认为，判断自身在环境中的位置即方向感，是人类最基本的需要之一。人在一个陌生的环境中时，总是习惯根据地图或周围的其他事物来判别方向，找出行动的依据。空间应具有供使用者可识别的信息，人们借以根据这些信息所处位置、空间的形状和结构陈设等特征认识其所处的环境。清晰的方向感将校园公共空间形态与人的心理深层结构联系起来，引起安全感和愉悦感，并增强了场所的可信度。

7.4.2 现状调研

1. 现状存在的问题

（1）空间归属感较差 传统教学楼虽已不能适应现代高等教育的需求，呈现出诸多弊端，但其因建筑体量不大、空间单一、各系独立，因而具有空间归属感强，方向感强的优点。相比之下，整体化教学楼群普遍具有归属感弱、内部空间方向感差的缺点。两者在空间物质层面、精神层面的对比见表7-19所示。

表 7-19 传统教学楼与整体化教学楼群对比

对比项目		传统分散式教学楼	整体化教学楼群
物质层面	布局模式	分散、独立、按系设馆	集中、整体、打破院系界限
	建筑体量	独立单体、体量较小	群体建筑、体量较大
	内部交通体系	单向、双向	网络状
	内部空间	单一	复杂
精神层面	空间归属感	各学院教学楼归属感较强	较弱（有固定专业教室的专业除外）
	空间识别性	较强	较弱，需图标辅助
	交往行为	多为学院内部交往，广度不足	院系间交往增多，深度不足
	凝聚力	较为密切	较为疏松
	熟识度	多限于院系内部	有所增加，打破学科界限
	负面情绪（畏惧、恐慌、侵略、冷漠等）	较少	有所增加

（2）识别性较差 整体化教学楼群一般都由多栋教学楼单体组成，交通系统庞大，空间复杂，初次使用者很容易因丧失方向感而迷路。建筑体量越大、形态越复杂，方向就越难以辨认，需要辅助标识系统。有时对于教学楼的初次使用者，即使在标识牌的指使下也会经常迷路。对于较复杂的建筑楼群，往往需要在除门厅外的多处设置方位指示牌，包括立于地面上的、设于墙上的、挂于顶部的、或设于墙裙处的等全方位指示，来帮助使用者寻找教室。在整体化教学楼群中，常见的标识物有以下几类，见表7-20。

表 7-20　　　　　　　　　　整体化教学楼群中常见标识物

指示内容	形式	特　点	实　例
楼群分区、楼层教室分布	台式指示牌	1. 可设于门厅、走廊、楼梯过厅等的地面位置； 2. 标示出楼群各个分区、教室编号、及当前所在位置； 3. 各层分别设置本楼层的指示牌； 4. 适于较复杂的教学楼群	 西北工业大学长安校区教学楼群
楼群布局、楼层教室分布	墙式指示牌	1. 可设于门厅、走廊、楼梯过厅等的墙面位置； 2. 标示出楼群各个分区、教室编号、及当前所在位置； 3. 各层分别设置本楼层的指示牌； 4. 适于较复杂的教学楼群	 沈阳建筑大学浑南校区教学楼群
所有楼层教室分布图	支架式指示牌	1. 可设于门厅、走廊、楼梯过厅等的地面位置； 2. 在一张指示牌上同时标示出楼群各层平面、教室编号； 3. 适于较简单的教学楼群	 西安电子科技大学长安校区教学楼群

指示内容	形式	特点	实例
楼层教室分布方向	悬挂于走道顶部	1. 可悬挂于门厅、走廊、楼梯过厅等的墙体上方位置。 2. 在通行方向、教室区位、教室编号。 3. 各层分别设置。 4. 适于复杂教学楼群的辅助性标识	 西安电子科技大学长安校区教学楼群
楼群布局方位	与内部墙面装修结合	1. 可设与走廊交叉点、转折处的墙面上。 2. 标明使用者当前所在位置与整个建筑群的关系。 3. 适用于各类教学楼群	 天津财经大学新校区教学楼群
楼层平面布局、院系分布、公共服务设施分布指示	墙式指示牌	1. 可设于门厅、走廊、楼梯过厅等的墙体位置。 2. 标示内容全面，包括各层平面、教室区位、教室编号、卫生间、楼梯、电梯等。 3. 各层分别设置。 4. 适于复杂教学楼群	 清华大学美术学院教学楼
分区及方向指示	墙裙指示牌	1. 可悬挂于门厅、走廊、楼梯过厅等的墙裙位置。 2. 在通行方向、教室区位、教室编号。 3. 各层分别设置。 4. 适于复杂教学楼群的辅助性标识	 清华大学美术学院教学楼

2. 问卷调研分析

　　就整体化教学楼群在现实使用中有关精神层面的问题,对浙江大学紫金港校区和西安电子科技大学长安校区分别进行了问卷调研,其统计结果及分析见表 7-21。

表 7-21　　　　　　　　　两所高校整体化教学楼群问卷调查统计分析

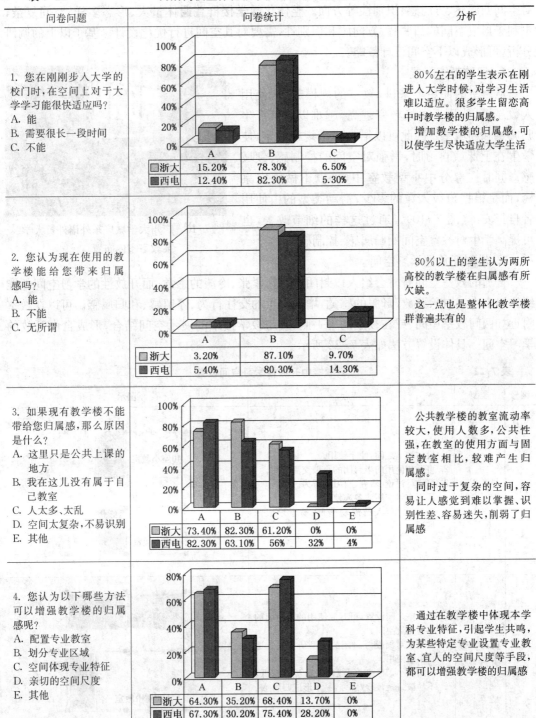

问卷问题	问卷统计	分析
1. 您在刚刚步入大学的校门时,在空间上对于大学学习能很快适应吗? A. 能 B. 需要很长一段时间 C. 不能 浙大 A 15.20% B 78.30% C 6.50% 西电 A 12.40% B 82.30% C 5.30%		80%左右的学生表示在刚进入大学时候,对学习生活难以适应。很多学生留恋高中时教学楼的归属感。 　　增加教学楼的归属感,可以使学生尽快适应大学生活
2. 您认为现在使用的教学楼能给您带来归属感吗? A. 能 B. 不能 C. 无所谓 浙大 A 3.20% B 87.10% C 9.70% 西电 A 5.40% B 80.30% C 14.30%		80%以上的学生认为两所高校的教学楼在归属感有所欠缺。 　　这一点也是整体化教学楼群普遍共有的
3. 如果现有教学楼不能带给您归属感,那么原因是什么? A. 这里只是公共上课的地方 B. 我在这儿没有属于自己教室 C. 人太多、太乱 D. 空间太复杂,不易识别 E. 其他 浙大 A 73.40% B 82.30% C 61.20% D 0% E 0% 西电 A 82.30% B 63.10% C 56% D 32% E 4%		公共教学楼的教室流动率较大,使用人数多,公共性强,在教室的使用方面与固定教室相比,较难产生归属感。 　　同时过于复杂的空间,容易让人感觉到难以掌握、识别性差、容易迷失,削弱了归属感
4. 您认为以下哪些方法可以增强教学楼的归属感呢? A. 配置专业教室 B. 划分专业区域 C. 空间体现专业特征 D. 亲切的空间尺度 E. 其他 浙大 A 64.30% B 35.20% C 68.40% D 13.70% E 0% 西电 A 67.30% B 30.20% C 75.40% D 28.20% E 0%		通过在教学楼中体现本学科专业特征,引起学生共鸣,为某些特定专业设置专业教室、宜人的空间尺度等手段,都可以增强教学楼的归属感

7.4.3 基于精神需求的空间设计

通过调研可以看出,在满足了教学所需的基本物质空间和硬件条件后,教学楼空间如何满足学生精神层面需求的问题越来越受到重视。学生对教学楼空间的精神需求主要体现在对空间归属感、方向感、识别性等方面。整体化教学楼群普遍体量大、形态多样、空间复杂,不利于形成空间的归属感、方向感和识别性,需要对其空间进行优化设计。基于以上的调研分析,可形成以下空间设计策略。

1. 调整教室配置

从教室的使用上来讲,教室的规模越大,使用人数越多,使用者更换频率越高,越难以对其产生归属感和领域感。因此可以增加中小规模教室,使学生在上课或自习时,增强对空间的控制感、领域感。同时在部分中小型教室中,可以不做固定桌椅,而是根据班级人数的多少、活动类型的由使用者自行安排(图 7-10)。通过这样的细节改善,也可提高学生对教室空间的归属感、控制感。

图 7-10　广州大学城广东外语外贸大学某教室室内布置

2. 增加开放性学习空间

普通的教室空间有时会给人以封闭、束缚、紧张、冷淡的感觉,而开放性的学习空间却能给人以自由、放松、开放、舒服的感觉,增强学生的交往行为、停留感、和归属感。可以在教室附近如两间教室中间、或在教室的另一侧、或与教学楼中的展示空间结合,形成自由开放的学习空间。具体设置方法如表 7-22 所示。

表 7-22　　　　　　　　　　　　　　教学楼中开放性学习空间设置

编号	类型	特点	图示
1	设在两间教室之间	1. 设在教室之间,便于使用。 2. 可开放使用的半封闭的小型交流空间。 3. 可进行讨论、研究、自习等行为。 4. 适于小组使用或各人使用。 5. 空间较小,人员流动率低,易于形成归属感	40座小教室　交流空间 40座小教室　交流空间
2	设在教室周边	1. 在教室之间设置,可开放使用的半封闭的小型交流空间。 2. 在教室对面设置封闭的小型研究室。适宜小组使用。 3. 空间较小,某一时间段内人员流动率低,不易被打扰,领域感强,易于形成归属感	小型研究室　小型研究室 80座中教室　交流空间

编号	类型	特点	图示
3	设在教室对面	1. 在教室对面设置,可开放半封闭的自习空间,便于使用。 2. 用展板或轻质隔断将空间进行划分,易于形成领域感。 3. 空间灵活,适于小组或个人短时间使用	自由自习区 160座大教室
4	与展览等开放大空间结合	1. 在大型开放空间中限定出小空间,有利于形成领域感与归属感。 2. 空间灵活,适于小组或个人短时间使用	展览空间 自由自习区

3. 和而不同,强化专业空间特征

整体化教学楼群容纳了多种专业,更好地为各种专业之间的交流提供了方便。但是其内部空间往往设计手法相似或雷同,无法适应各专业间不同的个性要求和体现各自的学科特点,从而会削弱空间的识别性和归属感。因此,这就要求整体化教学楼群能够做到"和而不同",虽为整体统一的教学楼群,在整体统一中,也应体现出不同学科的专业特征,强化个性。具体可以通过以下几种手法实现:

(1) 通过不同专业区域间过渡空间的独特设置,达到划分区域的目的,使不同学科或专业空间产生领域性。

(2) 通过对内部空间细部的塑造,增加学科空间的可识别性,尤其是在空间的重点部位,如门厅、楼梯、走道等公共空间。具体手法可以通过材料、色彩、雕塑、标识物、装饰品等来体现。

(3) 加强教学楼围合的外部空间的特性,增强其可识别性。例如沈阳建筑大学的网格式教学楼群,形成了十余个大小及形态相近的院落。其中土木学院教学用房所形成的院落,以专业为主题形成"土木广场",与其他庭院形成对比(图7-11、图7-12)。该校陈伯超教授曾提出"在网格化教学单元围合出的均质空间里,庭院应该突现个性化设计"的观点,并具体指出"它们应该反映出不同的专业性质,比如给排水专业的庭院,铺地可采用管道图案;工民建专业的庭院,可以采用受力的裂纹之类的纹案;机械专业的庭院则可以采用齿轮的铺底图案。雕塑也是如此,应反映专业特点,走在庭院内能够直接感受到这是到了什么馆"。分别结合各专业的特点进行个性化和主题化设计,既美观又强化突出了专业特点,加强了空间的识别性、领域感和归属感。

图 7-11　沈阳建筑大学土木广场庭院　　　　　　　图 7-12　沈阳建筑大学其他庭院

4. 标识个性化

一组教学楼群中各单体楼号的标识，除以常用的数字编号或字母编号外，可以采用更个性化的、更丰富的标识语言。例如可以用不同色彩、形象符号、雕塑等更形象、更具活力的标识系统来增强识别性，同时也更能符合学生的认知心理。

7.5　小　结

教学楼的主要使用者是学生，现代教学楼的设计不应仅满足提供良好的教学物质环境和硬件设施，同时应注重满足学生行为及精神层面的需求。通过分析学生在教学楼中的行为类型、行为特点、行为需求对教学楼的相应要求，可知交流与交往行为、空间归属感与识别性的需求，是教学楼中满足学生行为需求的设计重点。

教学楼中的多义空间具有模糊性、包容性与开放性，是教学楼中最具活力的空间。多义空间能够提供给人们灵活多样的选择，可以容纳人们的多种行为，并提供满足多种行为活动要求的空间环境。在整体化教学楼群的设计中，多义空间通常会与交通空间结合、与大空间结合、与功能空间结合、与建筑形体结合的四种形式出现。

在满足了教学所需的基本物质空间和硬件条件后，对教学楼空间如何能满足学生精神层面需求的问题越来越受到重视。学生对教学楼空间的精神需求主要体现在对空间归属感、方向感、识别性等方面。整体化教学楼群普遍体量大、形态多样、空间复杂，不利于形成空间的归属感、方向感和识别性，需要对其空间进行改进，具体包括：调整教室配置、增加开放性学习空间、和而不同，强化专业空间特征、标识个性化等特点。

8　整体化教学楼群优化设计策略研究

本章将对第 4 章至第 7 章的分项设计研究进行归纳总结,形成整体化教学楼群优化设计策略,指导今后同类型的建筑设计。本章内容框架如图 8-1 所示。

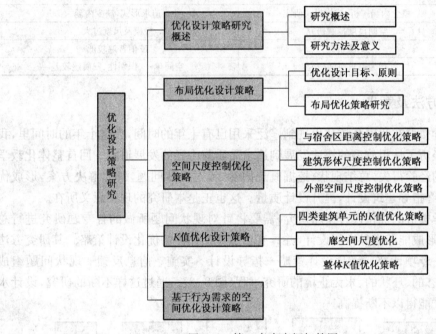

图 8-1　第 8 章内容框架简图

8.1　优化设计策略研究概述

8.1.1　研究概述

整体化教学楼群优化设计策略是为确保实现整体化教学楼群的设计目标,并发挥其优越性,创造适应现代高等教育理念的教学楼,而采用的相应设计方法和设计原则。所涉及的相关的名词概念解释如表 8-1 所示。

表 8-1

名词	解　释
优化	指采取措施,使事物向良好方面变化
优化设计	在满足约束条件的前提下,按某一衡量标准从各种方案、措施或要素中选择出最佳方案的过程
策略	指为实现战略任务而采取的原则、手段。源于军事术语,现移用于政治、经济等领域①
设计策略	指为实现某一设计目标,而采取的设计原则和设计方法

　　在本书的第 4 章、第 5 章、第 6 章和第 7 章,分别针对整体化教学楼群现状所出现的设计问题作了针对性较强的专题式的研究,具体包括概念内涵解析、建构模式研究、尺度控制研究、K 值研究、行为需求空间研究,具体见表 8-2。以下优化设计策略研究将是在此四章的内容基础之上进行,形成四部分内容的优化设计策略。

表 8-2　　　　　　　　　　4～7 章研究内容及其所对应的现状问题

章节	主要研究内容	对应的现状问题
第 4 章	概念内涵解析、建构模式研究	追求形式,缺少内涵
第 5 章	空间尺度控制研究	规模及尺度过大
第 6 章	K 值研究	K 值普遍较低
第 7 章	行为需求空间研究	空间单一、识别性、归属感较差

8.1.2　研究方法及意义

　　整体化教学楼群在我国高校从出现到广泛采用已有十年的时间,在这十年的时间里,我国高校建设也经历了从粗放型的快速发展到追求品质与内涵的发展道路。回首整体化教学楼群十年建设的经验得失,总结现状,挖掘概念内涵,针对具体问题,研究解决方案,形成优化设计策略,最终指导建筑设计,提升设计质量。这也正是本研究的现实意义所在。

　　整体化教学楼群的优化设计策略研究,需要将针对现状问题所做的各专题研究进行总结与整合,从而形成能够指导今后设计,并具有较强可操作性的优化设计策略。其研究方法是由现状问题—专项研究—优化设计策略—指导设计—实施—信息反馈—现状问题组成的,这是一个动态的、环状的、永无止境的研究过程(图 8-2)。通过这样不断的研究,设计水平和设计质量才能得以不断提高。

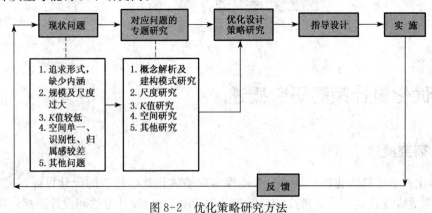

图 8-2　优化策略研究方法

---

① 张占斌,蒋建农,张民,孙启泰.《毛泽东选集》大辞典. 太原:山西人民出版社,1993。

8.1.3 应用方法

建筑设计方法研究的目的是为了将其应用于设计实践。书中所研究的整体化教学楼群优化设计策略由四部分组成,它们分别对应了校园规划及教学楼建筑设计的不同层次、设计步骤的不同阶段、并解决设计的不同问题。该优化策略在设计中的具体应用方法见表8-3所示。

表 8-3   优化设计策略应用方法

	专题优化项目	应用层次	应用的设计阶段	解决的设计问题
优化设计策略	1. 布局优化设计	宏观层次	1. 校园规划 2. 教学区总平面设计 3. 建筑组群形态设计	校园规划、教学区用地规模控制、教学楼群布局模式、教学楼群建筑形态选择
	2. 尺度优化设计	中观层次	1. 建筑总平面设计 2. 建筑平面设计 3. 形体设计	教学楼群与宿舍区的距离控制、教学楼群外形尺度控制、教学楼群外部空间尺度控制
	3. K值优化设计	微观层次	1. 内部空间设计 2. 平面细部设计	各类廊空间宽度确定、交通面积控制、建筑经济性控制
	4. 基于行为的空间优化设计	微观层次	1. 空间细部设计 2. 外立面细部设计 3. 环境设计	各类多义空间细部设计、空间标识性设计

8.2 整体化教学楼群布局优化设计策略

总体布局是整体化教学楼群设计的第一步,合理的布局是保证形成完善的整体化教学楼群的关键一环。结合第四章对整体化教学楼群的概念解析,及其构成要素和建构模式的研究,进一步研究布局优化设计策略。

8.2.1 布局优化设计目标及原则

设计目标就是要体现出整体化教学楼群的所有优点,发挥其优越性。为了达到这样的设计目标,一般来讲应综合遵循以下优化原则。

(1)紧凑原则   布局紧凑集中是整体化教学楼群的最大特点,也是区别于传统教学楼的显著特征。

(2)共享原则   教学的硬件资源、软件资源打破院系界限,使学科共享或学校共享,减少重复建设,加强学科联系,使有限资源发挥最大效益。

(3)相对原则   整体化教学楼群的形态模式不是绝对的集中庞大和紧密相连,而是视学校的具体情况而采取适宜的布局模式。因此是相对的"整体",相对的"集中"。

(4)适配原则   整体化教学楼群的布局形态要与学校的规模、性质、特点等相匹配,采用适宜的建筑组群模式。

(5)舒适原则   整体化教学楼群的布局要充分考虑到使用者的舒适性,从而控制教学楼组群间尺度、距离、规模。

(6)动态原则   学校的发展建设和学科的发展既有稳定的部分,也有动态的部分。整体化教学楼群的布局应充分考虑到这一特点,采用适于动态发展的布局模式。

8.2.2 布局优化设计策略研究

1. 策略一:总体集中

布局的总体集中是指整体化教学楼群的组成要素即公共教学楼群、学科群教学楼群、特殊院系楼三者的总体布局集中。三个构成要素的集中可以有两种方式(表8-4):

表8-4　　　　　　　　　　　　集中布局优化策略分析

方式	策略特点
集中布局策略一	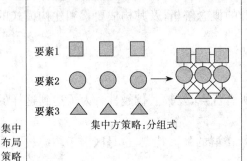 集中策略一:整体合一　　　　 香港城市大学①
	特点:各类功能要素整合在一个大空间中,形成统一整体,是绝对的集中。 优点:交通便捷、布局紧凑、功能复合、节约用地、公共性强、交往性强,形象突出。 缺点:尺度过大、各功能间干扰、内部空间识别性较差、归属感较弱、与外部空间联系较弱。 关键点:交通组织、尺度控制 适用范围:处于城市用地紧张的高校、规模较小的高校、单一学科类型的高校、网格型及巨构型布局
集中布局策略二	集中方策略:分组式 广州大学城华南理工大学②
	特点:各要素空间根据其相关程度,按照一定的分组组合方式形成若干组建筑组群,组群间通过一定的联系方式形成组织密切的整体。 优点:灵活、适应性强,功能关系清晰、组群识别性强、归属感强,易与外部空间融合,各组群既独立又可联系,组群的建筑尺度适宜。 缺点:交通面积增加、组群间联系不直接 关键点:组群布局形态、尺度控制 适用范围:规模较大的高校、学科构成复杂的高校、有特殊教学要求的高校、用地内有水系、或受地形所限教学用地分散的高校

---

① 香港城市大学图表资料来源:;www.cityu.edu.hk。
② 广州大学城华南理工大学图表资料来源:建筑学报,2005,(3):53。

① 三类要素空间集中设置在一个整体空间当中，形成整体合一的整体化教学楼群；

② 三类要素空间按照一定的分组组合方式形成若干组建筑组群，组群间通过一定的联系方式形成组织密切的整体。

2. 策略二：特殊分散

在强调各类教学空间相互集中的同时，还应考虑有些特殊专业在空间上不宜紧密联系，甚至还应隔离。例如产生声、气、振并对其他专业有干扰的教学空间应分开布局，一些特殊专业如音乐、体育等也应分开布局。

"特殊分散"与"总体集中"并不矛盾，而是对"总体集中"的补充和完善。集中与分散都是相对而言的，共性的内容可采用集中策略，特性的内容则采用特殊分散策略。个别对教学空间有特殊需求的院系，脱离其他教学楼组群，自成体系独立设楼，并不会影响教学楼群总体的整体性。这样两者相得益彰，发挥各自优势，形成优化的布局模式，如表4-5中的实例图2和图3。

3. 策略三：规模匹配

整体化教学楼群的布局模式的选择应与学校的特性匹配，包括学校的招生规模、用地规模、学科组成、教学特点等特性。

当校园用地规模较小（少于20 hm² 即300亩），教学单元较少时，或学校处于城市重要区域，用地紧张，发展受限时，则可采用紧凑集约的整体合一式布局，建筑形态可以是网格型、点式、组团型、线型。有时甚至将校园中的行政办公、图书馆、实验楼、科研用房、食堂、活动中心、宿舍等功能都置于楼群之中。例如港澳地区的很多大学就采用这种方式，以高效利用土地（图8-3）。除此之外，也可以选择比较紧凑的分组布局式。

小型规模校园概况：校园占地面积约为93 500 m²，学生22 000名，人均占地4 m²。

校园坐落在山头上，教学楼、办公楼、图书馆、实验楼、体育馆等组成综合教学楼群。各建筑以连廊和四角的电梯筒相连，二层屋顶设为花园或架空层，贯穿整个学校。

图8-3　香港理工大学①

校园用地规模适中（20～100 hm² 即300～1 500亩），可选择总体集中的策略二，即分组式。按照教学楼的功能形成尺度适宜的若干组群，组群间通过外部或内部空间相互联系。教学楼建筑形态一般是线型、组团型最为常见，因其便于组织且灵活适应性较强。当然也可以采用整体合一的网格型或巨构式布局，例如沈阳建筑大学，占地66 hm²，所有教学建筑组织在80 m×80 m的网格内（图4-9）。

当校园规模变大为100～200 hm²（1 500～3 000亩）时，就不适宜采用整体合一式，即建

---

① 图片来源：建筑学报，2005，(3)：21。

筑形态不宜采用网格型或巨构式。随着教学区规模的不断增大,建筑组群宜采用分组设置,建筑形态可以为线型、组团型。各组群内部应保证适宜的尺度,组群间的距离可能会加大,但也应有适宜的距离,应控制在步行 5～10 min 以内。同时教学楼组群与学生宿舍区的距离也不应过大,否则使用不便增加学生负担(图 8-4)。

当校园规模增加为 200 hm² 以上时,就成为超大型校园。教学楼群的布局适于采用分组组合式,在较大规模的教学用地中,教学楼群按照功能关系被分散在若干组群之中。组群内部联系紧密,组群之间难免距离加大。同时教学楼群与学生宿舍区的距离也无形中增大,布局中尺度的控制显得尤为重要(图 8-5)。

大型规模校园概况:校园占地 123.3 hm²,学生 1.5 万人。其中教学区建设用地为 100 hm²,建筑面积 35 hm²。

特点:教学楼群按照功能分为公共教学楼群、学科群教学楼群两个组群设置。各组群建筑尺度适宜,且与宿舍区联系紧密。

图 8-4 同济大学嘉定校区总平面①

特大型规模校园概况:浙江大学紫金港校区一、二期总占地面积为 580 hm²。其中一期(即东区)占地为 213.3 hm²,建筑面积 59 万平方米,主要为本科生基础教学,容纳学生 2.5 万人。

特点:教学楼为组团型布局,尺度适宜,与外部环境结合较好。但教学楼群与学生宿舍区距离过远,相距 1 500 m,使用不便。

图 8-5 浙江大学紫金港校区一期总平面②

① 图片来源:理想空间,2005,(2):48。
② 图片来源:建筑学报,2004,(2):46。

整体化教学楼群布局与学校规模匹配关系总结如图 8-6 所示,布局优化策略见表 8-5。

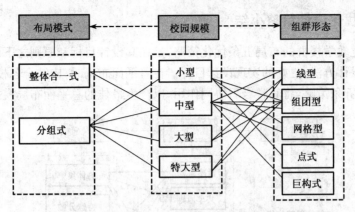

图 8-6　校园规模与布局模式、校园形态匹配关系

表 8-5　　　　　不同规模大学校园的整体化教学楼群布局模式优化策略

规模	占地面积/hm²	适宜布局模式	适宜教学楼组群形态	关　键　点
小型	<20	整体合一式、分组式	网格型、点式、组团型、线型	建筑密度控制、交通流线组织、建筑内部空间组织
中型	20~100	分组式、整体合一式	线型、组团型、网格型或巨构式	建筑群整体性控制、尺度控制
大型	100~200	分组式	线型、组团型	建筑群整体性控制、尺度控制、组群间协调关系、建筑与外部环境
特大型	>200	分组式	线型、组团型	建筑群整体性控制、尺度控制、组群间协调关系、组群与外部环境、组群与其他功能区关系

4. 策略四:组群关联

中型、大型、特大型校园的教学楼群布局一般都会采用分组式布局。各类型的教学楼分组设置在教学区用地内。有时由于校园用地的自然条件所限,如用地内有水系、坡地、山地等将教学用地划分为若干块,从而形成若干建筑组群。各组团内部往往联系紧密,相对围合,自成体系。同时各学科组群间也应彼此关联,加强联系,形成关系紧密地整体化教学楼群整体,便于学科的融合和发展。

随着校园规模的扩大,组群间的距离尺度也会增加,因此加强彼此关联在大型及特大型校园中显得尤为重要。各组群间可以通过外部环境、道路、广场或连廊等手段以加强关联。例如可以将各组群的入口相对集中,形成公共的入口广场,或形成共同的外部环境。根据学生使用教学楼的特点,组团间的外部公共空间尺度不宜过大,应控制在步行 5 min 左右。

5. 策略五:留有余地

整体化教学楼群布局紧凑集中,但并不是要占满整个教学用地,而是应在总体布局时预留一定发展余地,以适应未来的变化。高等教育和高校建设是在不断的发展变化的,不是一成不变的,规划布局也不能一劳永逸,一锤定音。因此教学楼群的布局应有弹性,具有清晰的结构脉络,既保证建筑单体和总体空间具有适应性和调节性,又使得校园能够整体的有机生长。

8.2.3 布局优化设计策略小结

以上整体化教学楼群的布局五条优化策略,是在其设计目标和原则之下所产生的,其目的是为了优化设计方法,更好的实现设计目标。在总平面布局时,应结合各校的具体实际状况,综合运用这五条策略,将其整合后协同作用,以产生最佳的总平面布局模式(图 8-7)。

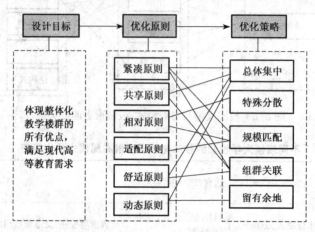

图 8-7 布局优化策略与优化原则

8.3 整体化教学楼群尺度控制优化策略

当前整体化教学楼群空间尺度的显著特征就是尺度增大,无论是建筑群的外形尺度还是外部空间的尺度。过大的空间尺度,不符合师生的行为及心理需求,割裂了环境与建筑的有机联系。从 5.4 节的研究中可以看出,整体化教学楼群的空间尺度控制优化策略,包括以下三个层面的内容,即:①整体化教学楼群与宿舍区距离控制优化策略;②整体化教学楼群建筑型体尺度控制优化策略;③整体化教学楼群外部空间尺度控制优化策略。

根据 5.3 节中的调研,以及 5.4 节中的空间尺度控制方法研究,归纳总结,形成可操作性较强的基于量化的空间尺度优化控制范围,使其能直接运用到建筑设计之中。

8.3.1 整体化教学楼群与宿舍区距离控制优化策略

教学楼群与宿舍区的距离控制将直接决定学生对校园空间尺度的感受。两者间的距离控制不能一概而论,而应与相应的校园规模相匹配,并采用与之相应的教学楼群布局模式,这是距离控制优化策略的根本思路。

尺度控制从学生的行为特点出发,以步行作为基本交通方式,结合 5.4.1 节中的研究内容,根据不同规模的校园,确定两者间的最大距离及适宜的布局模式(表 8-6)。

表 8-6　　　　　　　　　　　整体化教学楼群与宿舍区距离控制优化策略

校园规模	校园占地	最大距离	适宜布局模式	图　示
小型	300亩以下	400 m	平行式	
中型	300~1 500 亩	400~800 m	平行式	平行式
大型	1 500~3 000 亩	800 m	平行式、核心式、组团式（书院式）	核心式
超大型	大于3 000 亩	1 200 m	核心式、组团式（书院式）	组团式（书院式）

8.3.2　整体化教学楼群建筑形体尺度控制优化策略

由于多种原因,整体化教学楼群的建筑形体尺度普遍偏大。建筑尺度的控制是一个复杂问题,既有建筑规模、指标、用地、形体要求等客观原因,也有使用者行为特征、使用方式、心理感受等主观原因。因此教学楼群的形体尺度应综合考虑这两者因素。

学生在教学区的交通主要为步行,因此应以适宜的步行距离作为教学楼的控制尺寸。根据 5.4.2 节中的研究,和 5.3 节的相关调研可以看出,根据学生适宜的步行距离所确定的适宜外形尺寸,与现状教学楼群常用的外形尺寸相差较大,相差十余米到百多米不等(表 8-7)。经过优化后的教学楼群外形尺寸小了很多,无论何种单一类型,或多种类型组合而成的教学楼群,其建筑群的最长边都不应大于 400 m。

表 8-7　　　　　　　　　　整体化教学楼群形体尺度优化控制范围与现状范围比较

类型	图　　示	现状外形尺寸 范围①/m	优化后适宜 外形尺寸	优化前后外 形尺寸差值
线型		W：60～160 L：120～420	W：70～100 m L：200～250 m	W：10～60 m L：80～170 m
组团式		W：140～215 L：140～280	W：140～200 m L：140～250 m	W：0～15 m L：0～30 m
网格式		W：320 L：480 （仅以沈阳建大为例）	W：250～400 m L：250～400 m	W：70～80 m L：130～80 m
巨构式		L：400～570	L：≤400 m	L：≥170 m
其他 形态	—	—	最长边：≤400 m	—

8.3.3　整体化教学楼群外部空间尺度控制优化策略

整体化教学楼群所形成的外部空间的尺度，是随着楼群尺度而变化的。衡量外部空间

---

① 该尺寸范围是根据调研和资料搜集整理而得。

尺度的量化指标主要有围合空间的高宽比(D/H)和围合界面参数(F)，其中D/H值更为直观，更便于在设计中掌握。根据5.4.3节中的研究，可以看出外部空间适宜的高宽比值，优化范围比现状的高宽比值的范围要小一些，具体见表8-8。

表8-8　　　　　　　　整体化教学楼群外部空间尺度范围与现状范围比较

类型	图　示	现状高宽比 /D/H①	适宜高宽比 /D/H	优化前后高宽比差值
内向型空间		$1.1 \leqslant D/H \leqslant 3.6$	$1 \leqslant D/H \leqslant 2.5$	$0.1 \leqslant D/H \leqslant 1.1$
外向型空间		$1.7 \leqslant D/H \leqslant 6.9$	$2 \leqslant D/H \leqslant 4$	$0.3 \leqslant D/H \leqslant 2.9$

以上所得出的整体化教学楼群的适宜的建筑形体尺寸范围和外部空间适宜的尺度范围，是为了解决现状所存在的实际问题，更好的提高设计质量，为设计提供可供参考的量化范围。但需要说明的是，这一范围并不是衡量空间尺度优劣的唯一标准，而是在采用常规的设计手法，这一尺度参考范围更加合理。

8.4　整体化教学楼群 K 值优化策略

通过以上对整体化教学楼群 K 值的调研分析，和对理论模型的 K 值的计算分析，可以看出 K 值的高低其实是一把双刃剑，具有两面性。K 值过高，虽经济性好，但难免空间单调、封闭、不利于交流，无法满足师生的多重需求。相反，K 值过低，则经济性差，效率低，但往往内部空间丰富、开敞、舒适，利于交流。

因此，单纯地追求 K 值的高低都有其问题，需要综合全面的看待 K 值，过高或过低都不应是设计的最终目标。针对当前整体化教学楼群 K 值的普遍偏低，和传统教学楼 K 值的普遍偏高，则需要对教学楼 K 值进行优化研究，尤其要对其直接影响因素进行优策略研究。

8.4.1　四类建筑单元的 K 值优化策略

通过6.4节中对整体化教学楼群中常用的四类单元模型 K 值的定量分析，可知 K 值的高低排序为：中内廊式＞单廊式＞单廊＋中庭＋单廊＞双廊式。以注重空间质量，同时兼顾经济性和效率为目标，结合四类单元模式各有其特点，提出单元 K 值的优化策略。

---

① 该范围是根据5.3节中的调研得出。

1. 中内廊式

该单元模式较其他类型 K 值最高,其理论最高值可为 73%。针对该模式的优点和缺点,确定其 K 值优化策略为:适当降低 K 值,改善内部空间、局部单廊化。

中内廊一般 K 值很高,为改善内部空间的缺点可以牺牲一部分 K 值,局部空间打开,融入一部分单廊的特点,以削弱中内廊的封闭感、单调感、引入光线和交流空间。由于该模式教室集中,中廊要承担两侧教室的交通,因此适用于人流不大的中小规模教室,或专业教室。优化策略所采用的具体方法如表 8-9 所示,各种优化方法可同时使用。

2. 单廊式

单廊式教学单元是整体化教学楼群中应用最广的一种,其 K 值仅次于中内廊式,理论最高值可为 68.6%。针对该模式的优点和缺点,确定其 K 值优化策略为:减少长度、廊宽适中、增加变化。

单内廊一般 K 值较高,为改善内部空间的缺点,可以稍损失一点 K 值,局部空间打开或宽度变化,以削弱单调感,增加交流空间。由于单廊仅承担一侧教室的交通,便于疏散人流,适用于各种规模教室,或专业教室。教室规模越大,单廊的宽度就应当适当加宽。优化策略所采用的具体方法如表 8-9 所示,各种优化方法可同时使用。

3. 单廊＋中庭＋单廊式

单廊＋中庭＋单廊式教学单元,是近年来逐渐在整体化教学楼群中开始应用的一种模式。其 K 值低于单廊式,理论最高值可为 64%。针对该模式的优点和缺点,确定其 K 值优化策略为:尺度控制、化整为零、加强连接。

该模式的 K 值一般不高,为了兼顾内部空间效果和一定的 K 值水平,中庭的尺度控制就显得尤为重要。适宜的高宽比,是获得良好空间尺度的关键。中庭尺寸若过宽,K 值则会过低,进深加大,两侧交通距离加大,占地面积增加;中庭若过窄,则空间压抑,令人感觉不舒服。因此综合考虑,中庭的高宽比 H/D 应介于 1.5～2.5 之间,该模式教学楼的层数不宜过高,一般不超过四层。因教学楼一般都为长条形,所形成的中庭空间也为长向发展。为削弱这种狭长感,可将过长的中庭化整为零,横向分割,两侧以短连廊相接,加强联系。

该模式适用于各种规模教室,或专业教室。教室规模越大,单廊的宽度就应当适当加宽。优化策略所采用的具体方法如表 8-9 所示单廊＋中庭＋单廊单元模式 K 值优化策略,各种优化方法可同时使用。

4. 双廊式

双廊式教学单元是四类模式中 K 值最低的一种模式,其理论 K 值最高仅为 57%。针对该模式的优点和缺点,确定其 K 值优化策略为:分清主次、局部采用、增加变化。

两条交通廊的宽度应有主次之分,其中主廊的宽度可参考单廊宽度的设定,次廊则不应过宽,否则 K 值会过低,同时也会影响教室采光。根据理论模型,当廊宽为 2.1 m 和 3.0 m 时,K 值为 53%,当廊宽为 2.1 m 和 3.6 m 时,K 值为 50.6%。K 值不宜低于 50%,否则经济性较差。因其 K 值较低,所以该模式在整体化教学楼中多为局部使用,尤其是在较大规模教室如大型阶梯教室等中采用。一方面便于疏散人流,另一方面大教室一般进深较大,有利于提高 K 值。为避免该模式内部空间的单调,可采用单廊式的一些设计手法,增强其空间变化,例如局部打开连通、局部放大等。优化策略所采用的具体方法如表 8-9 所示双廊式单元模式 K 值优化策略,各种优化方法可同时使用。

表 8-9　　　　　　　　　　不同单元模式 K 值优化策略

模式	优点	缺点	理论最高K值	优化策略	适用范围	图　示
中内廊单元模式	紧凑、集中、交通面积少，K值高、经济性好、进深大节约用地	封闭、空间单调、走廊采光不佳、缺少交流空间、拥挤	73%（内廊宽3 m）	策略:适当降低K值,改善内部空间、局部单廊化 方法: 1. 减少长度——减少中内廊的长度（60 m 以内），以减少封闭感、单调感； 2. 局部打开——中内廊单侧或双侧局部打开，引入光线，形成交流空间； 3. 增加廊宽——3.6 m 以上(理论K值为70.8%)，减少拥挤感、提供一定的交流空间； 4. 局部放大——中内廊可在楼梯、走廊交汇等交通节点处、人流聚集处等局部放大	中小规模教室(120座以下)、专业教室、办公室	基本模式 减少长度,双侧局部打开 单侧局部打开、局部放大
单廊单元模式	开敞、明亮、便于交流、赏景、削弱拥挤、K值较高、经济性较好	空间层次单一、缺少变化	68.6%（廊宽2.1 m）	策略:减少长度、廊宽适中、增加变化 方法: 1. 减少长度——减少单廊的长度（60 m 以内），以减少单调感； 2. 局部打开——单廊的单侧或双侧局部打开，增加层次与变化； 3. 廊宽适中——廊宽 3～3.6 m（理论K值为63%～59.8%），减少拥挤感、提供一定的交流空间； 4. 局部放大——在人流聚集处、交通节点处单侧或双侧局部放大，增加变化，形成交流空间	适用范围广。各类规模教室、专业教室、办公室等。教室规模越大，单廊的宽度就应当适当加宽	基本模式 局部打开、局部放大 结合楼梯,局部打开、局部放大 局部放大
单廊＋中庭＋单廊单元模式	空间层次丰富，便于交流、展示	交通空间增多，进深大，造价高，K值略低	64%（2.1 m＋4.2 m＋2.1 m）	策略:尺度控制、化整为零、加强连接 方法: 1. 控制高宽比——中庭的1.5<H/D<2.5。 2. 减少层数——层数不宜超过四层。 3. 横向划分、横向连接——通过横向的短连廊，将较长的中庭横向划分为若干个长宽比适中的较小中庭。横向短连廊宽度可适当放宽	各类规模教室、专业教室、办公室等。教室规模越大，单廊的宽度就应当适当加宽	基本模式 横向划分、横向连接

模式	优点	缺点	理论最高 K 值	优化策略	适用范围	图　　示
双廊式单元模式	便于教室的双向疏散	交通面积较大，K 值较低、空间单调	57%（2.1 m/2.1 m）	策略：分清主次、局部采用、增加变化	容纳人数多的大规模教室	基本模式
				方法：1. 廊宽分主次——主廊宽度可设为 2.7～3.6 m，次廊宽度可为 2.1 m； 2. 仅大教室采用——在大型教室出采用双廊模式； 3. 双廊局部连通——将两条廊在局部连通，形成节点空间，增加变化，便于交流； 4. 主廊局部放大——打破单调的空间，增加交流空间		双廊局部连通 / 主廊局部放大

8.4.2　廊空间尺度优化

教学楼中的各类走廊空间的尺度大小是影响 K 值高低的重要因素，廊空间的尺度优化对教学楼的 K 值优化起着至关重要的作用。根据 6.5.1 节的内容，整体化教学楼群适宜的廊宽范围见表 8-10 所示。

表 8-10　　　　　　　　　　整体化教学楼群适宜 K 值范围及廊宽

教学楼群形态	单元模式	单元内适宜廊宽范围/m	单一单元模式的整体 K 值适宜范围	多种单元模式的整体 K 值适宜范围
线型、组团型、网格型、巨构型等	中内廊	3.3～4.5	K>60%	K>50%，其中"中内廊与单廊"组合模式的 K 值 K>55%
	单廊	2.4～3.3	K>55%	
	单廊+中庭+单廊	2.4+4.8+2.4～3.3+6.6+3.3	K>50%	
	双廊	2.1+2.4～2.1+3.3	K>45%	
单元间连廊		功能定位	适宜宽度/m	适宜层数
主连廊		主要为交通空间	3～4.2	2 层
		交通空间、交流空间	4～8 m，不宜超过 10	
次连廊		主要为交通空间	3～3.6	最多为单元体层数减一层

8.4.3　整体 K 值优化策略

1. 优化原则

就现状来讲，整体化教学楼群的整体 K 值普遍不高，远低于传统教学楼和"92 指标"。整体 K 值的优化原则应为：在保证教学楼内部空间品质的基础上，有效提高 K 值。也就是说,并不是一味地追求高 K 值,或是过于追求空间效果而置国情、校情于不顾,造成浪费,而是要将空间质量与 K 值兼顾。在经济条件许可的情况下,以牺牲一定的 K 值换取空间品质的提升也是许可的,但是 K 值也不能过低,形成无需的浪费。在经济条件不允许的情况下,则应仅在重点部位加强空间处理,在其余部位则注重提高 K 值。

2. 优化策略

(1) 合理搭配、高低均衡　整体化教学楼群的整体 K 值应有一个合理的区间范围,以保证其不会顾此失彼。整体化教学楼群是由多个教学单元组合而成,若这些单元模式是单一的同种模式,则在相同的教学楼群形态下(线型、组团型、网格型、巨构型等),其 K 值由高到低的顺序与单元模型的 K 值排序一致,即中内廊式＞单廊式＞单廊＋中庭＋单廊＞双廊式。

整体化教学楼群的规模越大,其单元的类型可能就越多。将 K 值较高的类型和较低的类型组织在一起,就可均衡整体 K 值的高低。因此应避免教学楼群体使用单一的内廊式、或双廊式,以免造成 K 值过高或过低,以及空间单调。而是可以将这几种单元模式合理组合,既可丰富空间,又可优化整体 K 值。

(2) 适宜廊宽,主次有别　在整体化教学楼群中,各类廊空间的面积直接影响到 K 值的高低。适宜的廊宽对有效提高 K 值很重要,各类廊空间应有主次之分,合理分配面积。同时还应当看到,各类走廊的层数越少,其总面积就越少。主连廊不宜高于 2 层,次连廊最多为单元层数减 1。

(3) 明确用途,空间划分　在整体化教学楼群中,各类非功能性空间直接影响到 K 值的高低。应优先明确其设计意图和功能,再合理控制其尺度大小。对于面积较大的交流空间、展示空间应合理地划分空间,并设有相应的硬件设施,以提高其利用率。

3. 参考 K 值范围

根据 6.5.2 节的内容,整体化教学楼群的各单元模式的适宜廊宽范围、单一单元模式的整体 K 值适宜范围、多种单元模式的整体 K 值适宜范围见表 8-10 所示。与现状大部分整体化教学楼群 K 值在 40%～60% 范围相比,优化后的 K 值适宜范围($K>50\%$ 或 $K>55\%$)更注重对 K 值最低限的控制。

8.5　基于使用者行为需求的整体化教学楼群空间优化策略

现代教学楼的设计不应仅满足提供良好的教学物质环境和硬件设施,更应注重满足学生行为及精神层面的需求。交流与交往行为、空间归属感与识别性的需求,是教学楼中满足学生行为需求的设计重点。教学楼中的多义空间是教学楼中最具活力的空间。多义空间能够提供给人们灵活多样的选择,可以容纳人们的多种行为,并提供满足多种行为活动要求的空间环境。但现在教学楼中的多义空间,往往设计手法单一,实际作用发挥不大。结合第 7 章的研究,在整体化教学楼群的设计中,多义空间常用的设置方式及其优化设计策略见表 8-11 所示。

表 8-11 在整体化教学楼群中多义空间的优化设计策略

设置方式	具体形式		优化设计策略
与交通空间结合	门厅、走廊、连廊、过厅、楼梯	门厅、过厅	空间限定 信息发布 与架空层结合
		廊道空间	整体加宽 局部加宽 端头放大 局部突出 局部打开
		楼梯	加宽平台 与中庭结合 设置专属交通厅 开敞楼梯
与大空间结合	中庭、展厅等		充足采光、面宽不宜过窄、面积不宜过小、高宽比宜介于 1 和 2.5 之间。
与功能空间结合	讨论室、教室入口处、教室之间的休息厅等		与功能空间结合紧密、便于使用、限定清晰、具有停留感
与建筑形体结合	底层架空、屋顶平台、挑台等	底层架空	适宜层高 适宜进深 按需架空 交通便捷 设置服务设施 地域差异

学生对教学楼空间的精神需求主要体现在对空间归属感、方向感、识别性等方面。由于目前整体化教学楼群普遍体量大、形态多样、空间复杂,不利于形成空间的归属感、方向感和识别性,因此对其空间优化可以从:调整教室配置、增加开放性学习空间、和而不同,强化专业空间特征、标识个性化等入手。

8.6 小结

整体化教学楼群优化设计策略是为实现其设计目标,发挥其优越性,创造适应现代高等教育理念的教学楼而采用的相应设计方法和设计原则。优化设计策略研究来源于现状所产生的实际问题,其研究的目的是要使其研究成果指导设计实践,应用设计于实践,提高设计质量。

本章从分别从四个方面研究整体化教学楼群优化设计策略,它们分别对应校园规划与建筑设计的不同层面,并针对解决不同问题。具体包括:布局优化策略、空间尺度控制优化策略、K 值优化策略、基于使用者行为需求的整体化教学楼群空间优化策略,具体综合应用如最后的附图 A-1 所示。为了使研究成果更好的应用于设计之中,在空间尺度控制优化策略和 K 值优化策略研究之中,形成了基于量化的相关控制范围。

需要说明的是,教学楼设计质量的提高是应从多方面入手的,本章仅从四个问题较为突出的方面,结合第 4 章至第 7 章的内容,进行了优化设计策略研究。应将以上四个方面的优化设计策略视为一个整体,在各个层面上综合运用,共同发挥作用,从而有效提高设计质量。

9　整体化教学楼群设计实例

9.1　浙江大学紫金港校区东教学楼群

9.1.1　项目概况

本项目的概况如表 9-1 所示。

表 9-1　　　　　　　　　　　　　　　　项目概况

项目概况	主要内容
设计单位	华南理工大学建筑设计研究院
主要设计人	何镜堂,汤朝晖
竣工时间	2002 年
建筑面积	17 万 m²
主要功能	50 座、80 座、120 座、150 座、200 座、250 座、300 座、500 座教室;各类实验室及其准备室;教师办公室等
主要柱网尺寸	10 m×8 m, 10 m×10 m
获奖	国家 2005 年优秀设计银奖;建设部 2003 年优秀设计二等奖;教育部 2003 年优秀设计一等奖

9.1.2　设计特点

该教学组团位于浙江大学紫金港校区东区,组团包括基础教学大楼、信息基础实验中心、电工电子实验中心、物理实验中心和外语教学等功能单元,总建筑面积达 17 万 m²(图 9-1)。

该教学楼群组团布局用了整体网络式的布局模式,通过网格、轴线作为控制和组合建筑的骨架基础,并设置中央风雨交往连廊作为建筑组团组织的纽带。各教学及实验楼通过单元或小组团形式依附在中央交往廊两侧,以细胞生长的方式有机结合成整体,形成统一完整的肌理,通过整体化的布局实现教学与实验功能之间的整合,加强了不同院系之间的有机联系,提高运作的效率(图 9-2)。

教学楼群整体化的布局模式,为不同专业的学生提供了一个便于交往的共享空间和场所,满足了学生之间、师生之间交往的需要。同时也节省学生往返于不同院系组团教学楼之间的奔波,减少校园交通的压力。由于校园规模庞大,教学楼与校园的各功能分区普遍距离

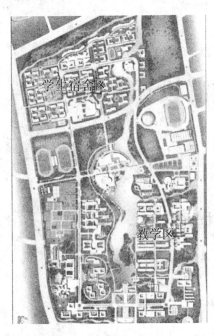

学生宿舍区

教学区

图 9-1　校园总平面图①

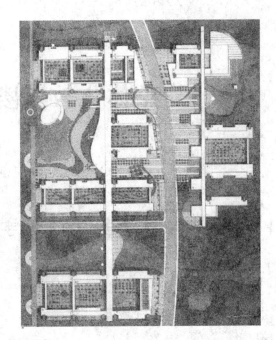

图 9-2　东教学组团总平面图②

较远,容易引起使用上的不便。因此在东教学组团的设计中,整合了教学、办公以及生活等功能,在主要的教学及实验用房之外,引入服务功能,如小卖购物、咖啡茶座、会议展览、休闲娱乐等用房,分别散落布置在组团内部,满足一定的服务半径,实现多功能的整合。

建筑使用面积的 K 值系数<0.5,教学楼内走道净宽>3 m,连廊最宽处为 13 m。教学楼之间的间距有 25 m、40 m、60 m、80 m 和 100 m 等多种尺度,既满足了设计规范所要求的建筑间距,又创造不同尺度的庭院空间。建筑中注重人性化设计,各教学建筑内均设置了交流休闲空间和无障碍设施,设置了残疾人专用通道、电梯和卫生间等。

在东教学组团的设计中,最为突出的是分别设计了集交通功能和交往空间于一体的 10 m 和 4 m 宽的两条中央交往廊。它们既是水平、垂直交通的联系轴,通过它把垂直交通有机组合成立体的交通网络,也是交往活动的联系轴(图 9-3)。中央交往廊不仅交通导向性非常明确,疏散有序快捷,而且能够组织联系大大小小分布的交往空间,形成连续的开放的便捷的交往空间体系。此外,在楼梯间周边结合平面设计形成扩大的交通平台,也是学生理想的休息、交往空间。小组团之间的风雨联系廊由于与庭院空间相结合,有良好的景观、舒适的环境,也是交往活动频繁发生的地方(图 9-4)。

教学楼群组团布局与校园外部空间整合设计,使教学楼群建筑融入到校园空间之中。在教学楼的总平面布局上利用建筑围合了三个主要的组团空间向校园开放,面向校园的绿化景观中心,并充分利用校园湖面水体的引进实现校园公共开放景观空间和教学楼群庭院的整合(图 9-5)。

---

① 图片来源:建筑学报.2004(2):46。
② 图片来源:《浙江大学紫金港校区东教学组团设计》,山东科学技术出版社。

图 9-3 中央连廊

图 9-4 组团间连廊

图 9-5 教学楼群与中央水景

9.2 重庆科技学院第一公共教学楼群

9.2.1 项目概况

本项目的概况如表 9-2 所示。

表 9-2 项目概况

项目概况	主要内容
设计单位	华南理工大学建筑设计研究院
主要设计人	何镜堂,王扬
竣工时间	2006 年
总用地面积	57 758 m²
建筑面积	447 455.4 m²（地上）
容积率	0.77
建筑密度	21%
绿化率	44.5%

9.2.2 设计特点

重庆科技学院新校区第一公共教学楼群，位于重庆虎溪大学城的重庆科技学院的教学中心区。基地高低落差较大且呈狭长形，东西长约360 m，南北宽约160 m（图9-6）。教学楼群的主要功能有公共教室、语音室、专业教室、制图室、办公室、多功能报告厅等。主体建筑地上5层，地下1层。

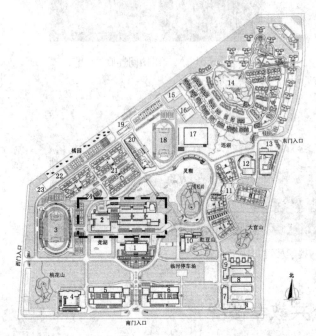

1—图书馆；	2—第一教学大楼；
3—大田堡体育场；	4—逸夫科技大楼；
5—人文社科大楼；	5—经济管理大楼；
7—冶金科技大楼；	8—工程训练中心；
9—石油科技大楼（在建）；	10—办公楼；
11—禾园-学生宿舍区；	12—禾园-食堂区；
13—学术交流中心；	14—教职工住宅区；
15—室内网球场；	16—游泳池；
17—体育馆（在建）；	18—灵湖广场；
19—校医院；	20—容园-食堂区；
21—容园-学生宿舍区；	22—风雨球场；
23—旱冰场；	24—学生服务中心 绿地

图9-6 校园总平面图

建筑群采用复合集约化布局，强调整体组织结构，合理划分区域，适应多元化的集群要求（图9-7）。并在一定的用地面积上缩紧建筑之间的距离，增加容积率和建筑覆盖率，整合外部空间、减少占地面积，使不同单元按照内在逻辑关系集聚在一起。单元之间在保持各自独立的同时又有明确的联系，根据使用需求，可分可合。

教学楼群的功能组织采用模块化的组合方式。以合理的柱网为基本模数，使各类教学空间规整、灵活。清晰的模块化结构，对建筑功能

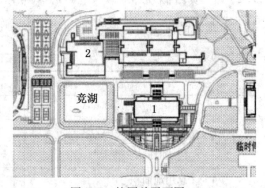

图9-7 校园总平面图

使用、结构布置、综合管线模块化布置、信息网络标准化布线等的集中集约布置都有明显优势。通过楼梯间划分出单元模块，使形体较大的教学楼群有明确的单元体块。

教学楼群中部的中庭为交通枢纽的核心，将各教学模块有机组织到一起，形成以中部为核心向两边呈生长式的网络化布局（图9-8）。主入口将教学楼群分成西区和东区两个部

分。西区首层和2层为普通教室，3～5层为专业教室；东区1～3层为普通教室，4层为语音室与绘图室，五层为部分专业教室。

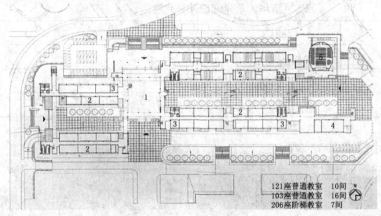

图 9-8　教学楼群一层平面图①

交往空间是复合式群体建筑中的主要组成元素，其连接作用能有效促进不同学科之间、相同学科内部的交流，同时也成为联系各教学空间的主要交通通道，满足了复合集约化群体布局对各教学功能空间的独立性与开放性要求。在教学楼群中，通过连廊、敞厅、中庭、庭院、开敞楼梯间等多种形式，为师生创造交流空间，打破内廊式建筑压抑、沉闷的感觉，形成了良好的学习环境（图 9-9）。四层通高的中庭空间连通，四面开敞，天光露明，形成半室外的开敞空间。此空间既作为教学楼的主要入口与交通枢纽，又提供了良好的交往空间，成为连接各教学模块的纽带，成为该教学楼群的中心活跃空间（图 9-10）。

图 9-9　连廊及开敞楼梯

图 9-10　开敞的通高中庭外观

9.3　广州大学城组团三教学楼群建筑设计

9.3.1　项目概况

本项目概况如表 9-3 所示。

---

① 图片来源：《新建筑》，2012，1。

表 9-3	项目概况
项目	主要内容
设计单位	清华大学建筑设计研究院
主要设计人	朱文一
竣工时间	2005 年
设计内容	广东工业大学教学楼群、广州美术学院教学楼群
学生规模	广东工业大学：2.8 万人；广州美术学院：4 000 人

9.3.2 设计特点

广州大学城组团三面积约 2.46 km²，位于小谷围岛南部，南临珠江，地理位置优越。组团三有 2.8 万学生规模的广东工业大学和 4 000 学生规模的广州美术学院组成。规划与建筑设计在宏观上充分考虑保留丘陵地形和自然村落，追求建筑与自然之间的和谐对话，借势形成绿色校园景观。微观上广东工业大学用地范围内有南朝墓、宋墓、明墓三处历史遗存，规划设计整体保留遗存所在地的地形地貌，结合校园绿色空间设置步行游线，创造新校园的历史感和独特文化氛围。

图 9-11　组团三总平面图①

组团三的规划与建筑设计是从地域先导、台廊共享、朝向均好、秩序井然四个方面，形成一种新型整体设计模式。校园规划与建筑设计以大规模底层架空、实体通透、连续挑廊等有利于通风、增加阴影面的方式回应南方湿热的气候特点。

1. 广东工业大学

总建筑面积达 100 万 m² 的广东工业大学新校园，规划与建筑设计创造 7 条通往珠江的共享台廊，利用台廊下地面层设置机动车和自行车停车场，全面实现人车分流，形成共享台廊上"视而不见车"的良好的人与人交流的空间。一主两次的共享台廊形成主教学区共享空间网络，由南向北，分别连接校前广场、行政中心、会议中心、信息计算机学院、机电自动化学院、化工环境材料学院、理学院、专业基础实验中心、基础实验中心、建设学院及公共教学区和学术交流中心。

交叉学科以及学科整合是广东工业大学的发展趋势，规划与建筑设计应对学科整合这

---

① 图表来源：《建筑学报》2005.3。

一使用需求和发展趋向。教学楼群采用格网式建筑群,形成所谓"无背脸"建筑,即指建筑具有两个或两个以上的方向,而非单一指向。也就是说,建筑具有两个或两个以上的主入口。"无背脸"建筑群还可以适应使用功能的不断变化,以满足学科整合的理念。两幢条形"无背脸"建筑组成的化工环境材料学院综合楼有四个均等的主入口,可以分别满足化工、环境、材料等专业对相对独立、均等出入口的需求。同时在建筑中段主体部分提供学科交叉和整合的空间,达到学科整合与设计形式的"无缝"对接(图 9-12)。

教学楼群以正南北向中空双内廊为模式,保证绝大多数的房间都有最佳朝向和良好通风。在两条单廊建筑之间形成的中空庭院中设置楼梯间和休息台廊解决交通问题、促进学术交流,同时结合东西两端入口顶棚及休息台廊自然防止东西曝晒。公共教学楼、基础实验楼、专业基础实验楼等以绿色为基色,学院综合楼则以学院为单位着色。色彩的运用不仅丰富了新校园的秩序,而且使每幢楼具有可识别性(图 9-13)。

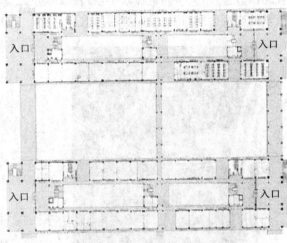

图 9-12　广东工业大学化工环境材料学院平面图①

校园整体建筑群强调水平方向感。层层内外廊是由四根 100 毫米直径钢管构成的栏杆环绕整个建筑群,形成强烈韵律,既加强了新校园建筑的统一性,又创造出建筑鲜明的个性。栏杆是人体尺度在建筑物上的直接投射,也具有地域气候特征,充分体现了南方热带地区建筑通透、空灵的特点,是建筑生态特征的一种表象(图 9-14)。

图 9-13　教学楼群

图 9-14　教学楼栏杆

2. 广东美术学院
广州美术学院主要由艺术设计和造型艺术两大学科构成。造型艺术学科空间有其特殊

---

① 图片来源:《建筑学报》,2005,3。

要求,例如雕塑、泥塑、印刷等专业用房,需要考虑运输条件。美术院校对教室有北面采光的要求,新校公共教室均设置在北面,满足使用要求(图9-15)。

广州美术学院采用"功能分层"方式进行功能布置,在主要教学建筑楼群的顶层布置天光教室,往下依次安排普通教室、计算机教室、各学科系办公室等,满足使用需求。建筑采用正南北向宽内廊模式,结合美术院校特点,宽内廊兼顾交通和陈列。北向房间进深较大,布置北窗教室,南向房间进深较小,布置教师办公室,顶层房间布置天光教室。内廊结合一定数量的交流台廊,达到良好的通风效果。

图9-15　美术学院总平面图①

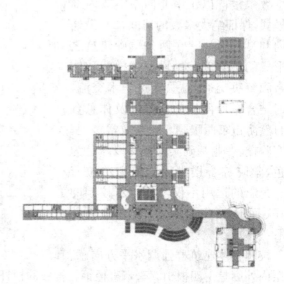

图9-16　教学区组合平面图①

9.4　同济大学嘉定校区公共教学楼群

9.4.1　项目概况

本项目主要概况如表9-4所示。

表9-4　　　　　　　　　　　　项目概况

项目概况	主要内容	项目概况	主要内容
设计单位	同济大学建筑设计研究院	总建筑面积	10万 m²
主要设计人	王文胜	学生规模	1.5万人
竣工时间	2006年	获奖	上海市建筑学会建筑创作佳作奖 上海市青年建筑师设计作品一等奖

---

① 图片来源:城市环境设计,2004.2。

9.4.2 设计特点

同济大学嘉定校区位于上海市嘉定区国际汽车城,教学区用地面积 100 hm²,建筑面积 37.8万 m²,在校学生规模 1.5 万人。该校区的教学楼群由综合教学楼和教学科研楼群构成,位于校园中轴线的东、西两侧(图9-17)。

图 9-17 校园总平面①

校园规划采用组群式的功能布局,教学楼群采用教学综合体的理念,打破条块分割,而将其作为大型教学综合体来设计。多个序列的教学楼单体通过各种形式的"连接体"紧密相连,形成整体化的教学楼群,使之与教学核心区的地位相适应(图9-18)。

在教学楼群的布局上,从学科群的建设以及专业的关联性出发,将汽车相关专业的二级学院楼群组合布局,形成汽车学科群,设置共同的教学实验、信息服务及管理设施,形成互为开放、资源共享,便

图 9-18 教学楼组群模型②

---

① 图片来源:建筑学报,2008,(1)。
② 图片来源:王文胜.教育建筑设计作品集[M].上海:同济大学出版社,2005。

于交流的教学空间。三组平行布局的条形教学楼功能为普通教室,其间的"连接体"则将南向的滨水景观向北渗透,并串接起共享大厅、讲堂、茶座、屋顶花园等公共空间,成为教学楼群的活跃空间(图9-19)。

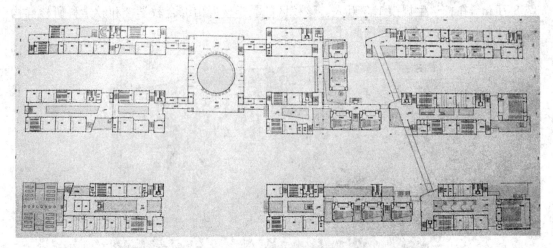

图9-19 教学楼群组合平面图①

公共教学楼的钢结构观光大厅横跨在校园中轴线上,以其为中心通过轻巧的连廊,在4~5层的位置将东西两组六幢教学楼联为整体(图9-20)。大厅中部为一个巨大的圆形空洞,光影感极强,具有强烈的震撼力。观光大厅为师生创造了一个交流共享的公共空间,同时也是校园中轴线上最重要的空间节点和对景建筑。

图9-20 钢结构观光大厅

建筑造型以理性和整体性为原则,以清水混凝土和灰绿色面砖为基调,报告厅等部分体块以鲜艳的色彩和特殊的肌理作为活跃元素穿插其间,以增强可识别性(图9-21)。打破教学楼开窗单调的常规设计手法,利用墙体错位、玻璃凸凹变化等体现建筑的时代感。在教学楼内部空间的设计中,打破条状教学楼单调的空间,塑造多种形式的中庭,将

---

① 图表来源:王文胜.教育建筑设计作品集[M].上海:同济大学出版社,2005。

图 9-21　报告厅

图 9-22　教学楼中庭

楼梯、平台、天桥穿插中庭之中，并引入了绿色和阳光，形成纵横穿插、上下交错的公共空间体系(图 9-22)。

10 结 论

10.1 主要研究结论

10.1.1 高等教育发展趋势及影响教学楼设计的主要因素

纵观中西方高校发展历史,可以看出大学因社会需求而产生,又因社会需求而改变。任何历史阶段的校园规划建设都与其所处的社会政治、经济条件、文化发展水平等背景密切相关,必然会带有不同时代的典型特征。大学教学建筑的发展演变历史,就是不断适应高等教育发展和科学技术发展模式的历史。教学楼是进行高等教育的物质载体,影响其建设的主要因素见表 10-1 所示。

表 10-1 影响高校教学楼建设的主要因素

	主要因素	具体内容
影响高校教学楼建设的主要因素	高等教育发展的影响	高等教育观念变化的影响;高等教育教学改革的影响——专业设置的变化、课程体系变化、教学管理方式变化以及教学模式变化
	大学生需求变化的影响	能力与知识并重的学习生活方式;注重信息输入的社交生活方式;丰富多彩的闲暇生活方式
	高校校园规划思想变化的影响	布局的集中性、校园的可持续发展、智能型校园、开放型校园、人性化校园等。
	教育投资与建设的影响	建设周期、资金、人力、物力

10.1.2 整体化教学楼群的特点及现状问题

历史上大学校园的发展演变进程,经历了由集中到分散,再由分散到集中的螺旋式发展历程。这是与科学发展由综合到分化,再由分化到高度综合的历史进程相吻合的。作为容纳各种教学过程的教学楼应对这种趋势做出反应。整体化教学楼群是适应新的高等教育理念下产生的教学楼模式。它一般由公共教学楼、学科群教学楼、特殊教学用房组成,各功能要素按照一定的组合方式形成布局集中、紧凑的有机整体。

从 2000 年前后至今,整体化教学楼群发展已逾 10 年,呈现出以下特征:①建筑体量庞大,整体性强;②以母题为元素组成群体,建筑使用模数制;③使用线性联系空间;④注重交流空间和公共空间;⑤建筑功能复合化,设施智能化;⑥建筑组团按照学科群划分;⑦建筑使用系数(K 值)降低;⑧注重外部空间及校园景观的创造。

通过多年的使用,同时也呈现出一些问题,主要包括:①速度与质量的矛盾;②追求形式主义;③多样性不足;④规模及尺度过大;⑤建筑使用系数(K 值)较低;⑥识别性与归属感较差;⑦地域性不强。

10.1.3 概念内涵解析及建构模式

1. 概念内涵之一是"群"

整体化教学楼群是各教学单体建筑根据功能要素,按照一定的组合方式形成的一个有机整体。其特点有:①由多个单体建筑组成;②各单体建筑之间在使用功能上具有一定的相似性或必然的内在联系;③对于外部环境,群体作为一个整体,具有一定的独立性和完整性。

2. 概念内涵之二是"整体化"

整体化教学楼群具有"整体性",是为适应高等教育理念,基于"整体化"理念下所形成的教学楼"整体"。其整体性体现在三个层面:一是其内部本体的关系;二是与校园外部环境的关系;三是与使用者的关系。它不应是单栋教学楼的简单组合和叠加,而应是一个有机的动态整体建筑群。研究时应该关注其群体建筑的整体性特征,而非建筑单体的特征。

3. 整体化教学楼群的构成要素

整体化教学楼群的构成要素有公共教学楼群、学科群教学楼(群),又称院系楼(群)、特殊院系(学院)楼。根据各校内在与外在条件的不同,其结构组合方式可呈现出多种形式,而非固定的唯一模式。其常见布局形态包括:线型、组团型、网格型、点状、巨构式等。每种形态类型都有其鲜明的特点和使用范围,对建筑形态的选择重点应放在其适应条件的研究上,而非单纯形式上的审美研究。

10.1.4 整体化教学楼群优化设计策略

该优化设计策略是为充分发挥其优越性,针对现状所产生的实际问题,研究优化改良的设计策略和方法,并将其应用于设计实践,提高设计质量。从 4 个方面进行研究,分别对应规划与设计的不同层面与阶段,针对解决设计中出现的不同问题。

1. 总体布局优化设计策略

各高校需依据自身的用地规模、学科性质、校园规划结构、功能布局等特点,综合各因素而考虑,基于整体化的观念,形成适宜的布局模式。具体优化原则、优化策略、优化设计方法见图 10-1 所示。

2. 空间尺度控制优化策略

影响整体化教学楼群尺度的因素主要包括:"92 指标"与校园建设规模、校园用地规模、大学生行为、气候因素。教学楼群尺度的控制既有建筑规模、指标、用地、形体要求等客观因素,也有使用者行为特征、使用方式、心理感受等主观因素。教学楼群尺度控制必须要考虑学生的行为特点。

尺度控制要素包括围合空间的高宽比 D/H 和界面围合参数 F。从三个方面对其进行量化研究,形成优化策略和尺度控制优化范围(表 10-2)。具体包括:

(1) 整体化教学楼群与宿舍区距离控制优化策略;

(2) 整体化教学楼群建筑型体尺度控制优化策略;

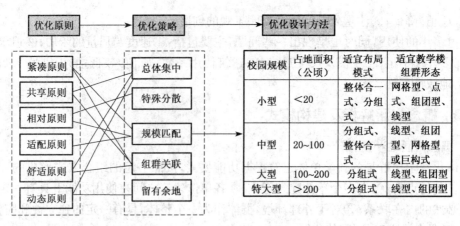

图 10-1　布局优化原则、策略、方法

（3）整体化教学楼群外部空间尺度控制优化策略。

表 10-2　　　　　　　整体化教学楼群建筑型体尺度、外部空间尺度控制优化范围

建筑型体尺度适宜范围			外部空间尺度适宜范围		
类型	宽度/m	长度/m	类型	适宜高宽比	界面围合系数
线型	W：70～100	L：200～250	内向型空间（单元内部围合空间）	$1 \leqslant D/H \leqslant 2.5$	$55\% \leqslant F \leqslant 85\%$
组团式	W：140～200	L：140～250			
网格式	W：250～400	L：250～400	外向型空间（入口广场或组团间）	$2 \leqslant D/H \leqslant 4$	—
巨构式	L：≤400				
其他形态	最长边：≤400				

3. 使用面积系数(K值)优化策略

影响整体化教学楼群 K 值的因素包括：①直接影响因素有：建筑单元交通组织方式、非功能性多义空间、建筑形态、功能性空间；②间接影响因素有：教学模式的影响、气候因素的影响、经济因素的影响等。当前整体式教学楼的 K 值普遍较低，K 值具有两面性，不应单纯追求 K 值的高或低，而应有一个适宜的范围，以保证设计的各个方面都能兼顾，不会有所偏颇。

整体化教学楼群 K 值的优化策略有：①合理搭配、高低均衡；②适宜廊宽，主次有别；③明确用途，空间划分。整体化教学楼群的 K 值优化的适宜范围、廊宽适宜范围、连廊适宜宽度如表 10-3 所示。

表 10-3　　　　　　　整体化教学楼群适宜廊宽范围及 K 值优化范围

单元模式	单元内适宜廊宽范围/m	单元间连廊适宜廊宽		单一单元模式的整体 K 值优化范围	多种单元模式的整体 K 值优化范围
中内廊	3.3～4.5	主连廊（适宜层数：2层）	主要为交通空间：3～4.2 m	＞60%	K＞50%，其中"中内廊与单元"组合模式的 K 值，K＞55%
单廊	2.4～3.3		交通空间、交流空间：4～8 m，不宜超过 10 m	＞55%	

续 表

单元模式	单元内适宜廊宽范围/m	单元间连廊适宜廊宽		单一单元模式的整体 K 值优化范围	多种单元模式的整体 K 值优化范围
单廊＋中庭＋单廊	2.4＋4.8＋2.4～3.3＋6.6＋3.3	次连廊(最多为单元体层数减一层)	主要为交通空间：3～3.6 m	＞50%	K＞50%，其中"中内廊与单廊"组合模式的 K 值，K＞55%
双廊	2.1＋2.4～2.1＋3.3			＞45%	

4. 基于使用者行为需求的空间优化设计策略

对交流与交往空间的需求,空间归属感与识别性的需求,这是教学楼设计中满足学生行为需求的设计重点。多义空间具有模糊性、包容性与开放性。在教学楼设计中,多义空间能支持师生多样化的交往行为,具有较强的活力和亲和力。多义空间在教学楼设计中主要有四种设置方式:与交通空间结合、与大空间结合、与功能空间结合以及与建筑形体结合。在设计时可通过空间限定、走廊局部加宽、打开或突出等方法优化空间。设置架空层时,应按需架空,采用适宜的层高和进深,并结合地域特征设置。

学生对教学楼空间的精神需求主要体现在对空间归属感、领域感、方向感、识别性等方面。整体化教学楼群普遍体量大、形态多样、空间复杂,不利于形成空间的归属感、方向感和识别性,应进行优化设计,具体方法包括:调整教室配置、增加开放性学习空间、和而不同,强化专业空间特征、标识个性化。

需要指出的是,针对当前整体化教学楼群 4 个较为突出的问题,进行了针对性较强的优化设计策略研究。在实际运用中,应将以上 4 个方面的优化设计策略作为一个整体,在设计的各个层面上整合运用,协同作用,从而有效提高设计质量。

10.2 研究展望

设计理论与方法的研究应当是一个动态的、持续的过程。教学楼设计质量的提高是应从多方面入手的。由于研究的时间、能力以及篇幅有限,有关高校整体化教学楼群设计的许多内容仍有待于进一步深入研究,具体包括以下方面的内容:

(1)基于地域适应性的高校整体化教学楼群设计研究。建立适应于地域生态特点、地域文化特点、地域经济发展特点、地域高等教育发展特点的整体化教学楼群。

(2)高校整体化教学楼群的建筑设计相关指标研究。现行使用的"92 面积指标"已经滞后脱离现实,应当结合高校发展现状,对该指标进行修订。

(3)对教学楼中不同规模、不同类型教室的配置比例、配置关系进行研究。对高校教学区的适宜的建筑密度、容积率等控制性指标进行量化研究,以合理控制教学区规模。

(4)对不同类型高校的整体化教学楼群设计进行深入研究。如综合类高校、文科类高校、理工科高校、艺术类高校、农林类高校等。结合各类高校的学科特点、教学特点,研究其教学楼设计。

(5)由于篇幅和时间所限,本书虽对整体化教学楼群的空间归属感、识别性等相关问题有所论述,但深度有限,仍需进一步的探讨研究。

(6)由于研究时间和客观现实条件的限制,未能将研究的全部成果运用到实际的相应工程项目之中。在今后的研究中,应尽可能将已得到的研究成果运用到实践当中,以检验研究的正确性。同时总结实践过程中出现的问题反馈,以修正理论研究中的偏差。

附录 A 问卷调查

A1 西安电子科技大学教学楼问卷调查

您好！为了对新建教学楼使用情况进行研究，特向您提出以下问题，希望得到您的帮助。以下问题可单选或多选。谢谢合作！

1. 您的状况及就读或研究的专业_____。
   A. 低年级（1～2 年级）　　　　　　　B. 高年级（3～5 年级）
   C. 硕士　　　　　　　　　　　　　　D. 博士
   E. 教师

2. 与老校区相比，您是否喜欢学校新校区的教学楼？原因是_____。
   A. 非常喜欢　　　　　　　　　　　　B. 喜欢
   C. 不喜欢　　　　　　　　　　　　　D. 无所谓
   E. 更喜欢老校区教学楼

3. 您是否喜欢平台、连廊空间？
   A. 喜欢　　　　　　　　　　　　　　B. 不喜欢
   C. 无所谓

4. 您会在教学楼的走廊上做什么？
   A. 休息、晒太阳、看风景　　　　　　B. 听音乐
   C. 和朋友聊天　　　　　　　　　　　D. 和同学老师探讨问题
   E. 适当运动、放松筋骨　　　　　　　F. 读书
   G. 作为行走的通道　　　　　　　　　H. 其他

5. 在上下课学生集中的时间段里，您是否感觉到长廊内的拥挤？
   A. 很拥挤　　　　　　　　　　　　　B. 一般拥挤
   C. 不拥挤

6. 在教学楼中，您希望有的附加功能有哪些？
   A. 书店　　　　　　　　　　　　　　B. 文具店
   C. 便利店　　　　　　　　　　　　　D. 打印、复印
   E. 电话　　　　　　　　　　　　　　F. 快餐店
   G. 专用自习室　　　　　　　　　　　H. 电脑机房

I. 网线端口　　　　　　　　　　　J. 其他,例如_____

7. 您喜欢上课的教室是_____。
   A. 大教室(3~5班)　　　　　　　B. 大的阶梯教室
   C. 小教室(1~2班)　　　　　　　D. 多媒体教室
   E. 无所谓

8. 您最喜欢上课或自习的教学楼是_____栋教学楼,原因_____。

9. 您会在教学楼的庭院内做什么?
   A. 休息、晒太阳　　　　　　　　B. 听音乐
   C. 和朋友聊天　　　　　　　　　D. 和同学老师探讨问题
   E. 适当运动、放松筋骨　　　　　F. 读书
   G. 欣赏花草树木,拥抱大自然　　H. 其他_____

10. 您认为应该如何评价教学楼外部环境空间的总体氛围? 请在( )里写上您认为合适的选项。
    A. 亲切　　　　　　　　　　　B. 冷漠　　　　　（　　）
    A. 有归属感　　　　　　　　　B. 无归属感　　　（　　）
    A. 开放　　　　　　　　　　　B. 封闭　　　　　（　　）
    A. 便捷　　　　　　　　　　　B. 迂回　　　　　（　　）
    A. 阳光充沛　　　　　　　　　B. 阴暗潮湿　　　（　　）
    A. 生机盎然　　　　　　　　　B. 死气沉沉　　　（　　）
    A. 放松自在　　　　　　　　　B. 难受拘束　　　（　　）
    A. 自发活动多　　　　　　　　B. 自发活动少　　（　　）

11. 在上下课时间,您是否介意为转换教学楼而奔波?
    A. 介意(超过5 min)　　　　　　B. 不介意(5 min以内)
    C. 无所谓

12. 在新教学楼寻找上课教室时,您是否曾经迷路?
    A. 很少　　　　　　　　　　　B. 从来没有
    C. 经常

13. 您认为是否有必要按照学院独立设置各院教学楼?
    A. 有必要　　　　　　　　　　B. 没必要
    C. 无所谓

14. 您从宿舍到教学楼使用以下哪种交通方式?
    A. 步行　　　　　　　　　　　B. 自行车
    C. 校内小巴或者电瓶车　　　　D. 其他方式(请注明)

15. 您从宿舍到教学楼,大约需要多长时间?
    A. 5 min以内　　　　　　　　　B. 5~10 min
    C. 10~15 min　　　　　　　　　D. 15~20 min
    E. 20 min以上

16. 您认为平时上课时由于不同课程更换教室所耗用的时间是否合理?（合理/不合理,距离过长)如果不合理,您认为多长时间属于合理时间?
    A. 5 min以内　　　　　　　　　B. 5~10 min内
    C. 15 min内

17. 请您对学校整体式教学楼的千米走廊做何评价?
    A. 千米走廊我很少走那里　　　B. 千米走廊很便捷,我很乐于走那里
    C. 太长了,每次都走得我很累　　D. 其他

18. 您对于教学楼内的走廊,觉得是否宽敞?(　　)。
    A. 一直很宽敞　　　　　　　　　B. 下课高峰期,有些拥挤
    C. 有人在走廊聊天时,有些挤　　　D. 一直感觉有些挤
19. 您平时在千米长廊教学楼内上课,通过哪个途径进出教学楼?(　　)。
    A. 从地面层到达教学楼　　　　　　B. 从二层长廊到达教学楼
    C. 通过教学楼间连廊,到达下一个上课的地方

A2　浙大紫金港校区东教组团西教学楼使用情况调查问卷

时间:_____　　地点:_____　　天气:_____

您好,非常感谢您在百忙之中阅读我的调研问卷。我是西安建筑科技大学博士研究生,目前正在进行有关普通高校整体化教学楼的相关研究。您即将完成的这份问卷将有助于我更好地进行研究工作,在此对您的配合表示由衷的感谢!

1. 您的身份及专业?_____
   A. 本科低年级(1~2 年级)　　　　B. 本科高年级(3~5 年级)
   C. 硕士　　　　　　　　　　　　D. 博士
   E. 教师　　　　　　　　　　　　F. 专业_____
2. 您除了教学安排外,课余时间使用教学楼多吗?_____
   A. 经常使用(比如自习等)　　　　B. 偶尔使用
   C. 从不使用
3. 您在教学区时,会在哪里进行休闲活动?_____(可多选)
   A. 教室前的走廊　　　　　　　　B. 教学楼间的连廊
   C. 楼层休息平台　　　　　　　　D. 展廊或展厅
   E. 地面花园　　　　　　　　　　F. 底层架空层
   G. 屋顶平台　　　　　　　　　　H. 自由空间
   I. 其他_____
4. 您平时经常在这些活动空间活动吗?_____
   A. 课间、课后都经常使用　　　　B. 课间经常使用,课后使用较少
   C. 课间使用很少,课后经常使用　　D. 课间、课后都很少使用
5. 您会在平台,连廊等空间做什么?_____(可多选)
   A. 休息、晒太阳、看风景　　　　B. 听音乐
   C. 与朋友聊天　　　　　　　　　D. 读书
   E. 和同学老师探讨问题　　　　　F. 适当运动
   G. 其他_____
6. 您是否喜欢平台、连廊、展廊等空间?_____
   A. 喜欢　　　　　　　　　　　　B. 不喜欢
   C. 无所谓
7. 您觉得教学楼的走廊、连廊、平台、展廊等空间能否满足您的活动需求?_____
   A. 空间过多,有些浪费　　　　　B. 刚好完全满足
   C. 基本能满足　　　　　　　　　D. 不能满足

8. 您希望在教学楼中附加哪些功能空间？_____（可多选）
    A. 书店   B. 文具店
    C. 便利店   D. 打印、复印
    E. 电话   F. 快餐店
    G. 自由空间（可上网、自习、小聚会等）   H. 咖啡吧或茶吧
    I. 专门的学生活动教室   J. 无需附加功能

9. 您觉得教学楼内走廊的宽度如何？_____
    A. 宽度过宽   B. 宽度适合，比较宽敞
    C. 宽度可以，偶尔有些挤   D. 宽度不够，经常感觉拥挤

10. 您觉得东教学组团 500 m 长的主交通轴的使用效率如何？_____
    A. 宽度过宽，使用率不高   B. 宽度适合，使用率较高
    C. 宽度不够，显得拥挤

11. 您觉得主交通轴内的各种附加功能（如休息处，零售店等）是否有必要？_____
    A. 有必要，方便使用   B. 没必要
    C. 无所谓

12. 您平时经常使用主交通轴的哪几层？_____（可多选）
    A. 一层   B. 两层
    C. 三层

13. 您觉得教学楼间连廊建几层最合理（既方便使用，又不会浪费）？_____
    A. 一层   B. 两层
    C. 三层   D. 教学楼间每层都建连廊
    E. 没必要建连廊

A3　西安建筑科技大学建筑学系馆建筑广场改造满意度调研问卷

    您好！为了对教学楼使用情况进行研究，特向您提出以下问题，希望得到您的帮助。以下问题可单选或多选。谢谢合作！

一、您的身份：
    1. 大一   2. 大二   3. 大三   4. 大四   5. 大五
    6. 研究生   7. 教师

二、您对系馆四楼建筑广场的使用频率：
    1. 经常（一周三次以上）   2. 有时（一周一次）   3. 偶尔

三、您对系馆四楼建筑广场的空间大小满意度：
    1. 很不满意   2. 较不满意   3. 一般   4. 较满意   5. 很满意

四、您对系馆四楼建筑广场的自然采光满意度：
    1. 很不满意   2. 较不满意   3. 一般   4. 较满意   5. 很满意

五、您对系馆四楼建筑广场的人工照明满意度：
    1. 很不满意   2. 较不满意   3. 一般   4. 较满意   5. 很满意

六、您对系馆四楼建筑广场的通风情况满意度：

| | 1. 很不满意 | 2. 较不满意 | 3. 一般 | 4. 较满意 | 5. 很满意 |

七、您对系馆四楼建筑广场的噪音情况满意度：

    1. 很不满意　　　　2. 较不满意　　　　3. 一般　　　　4. 较满意　　　　5. 很满意

八、您对系馆四楼建筑广场总体舒适度：

    1. 很不满意　　　　2. 较不满意　　　　3. 一般　　　　4. 较满意　　　　5. 很满意

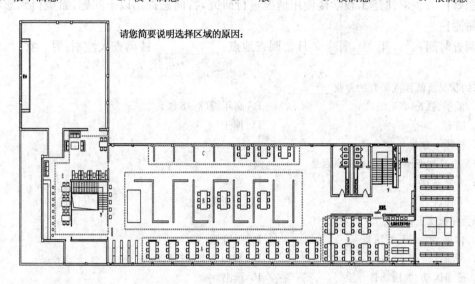

请您简要说明选择区域的原因：

九、您最喜欢的系馆四楼建筑广场工作区域为_____。

西安建筑科技大学建筑学系馆自由空间使用情况调研表格

	自由空间(B, C, D)		调研起始日期：		调研结束日期：			
	8:30	9:30	10:30	11:30	12:30	13:30	14:30	15:30
周一								
周二								
周三								
周四								
周五								
周六								
周日								
平均								
时间	16:30	17:30	18:30	19:30	20:30	21:30	22:30	
周一								
周二								
周三								
周四								
周五								
周六								
周日								
平均								

A4　沈阳建筑大学教学楼使用情况调查问卷

您好！为了对沈建工教学楼使用情况进行研究，特向您提出以下问题，希望得到您的帮助。谢谢！

调查时间：＿＿年＿＿月＿＿日　调查地点：＿＿＿＿＿＿　被调查人性别：男　女

1. 您的状况及就读或研究的专业＿＿＿＿＿。
   A. 低年级（1～2年级）　　　　　　　B. 高年级（3～5级）
   C. 硕士　　　　　　　　　　　　　　D. 博士
   E. 教师　专业＿＿＿＿＿

2. 您是否喜欢亚洲第一长廊？原因是＿＿＿＿＿。
   A. 非常喜欢　　　　　　　　　　　　B. 喜欢
   C. 不喜欢　　　　　　　　　　　　　D. 无所谓

3. 您会在长廊上做什么？（可多选）
   A. 休息、晒太阳、看风景　　　　　　B. 听音乐
   C. 和朋友聊天　　　　　　　　　　　D. 和同学老师探讨问题
   E. 适当运动、放松筋骨　　　　　　　F. 读书
   G. 作为行走的通道　　　　　　　　　H. 观看展览

3. 在上下课学生集中的时间段里，您是否感觉到长廊内的拥挤？
   A. 很拥挤　　　　　　　　　　　　　B. 一般拥挤
   C. 不拥挤

4. 从④号学生公寓到教学楼C2馆2楼的过程中，您喜欢选择什么样的行走路线？（见图）
   A. ④号学生公寓—长廊—C1馆2楼—C2馆2楼
   B. ④号学生公寓—长廊—庭院—C2馆2楼
   C. ④号学生公寓—建筑博物馆的道路—甲3楼2楼—C2馆2楼
   D. ④号学生公寓—建筑博物馆的道路—庭院—C2馆

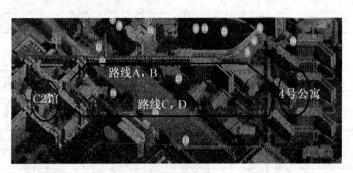

5. 您和朋友、同学交流、交往经常去哪里？（可多选）
   A. 公共教室　　　　　　　　　　　　B. 专业教室
   C. 长廊　　　　　　　　　　　　　　D. 图书馆
   E. 学生活动中心　　　　　　　　　　F. 宿舍
   G. 餐厅　　　　　　　　　　　　　　H. 体育场馆

I. 校外文娱场所　　　　　　　　　　J. 饮食中心

K. 户外庭院

6. 您平时上课最多的是哪个类型的教室?

    A. 八合班　　　　　　　　　　　　B. 六合班

    C. 四合班　　　　　　　　　　　　D. 二合班

    E. 单班

7. 您喜欢上自习的地点_____ (可多选)

    A. A1 馆、A 2 馆　　　　　　　　　B. B1 馆、B2 馆、B3 馆、B4 馆

    C. C1 馆、C2 馆、C3 馆、C4 馆、C5 馆　　D. D1 馆

    E. E1 馆、E2 馆、E3 馆　　　　　　F. 甲 1 楼、甲 2 楼、甲 3 楼

    G. 乙 1 楼、乙 2 楼、乙 3 楼、乙 4 楼、乙 5 楼

    H. 丙 1 楼、丙 2 楼、丙 3 楼

    I. 丁 1 楼、丁 2 楼　　　　　　　　J. 戊 1 楼、戊 2 楼

    K. 图书馆　　　　　　　　　　　　L. 自己的系楼

    M. 宿舍　　　　　　　　　　　　　N. 户外

8. 重复的 9 个院落式建筑群,容易造成空间的迷失,您认为在教学楼群内会迷失方向么?

    A. 经常会有　　　　　　　　　　　B. 有时候会

    C. 没有过

9. 在教学楼群内您经常通过什么来感知您所在的位置?(可多选)

    A. 庭院的平面和内容　　　　　　　B. 楼的外立面形象

    C. 建筑的标识系统(例如楼号、名称)　D. 内部装修

10. 您会在庭院内作什么?(可多选)

    A. 休息、晒太阳　　　　　　　　　B. 听音乐

    C. 和朋友聊天　　　　　　　　　　D. 和同学老师探讨问题

    E. 适当运动、放松筋骨　　　　　　F. 读书

    G. 欣赏花草树木,拥抱大自然

11. 您认为应该如何评价院落空间的总体氛围? 请您在合适的位置打勾。

序号	项目	感受				
		很	有点	一般	有点	很
1	A. 亲切					
	B. 冷漠					
2	A. 有归属感					
	B. 无归属感					
3	A. 开放					
	B. 封闭					
4	A. 便捷					
	B. 迂回					
5	A. 阳光充沛					
	B. 阴暗潮湿					

序号	项目	感受				
		很	有点	一般	有点	很
6	A. 生机盎然					
	B. 死气沉沉					
7	A. 放松自在					
	B. 难受拘束					
8	A. 自发活动多					
	B. 自发活动少					

12. 您是否喜欢通过旧物再利用,建立新旧校园之间的联系。例如在新教学楼里使用原有的课桌椅?

    A. 喜欢   B. 不喜欢

    C. 无所谓

13. 您对这种网格型的教学楼排布模式感觉如何?(可多选)

    A. 建筑密度较高,距离近便,加强彼此间的空间连续性,有利于学科间的渗透交叉、师生交流与资源共享

    B. 教学楼内可识别性较差

    C. 教学楼一层架空,大片草地延伸到教学区的方格状内庭院之中,所以并不是十分的封闭

    D. 重复的空间单元组合导致整体的多样性、层次性不强

    E. 整个楼群内部的树木稀少,多为硬质铺面及草坪,而且经常处于建筑的阴影之中,不利于树木的成长

A5 西北工业大学长安校区教学楼使用情况调查问卷

您好!为了对新建教学楼设计进行研究,特向您提出以下问题,希望得到您的帮助。以下问题可单选或多选。谢谢合作!

1. 您是:

    A. 低年级(1~2年级)   B. 高年级(3~5年级)

    C. 硕士   D. 博士

    E. 教师

2. 您在校园中的出行方式是:

    A. 步行   B. 自行车

    C. 步行+自行车   D. 其他

3. 在上下课时间里,您感觉教学楼中的走廊是否拥挤?

    A. 很拥挤   B. 一般

    C. 不拥挤   D. 无所谓

4. 课余时间您会在教学楼的走廊(连廊、平台)上做什么?

    A. 休息   B. 等人

    C. 聊天   D. 探讨问题

    E. 打电话   F. 读书

G. 交通   H. 其他

5. 在教学楼中,您希望有的附加功能有哪些?

     A. 书店   B. 文具店

     C. 便利店   D. 打印、复印

     E. 电话   F. 快餐店

     G. 专用自习室   H. 电脑机房

     I. 网线端口   J. 其他,例如 _____

6. 您会在教学楼围合的室外庭院内做什么?

     A. 休息   B. 等候

     C. 聊天   D. 散步

     E. 读书   F. 赏景

     G. 很少逗留   H. 路过

     I. 其他 _____

7. 在上下课时间更换教室,您认为适宜的步行时间?

     A. 5 分钟以上   B. 5~10 分钟

     C. 10~15 分钟   D. 无所谓

8. 在新校区中,各栋教学楼容易识别吗?

     A. 易识别   B. 不易识别

     C. 一般   D. 无所谓

9. 初次在新教学楼中寻找上课教室时,您是否曾经迷路过?

     A. 很少   B. 有时

     C. 经常   D. 从来没有

10. 课后在教学楼中,您会在哪里和老师或同学交流或讨论问题?

     A. 靠近楼梯   B. 一层入口

     C. 走廊   D. 教室

     E. 没有合适的地方   F. 其他,例如 _____

11. 您认为本校的教学楼群的体量尺度如何?

     A. 体量太大   B. 体量合适

     C. 一般   D. 长度太长

     E. 长度合适   F. 一般

12. 您认为是否有必要按照学院独立设置各院系教学楼?

     A. 有必要   B. 没必要

     C. 无所谓   D. 根据院系特点定

13. 您认为是否需要各专业设有固定的专业教室?

     A. 有必要   B. 没必要

     C. 无所谓   D. 根据院系特点定

14. 您喜欢的教学楼空间形式是:

     A. 内中廊式   B. 单外廊式

     C. 中庭式   D. 庭院围合式

     E. 行列式   F. 其他

15. 您最喜欢 _____ 教学楼?原因 _____,请评价其内部及外部空间环境,并在每组形容词相应的量级处画√

序号	项目	感受				
		很	有点	一般	有点	很
1	A. 舒适					
	B. 不舒适					
2	A. 有归属感					
	B. 无归属感					
3	A. 开放					
	B. 封闭					
4	A. 易识别					
	B. 不易识别					
5	A. 使用方便					
	B. 使用不便					
6	A. 有活力					
	B. 死气沉沉					
7	A. 适于交流					
	B. 不适于交流					
8	A. 功能多样					
	B. 功能单一					

16. 对于教学楼建设，您有什么建议？

参考文献

1. 著作类

[1] 周逸湖,宋泽方.高等学校建筑规划与环境设计[M].北京:中国建筑工业出版社,1994.

[2] 本书编委会.建筑设计资料集－3[M].2 版.北京:中国建筑工业出版社,1994.

[3] 《中国教育年鉴》编辑部.中国教育年鉴[M].长沙:湖南教育出版社,1988.

[4] 中华人民共和国教育部高等教育司.中国中国普通高等学校本科专业设置大全[M].北京:高等教育出版社,1991.

[5] 高书国.从大众化到普及化,社会主义市场经济条件下高等教育改革与发展研究[M].北京:科学出版社,2001.

[6] 庄惟敏.建筑策划导论[M].北京:中国水利水电出版社,2000.

[7] 李志民.小學校におけ余裕教室の活用する建築計畫の研究[M].西安:西安地图出版社 2000.

[8] 马丁·皮尔斯.大学建筑[M].王安怡,高少霞,译.大连:大连理工出版社,2001.

[9] 杨开忠.迈向空间一体化[M].成都:四川人民出版社,1993.

[10] 戴志中,褚冬竹,肖晓丽.高校校前空间[M].南京:东南大学出版社,2003.

[11] 姜辉.孙磊磊.万正旸,等.大学校园群体[M].南京:东南大学出版社,2006.

[12] 万新恒.信息化校园:大学的革命[M].北京:北京大学出版社,2000.

[13] (美)克莱尔·库拍·马库斯,卡罗琳·弗朗西斯.人性场所——城市开放空间设计导则[M].俞孔坚,孙鹏,王志芳,译.北京:中国建筑工业出版社,2001.

[14] 全国获奖教育建筑设计作品集编委会.全国获奖教育建筑设计作品集[M].北京:中国建筑工业出版社,2001.

[15] (英)约翰·亨利·纽曼.大学的理想[M].徐辉,译.杭州:浙江教育出版社,2001.

[16] 李道增.环境行为学概论[M].北京:清华大学出版社,2000.

[17] 何镜堂.建筑设计研究院校园规划设计作品集(华南理工大学建筑设计研究院)[M].北京:中国建筑工业出版社,2002.

[18] (丹麦)杨·盖尔.交往与空间[M].何人可,译.北京:中国建筑工业出版社,1992.

[19] 涂慧君.大学校园整体设计——规划·景观·建筑[M].北京:中国建筑工业出版社,2007.

[20] 中国建筑学会建筑师分会教育建筑学术委员会.当代大学校园规划与设计[M].北京:中国建筑工业出版社,2006.

[21] Lynch Kevin. A Theory of Good City Form [M]. Cambridge:The MIT Press.

[22] Michael Brawne. University Planning and Design [M]. Published by Lund Humphries For Architectural Association London,1967.

[23] Alexander Christopher. The Oregon Experiment [M]. New York:Oxford University

Press，1987.

[24] 高冀生.世纪之交的中国高等教育[M].北京:科学出版社,2001.

[25] 林玉莲,胡正凡.环境心理学[M].北京:中国建筑工业出版社,2000.

[26] (美)C·亚历山大.俄勒冈实验[M].赵冰,刘小虎,译.北京:知识产权出版社,2002.

[27] Campus & Community：Moore Ruble Yudell Architecture & Planning ［M］. Rockport Publishers；Rockport,Massachusetts，1997.

[28] 戴志中,李海乐,任智劼.建筑创作构思解析——动态·复合［M］.北京:中国计划出版社,2006.

[29] Alexander，Christopher，Sara Ishikawa，Murray Silverstein. A Pattern Langue［M］. New York：Oxford University Press，1977.

[30] Wilson RG，Butler SA. University of Virginia：An Architectural Tour［M］. New York：Princeton Press，1998 .

[31] Edwards B. University Architecture［M］. New York：Spon Press，2000.

[32] Muthesius S. The Postwar University：Utopianist Campus and College［M］. New Haven and London；Yale University Press，2000.

[33] The International Association of Universities. International Handbook of Universities［M］. Stockton Press，1993.

[34] Richard. P. Dober. Campus Landscape—Function，Form，Features［M］. U. S. A. John Wiley & Sons，Inc，2000 .

[35] Kevin Lynch. The Image of City［M］. MIT Press，1960.

[36] Christian Norberg-Schulz. Meaning In Western Architecture ［M］. Cassell Ltd，Published，1980.

[37] 生徒校内移动考虑新成,教育の多样化·弹力化による高等学校に关する建筑计画の研究［D］(2)日本建筑学会论文集,1997.

[38] Richard P. Dober. Campus Architecture—Building in the Groves of Academe［M］. New York：McGraw-Hill Companies. Inc. ，U. S. A. ，1996.

[39] Paul Venable Turner. Campus—An American Planning Tradition［M］. MIT. Press，1998.

[40] Oscar Rlera Ojeda. Campus & Community—More Ruble Yodel Architecture & Planning ［M］. Rockport Publishers. Inc. ，Massachusetts. U. S. A，1997.

[41] 中华人民共和国建设部.城市普通中小学校校舍建设标准[M].北京:高等教育出版社,2002.

[42] 中华人民共和国教育部.普通高等学校建筑面积规划指标[M].北京:高等教育出版社,2002.

[43]《建筑创作》杂志社.浙江大学紫金港校区东教学组团设计[M].济南:山东科学技术出版社,2005.

[44]《建筑创作》杂志社.北航新主楼设计[M].天津:天津大学出版社,2009.

[45]《建筑创作》杂志社.广州大学城中山大学设计[M].天津:天津大学出版社,2006.

[46]《建筑创作》杂志社.中国美术学院南山路校园整体改造工程设计[M].济南:山东科学技术出版社,2004.

[47] 王文胜.教育建筑设计作品集[M].上海:同济大学出版社,2005.

［48］李志民，王琰.建筑空间环境与行为［M］.武汉：华中科技大学出版社，2009.

2. 期刊类

［ 1 ］周作宇.大学教学：传统与变革［J］.现代大学教育，2002，1.

［ 2 ］戴井冈.我国普通高等学校布局结构的现状分析［J］.教育发展研究，2000，3.

［ 3 ］文辅相.我国大学专业教育模式及其改革［J］.高等教育研究，2000，2.

［ 4 ］顾亿天.着力教学管理改革的新突破［J］.中国高等教育，2001，18.

［ 5 ］高冀生.高校校园建设跨世纪的思考［J］.建筑学报，2000，6.

［ 6 ］罗森.大学校园规划刍议［J］.建筑师，24.

［ 7 ］何人可.高等学校校园规划［J］.建筑师，24.

［ 8 ］王胜平.高等学校专业教学楼建筑设计［J］.建筑师，25.

［ 9 ］夏青.中国高等学校整体环境空间设计发展趋势之我见［J］.建筑师，59.

［10］浙江大学建筑设计研究院，珠海大学新校区规划设计方案概要［J］.时代建筑，1999，1.

［11］陈伯超.创建新世纪的大学校园——沈阳建筑工程学院新校区设计方案评价［J］.建筑学报，2001，12.

［12］郑少鹏.组合·整合·融合——探讨新建校园群体建筑的整体性［J］.华中建筑，2007，(9).

［13］仝晖.也门塔伊兹大学科技工程学院楼设计［J］.建筑学报，2001，11.

［14］沈国尧.时空的表达［J］.建筑学报，1999，1.

［15］黄仁.厦门大学嘉庚楼群设计［J］.建筑学报，2001，6.

［16］霍光，霍维过.大学校园规划设计的新趋势［J］.华中建筑，1999，4.

［17］耿宏兵.现代大学校园规划趋势［J］.城市规划会刊，1991，6.

［18］宛素春，王珊，董淑英.高校智能化教学楼设计研究［J］.建筑学报，2000，2.

［19］陶郅.郑州大学新校区理科系群［J］.建筑学报，2004，2.

［20］陈伯超，徐丽云，王晓晶.沈阳建筑大学新校区设计解读［J］.建筑学报，2005，11.

［21］王建国，程佳佳.海峡两岸大学校园规划建设比较［J］.城市建筑，2006，9.

［22］于文波.“紫金港”实证——现代主义在中国［J］.建筑学报，2004，2.

［23］高冀生.当代高校校园规划要点提示［J］.新建筑，2002，4.

［24］何镜堂，汤朝晖.现代教育理念的探索与实践——浙江大学新校区东教学楼群设计［J］.建筑学报，2004，2.

［25］涂慧君，吴中平，叶青青.城市设计导则应用于大学校园整体设计——以三个案例探讨其操作方法［J］.新建筑，2006，3.

［26］罗卿平，史永麟，大学校园规划设计中的城市性应对——浙江大学紫金港校区西区概念性规划设计［J］.华中建筑，2005，4.

［27］朱明.温故而知新——对广州大学城华南师范大学校区整体设计的感悟与反思［J］.城市建筑，2006，9.

［28］郑明仁.大学校园规划整合论［J］.建筑学报，2001，2.

［29］张小松，周安伟.生长型大学校园规划探讨［J］.规划师，2004，2.

［30］颜兴中，胡铁辉，刘道强.高等教育理念在大学校园建筑规划中的应用［J］.现代大学教育，2006，1.

［31］沈济黄，劳燕青.哈尔滨工业大学(威海)教学楼［J］.城市建筑，2006，9.

[32] 李萍萍,潘忠诚,李少云,叶青.广州大学城组团四规划与建筑设计——特殊环境的特殊解读[J].建筑学报,2005,3.

[33] 叶彪.高校教学建筑发展趋势及影响因素[J].建筑学报,2004,5.

[34] 沈国尧,孙万文.从广州到兰州——大学校园规划的反思[J].建筑学报,2006,6.

[35] 何镜堂,窦建奇,王扬,向科.大学聚落研究[J].建筑学报,2007,2.

[36] 张奕.刍议中国当前大学建筑理论研究[J].建筑学报,2005,3.

[37] 何镜堂,郑少鹏,郭卫宏.建筑·空间·场所——华南理工大学新校区院系楼群解读[J].新建筑,2007,1.

[38] 王伯伟.现代校园的空间秩序与文化理念[J].城市建筑,2008,3.

[39] 何镜堂,陈文东.高校集群化实验楼设计初探[J].建筑学报,2007,5.

[40] 梅洪元,鞠叶辛,谢略.大学校园建筑创作的适度思想[J].新建筑,2007,1.

[41] 覃力.整体化大学校园空间环境的探讨——上海华东师范大学嘉定校园建筑规划设计[J].建筑学报,2002,04.

[42] 江浩,王伯伟.大学形态的原型分类[J].新建筑,2007,1.

[43] 沈国尧.大学校园文化与校园规划设计的文化意识[J].城市建筑,2008,3.

[44] 徐苏宁.七年之痒——校园规划过后的冷思考[J].城市建筑,2008,3.

[45] 韩孟臻.海南大学第四教学楼其设计[J].城市建筑,2008,3.

[46] 包小枫.四川大学双流新校区规划设计[J].理想空间,2005,2.

[47] 包小枫.长沙大学校园规划[J].理想空间,2005,2.

[48] 姚存卓.体验香港大学[J].理想空间,2005,2.

[49] Suzanne Stephens. Janelia Farm research Campus, Virginia [J]. Architectural Record, 2007，3.

[50] 王文胜,赵远鹏.体现中医特色,营造校园文化——成都中医药大学校园规划设计[J].理想空间,2005,4.

[51] 江浩波,纪福君,寇志荣.培育健康的"树"——山东轻工业学院长清校区规划设计[J].理想空间,2005,4.

[52] 何镜堂,郭卫宏,吴中平.广东药学院教学区规划设计[J].建筑学报,2005,11.

[53] 汤桦.十一个半院落和建筑里的城市 ——沈阳建筑大学浑南校区设计[J].时代建筑,2007,6.

[54] 郭明卓,黄劲.广州大学城组团一规划与建筑设计——中山大学、广东外语外贸大学[J].建筑学报,2005,3.

[55] 何镜堂,郭卫宏,吴中平,郑少鹏.广州大学城组团二规划与建筑设计——交融共享、亲近自然、有机和谐[J].建筑学报,2005,3.

[56] 朱文一.广州大学城组团三规划与建筑设计——和而不同两校园[J].建筑学报,2005,3.

[57] 李萍萍,潘忠诚,李少云,叶青.广州大学城组团四规划与建筑设计——特殊环境的特殊解读[J].建筑学报,2005,3.

[58] 徐达明,迟敬鸣.西安外国语学院长安校区规划创作[J].南方建筑,2004,10.

[59] 桢文彦,建築のグローバリズムとォリテト.コントロールシソガポール理工系专门学校ゝから考える[J].新建築,2007,9.

[60] 渡边真理,多摩大学グローバルスタティース〝学部新学舍[J].新建築,2007,9.

[61] 胡晓鸣,吴伟年,洪江,王志伟. 聚吕与分散——现代综合性大学校园发展的新趋势[J]. 建筑学报,2002,4.

[62] 许懋彦,巫萍. 新建大学建筑组群空间尺度的比较探讨[J]. 建筑师,2004,7.

[63] 向科. 当代大学校园建设的回顾与展望[J]. 城市规划汇刊,2007,1.

[64] 陈晓恬,王伯伟. 中国高等教育体制改革对大学校园规划的影响[J]. 华中建筑,2006,7.

[65] 许健宇. 自然与理性的对话——西安电子科技大学新校园环境设计[J]. 中国园林,2008,6.

[66] 李俊霞,郑忻. 人性化的建筑尺度分级系统[J]. 中外建筑,2004,02.

[67] 高峻,吴雅萍. 合宜的人文尺度——大学校园规划设计谈[J]. 华中建筑,2003,06.

[68] 李子萍. 老校园里的新建筑——西安交通大学教学主楼建筑群设计[J]. 建筑学报,2002,11:16-19.

3. 学位论文

[1] 王琰. 现代大学整体式综合教学楼群设计探讨研究[D]. 西安:西安建筑科技大学,2002.

[2] 涂奇志. 高等学校老校园改扩建的若干问题[D]. 北京:清华大学硕士研究生论文,1998.

[3] 陈健. 国内高校教学楼组群的两种典型模式比较研究[D]. 杭州:浙江大学硕士研究生论文,2004.

[4] 朱育嵩. 新世纪校园规划实践与思考[D]. 北京:清华大学硕士研究生论文,2004.

[5] 巫萍. 1980年代以来中国新建大学校园建筑组群形态研究[D]. 北京:清华大学硕士研究生论文,2004.

[6] 戴云倩. 中国高校巨构起源及成因分析[D]. 厦门:华侨大学硕士研究生论文,2004.

[7] 王坚. 高校公共教学建筑教学空间设计研究[D]. 天津:天津大学硕士研究生论文,2006.

[8] 宋明星. "群构":整体化高校校园环境构成方法研究[D]. 长沙:湖南大学硕士研究生论文,1998.

[9] 黄鑫. 现代高校整体式教学楼利用率研究[D]. 西安:西安建筑科技大学,2006.

[10] 赵勇. 高校教学综合体设计与技术研究[D]. 重庆:重庆大学,2003.

[11] 贾晓元. 高校校园合并空间整合研究. 华中理工大学硕士研究生论文,2005.

[12] 王丹. 中国高校教学建筑空间组织分析[D]. 上海:同济大学,2008.

[13] 李俊霞. 建筑的比例和尺度[D]. 南京:东南大学,2004.

[14] 刘嘉. 普通高校整体式教学楼(群)空间尺度研究[D]. 西安:西安建筑科技大学,2009.

[15] 沈彬彬. 普通高校整体式教学楼使用系数研究[D]. 西安:西安建筑科技大学,2009.

[16] 杨春时. 普通高校整体式教学楼多样性及适应性研究[D]. 西安:西安建筑科技大学,2009.

[17] 李相韬. 普通高校建筑更新改造与再利用研究[D]. 西安:西安建筑科技大学,2008.

[18] 郑锐锋. 大学校园空间的人性化设计研究[D]. 杭州:浙江大学,2007.

[19] 陈晓恬. 中国大学校园形态演变[D]. 上海:同济大学大学博士学位论文,2008.

后　记

　　从 2000 年做硕士论文开始,研究大学校园规划及建筑设计至今已十二载了。期间经历了硕士论文及博士论文的写作,经历校园规划项目的实践,也见证了中国高校在世纪之交前后的高速建设,以及至今建设高潮的平稳回落。研究从最初的彷徨疑惑,到脉络清晰,书稿从最初的酝酿到最终的完成,既是对研究的总结,也是思维成长的过程。

　　研究成果需要不断地补充、完善。本书是在博士论文的基础上又融入近两年的研究成果完成的。作为阶段性的研究成果,在总结前人研究的基础之上,希望本书对将来的研究具有参考价值。书稿的完成是一段研究的终点,我更希望它是一个新的起点,社会在不停的更新与发展,希望我能沿着这条路继续探索下去,将研究领域进行拓展与延伸。

　　书稿的完成首先要感谢多年来在学习、研究中都给我极大帮助的导师李志民教授。该研究从选题到调研,从结构的确定到内容的写作,无不渗透着李老师的心血。他那深厚的造诣,丰富的实践经验,严谨的治学态度,循循善诱的治学方法,高尚的品行,深深地影响着我,激励着我。

　　感谢西安建筑科技大学的王军教授、黄明华教授、杨豪中教授,他们在学术方面的见解与宝贵建议使本书稿更臻完善。感谢研究所"大学校园规划与建筑设计"小组的全体成员,不能忘却与你们在一起调研、讨论、整理资料、绘制图纸的日子,有了小组成员的帮助与鼓励,才使书稿能够顺利完成。

　　还要感谢我的父母、爱人和孩子,是你们无私的付出和默默的支持,成为我的精神后盾,才能让我顺利完成书稿写作。

　　由于作者水平有限,书中不足之处,请读者批评指正。

王　琰

2012 年 11 月

于西安建筑科技大学